水电工施工
从入门到精通

韩雪涛　主　编

吴　瑛　韩广兴　副主编

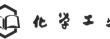

化学工业出版社

·北京·

本书采用全彩色图解的方式，按照水电工施工标准、工作特点、现场施工要求，全面系统地讲解了水电工专业知识和施工技能，全书内容分为基础篇、水暖施工篇、电工施工篇及水电工综合施工篇共4篇38个模块。其中，基础篇主要包括水电工基础知识、各种工具仪表的使用、安全常识与应急处理；水暖施工篇包括各种管材管件及配件的介绍、管路管材的加工技能、给排水管道的敷设与安装、各种水暖器具和洁具的施工安装；电工施工篇包括电路施工常用材料与配件、电线的加工与敷设、电工检测技能、各种供配电设备及家装电器的施工安装；水电工综合施工篇主要介绍供配电线路的调试维修及安防系统、中央空调系统、照明控制系统、有线电视系统、家庭网络系统及智能家居系统的设计与安装。

　　本书内容全面系统，施工步骤清晰，重要知识和技能采用视频辅助讲解，读者用手机扫描书中二维码即可观看学习。本书可供从事水电工施工技术人员学习使用，也可作为职业院校、培训学校相关专业教材。

图书在版编目（CIP）数据

　　水电工施工从入门到精通/韩雪涛主编．—北京：化学工业出版社，2020.4（2024.10重印）
　　ISBN 978-7-122-35995-7

　　Ⅰ.①水…　Ⅱ.①韩…　Ⅲ.①水暖工-基本知识②电工-基本知识　Ⅳ.①TU82②TM

　　中国版本图书馆CIP数据核字（2020）第023500号

责任编辑：李军亮　郝　越　徐卿华　　　　　　　　装帧设计：刘丽华
责任校对：宋　夏

出版发行：化学工业出版社（北京市东城区青年湖南街13号　邮政编码100011）
印　　装：北京瑞禾彩色印刷有限公司
787mm×1092mm　1/16　印张24¼　字数571千字　2024年10月北京第1版第9次印刷

购书咨询：010-64518888　　　　　　售后服务：010-64518899
网　　址：http://www.cip.com.cn
凡购买本书，如有缺损质量问题，本社销售中心负责调换。

定　价：99.00元

随着城乡现代化步伐的加快，水电工作为具备明显技术特色的岗位需求强烈，就业前景十分广阔。然而，不同于传统操作型工种，水电工对从业人员的知识和技能都有着很高的要求。无论是电工操作、水暖设备的安装调试还是水暖改造维修，不仅需要从业者具备过硬的动手能力，同时还要掌握扎实、全面的电工电路知识，否则很难应对水电工技术的不断更新。因此，如何能够在短时间内学会专业的水电工知识，掌握过硬的水暖施工本领成为从业者需要面对的主要问题。

考虑到水电工从业者的学习习惯和技术特点，为了在短时间内满足从业者的学习需求，达到岗位就业的目标，本书在内容编排和学习方法上都进行了全面的创新。

1. 定位明确，重在就业

首先，本书目标明确，就是培养专业的具备水电工专业知识技能的新型电工人才。本书以社会岗位就业为目标，以国家职业资格为标准，对社会上涉及水电工的岗位需求进行充分的调研，从零基础入手，阶梯式完成水电工知识和技能的进阶，最终实现从零基础到精通的飞跃。

2. 知识全面，重在技能

本书内容丰富，强调能力的提升，在知识技能的学习安排上，重视实操技能的训练。专业知识以实用、够用为原则，突出水电工施工过程中的实践经验，精选典型案例为读者演示讲解。同时为读者提供宝贵的数据资料。

3. 图文讲解，重在效果

本书采用图文演示讲解的多媒体教学方式。水电工所涉及的知识和技能通过大量的结构图、拆分图、原理图、三维效果图、平面演示图及实操照片呈现给读者，让读者通过图解能够快速理解并掌握知识的重点、难点和操作过程中的关键点。

4. 媒体融合，重在服务

为了达到最佳的学习效果。本书得到了数码维修工程师鉴定指导中心的大力支持。书中在关键知识点和技能点处都添加了二维码，读者通过手机扫描二维码，即可开启相应的教学微视频。通过微视频的动态教学演示，使学习变得简单、轻松，确保读者在短时间内达到最佳的学习效果。

本书由数码维修工程师鉴定指导中心组织编写，由韩雪涛担任主编，吴瑛、韩广兴任副主编，参加本书编写的还有张丽梅、吴玮、吴惠英、张湘萍、高瑞征、韩雪冬、周文静、吴鹏飞等。如果读者在学习工作过程中有什么问题，可以通过以下方式与我们联系：

数码维修工程师鉴定指导中心

电话：022-83718162、83715667、13114807267

地址：天津市南开区榕苑路 4 号天发科技园 8-1-401

邮编：300384

编　者

目录
Contents

第3篇　电工施工篇

第4篇　水电工综合施工篇

第1篇

基础篇

第 **1** 章

水电工基础

1.1 水电工的基础知识

水电工是水工（管工）和电工的总称，要求能够借助电工、管工工具和有关仪表仪器，对配电、照明、给排水、采暖及各种管路设备进行敷设、安装和维护、维修操作。

在学习实际的操作技能之前，水电工从业人员必须掌握一定的基础知识，以此作为指导实践操作的依据，规范操作过程，具备从业资格。

1.1.1 水流量与供热量

水流量和供热量是水电工从业过程中最常遇到的两个物理量，在给排水工程或采暖工程前期，首先需要设计工程方案，需要计算出相关的水流量或供热量，以确保设计方案的可实行性和有效性。

（1）水流量

水流量是指在单位时间内水通过管道或管道有效截面的数量（m³/s）。在给排水管路设计中，可通过管道中水的流速和管道直径来计算获得管路的水流量，如图 1-1 所示。

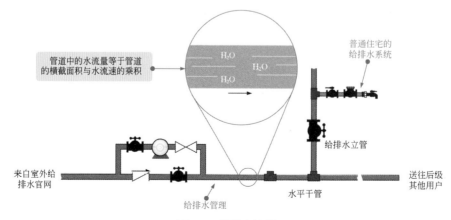

图1-1 管道水流量

【提示说明】

水流量是控制给排水设计、施工过程，保证给排水工程质量的关键因素。

（2）供热量

供热量是指单位时间内加热设备（加热器）所输出的热量，单位一般为 kJ/h，是采暖工程或热水供应系统中重要的设计指标。

了解加热设备的供热量可为设计有效的采暖或热水供应方案提供依据。

1.1.2　直流电路基础知识

直流电路是电流方向不随时间产生变化的电路，它是最基本也是最简单的电路。图 1-2 所示为一个简单的直流电流，它能够实现对直流电动机的驱动，使直流电动机按要求转动。

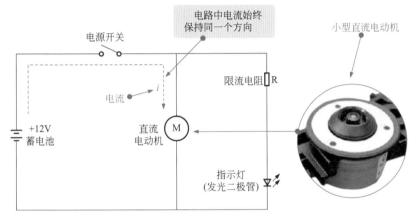

图1-2　简单的直流电路（直流电动机驱动电路）

在生活和生产中，直流电路的应用十分广泛，如 LED 节能灯、直流电动机等均采用直流电路完成供电，实现照明或装饰（节日彩灯）、直流电动机转动的功能等。另外，大部分使用半导体器件和集成电路的单元电路及其元件也多采用直流供电，因此也属于直流电路，不同的是需要先将外部的交流电转换成直流电，如图 1-3 所示。

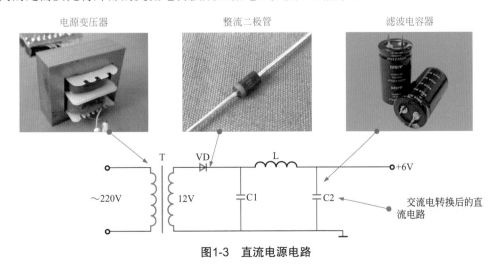

图1-3　直流电源电路

交流 220V 电压经变压器 T，先变成交流低压（12V）。再经整流二极管 VD 整流后变成脉动直流，脉动直流经 LC 滤波后变成稳定的直流电压。

1.1.3 交流电路基础知识

交流电路是指在电路功能实现的过程中，电流的方向会随时间产生相应变化的一类电路。相对直流电路而言，就是一种采用交流电进行供电电路，因此，在了解交流电路之前，首先了解一下交流电的概念和特点。

交流电（Alternating Current，简称 AC）一般是指电流的大小和方向（即正负极性）随时间作周期性变化的电源，包括交变电流和交变电压。

交流电是由交流发电机产生的，主要有单相交流电和多相交流电。

（1）单相交流电

单相交流电是以一个交变电动势作为电源的电力系统。在单相交流发电机中，只有一个线圈绕制在铁芯上构成定子，转子是永磁体，当其内部的定子和线圈为一组时，它所产生的感应电动势（电压）也为一组（相），由两条线进行传输，这种电源就是单相电源。

图 1-4 所示为单相交流电的产生。

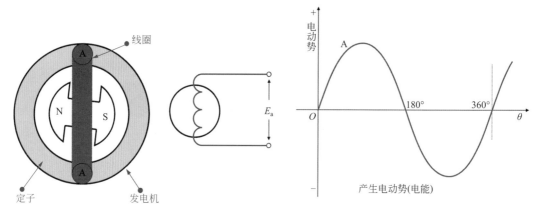

图1-4　单相交流电的产生

采用单相电源进行供电的电路即为单相交流电路。在单相交流电路中，电流和电压都是按正弦规律随时间变化。

单相交流电路在日常生活中非常普遍，我国家庭照明用电和小功率的用电设备都是单相交流电路。

（2）多相交流电

在发电机内设置两组定子线圈，互相垂直分布在转子外围，转子旋转时两组定子线圈产生两组感应电动势，这两组电动势之间有 90° 的相位差，如图 1-5 所示。这种电源为两相电源。这种方式多在自动化设备中使用。

三相交流电是由三相交流发电机产生的。在定子槽内放置三个结构相同的定子绕组 A、B、C，这些绕组在空间互隔 120°。转子旋转时，其磁场在空间按正弦规律变化，当转子由水轮机或汽轮机带动以角速度 ω 等速地顺时针方向旋转时，在三个定子绕组中，就产生频率相同、幅值相等、相位上互差 120° 的三个正弦电动势，这样就形成了对称三相电动势，如图 1-6 所示。

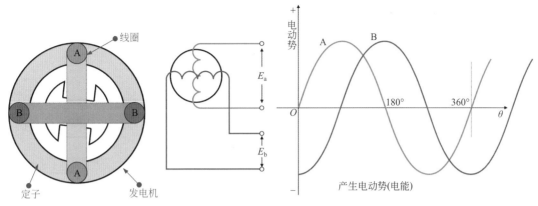

图1-5 两相交流电的产生

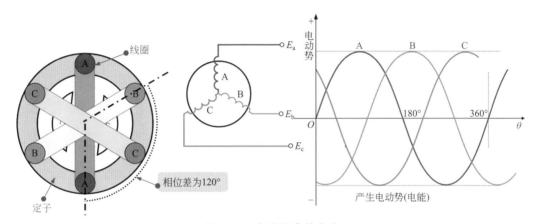

图1-6 三相交流电的产生

通常，把三相电源线路中的电压和电流统称三相交流电，这种电源由三条线来传输，三线之间的电压大小相等（380V）、频率相同（50Hz）、相位差为120°。采用三相交流电作为能量源的电路即为三相交流电路。

【提示说明】

三相交流电路中，相线与零线之间的电压为220V，而相线与相线之间的电压为380V。

通常，家庭中所使用的单相交流电路往往是三相电源分配过来的。如图1-7所示，供配电系统送来的电源多为交流380V电源。这种电源是由三根相位差为120°的相线（火线）和一根零线（又称中性线）构成的。三根相线之间的电压为380V，而每根相线与零线之间的电压为220V。这样，三相交流380V电源就可以分成三组单相220V电源使用。

单相交流电的传输电线的颜色有着严格的要求，一般相线可以用红色、绿色、黄色三种颜色的导线，零线用蓝色电线，其他颜色的电线不能相互替代使用。

三相交流电的传输电线的颜色也有着严格的要求，通常三根相线可用红色、绿色和黄色电线，零线用蓝色电线，地线则必须用黄绿相间的电线。不能相互替代，更不能用不同颜色的电线掺杂混合使用，否则会有短路或触电事故发生。

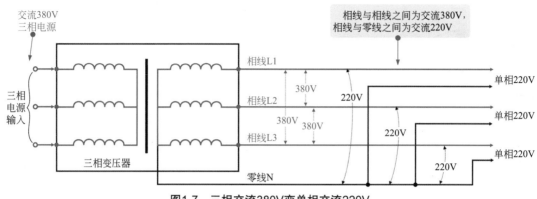

图1-7 三相交流380V变单相交流220V

1.1.4 供配电基础知识

供配电是指提供、分配和传输电能。通常按承载电能类型的不同可分为高压供配电线路和低压供配电线路两种，这里主要介绍低压供配电线路。

低压供配电线路是指对 380V/220V 低压电进行传输和分配的线路，可分为单相（220V）供配电和三相（380V）供配电两种。

（1）单相供配电

单相供配电是指采用交流 220V 电压作为能量源进行供电和配电的系统。一般普通的家庭用电和公共照明设备等多采用 220V 进行供电。图 1-8 所示为家用低压供配电线路的结构组成。

在单相供配电系统中，根据线路接线方式不同，有单相两线式、单相三线式两种。

① 单相两线式　单相两线式是指供配电线路仅由一根相线（L）和一根零线（N）构成，通过这两根线获取 220V 单相电压，分配给各用电设备。图 1-9 所示为典型的单相两线式配电系统在家庭照明中的应用。

② 单相三线式　单相三线式是在单相两线式基础上，添加一条地线，即由一根相线、一根零线和一根地线构成，其中，地线与相线之间的电压为 220V，零线（中性线 N）与相线之间的电压为 220V。由于不同接地点存在一定的电位差，因而零线与地线之间可能有一定的电压。

图 1-10 所示为单相三线式配电系统在家庭照明中的应用。

（2）三相供配电

三相供配电是指采用交流三相电源作为能量源进行供电和配电的系统。一般在工厂、建筑工地、大部分工业用大功率设备、电力拖动等动力设备以及楼宇中的电梯等多采用 380V（三相电）进行供电。

三相电源系统广泛应用于电力传输和分配的线路和设备中。实际上，住宅用电的供给是从三相供配电系统中抽取其中的某一相电压。目前，常见的三相供配电主要有三相三线式、三相四线式以及三相五线式三种。

① 三相三线式　高压电经过变压器变压后，变成低压 380V，由变压器引出三根相线，经供配电线路分配后，供给各种电气设备。相线之间的电压为 380V，因此额定电压为 380V 的电气设备可直接连接在相线上，如图 1-11 所示。

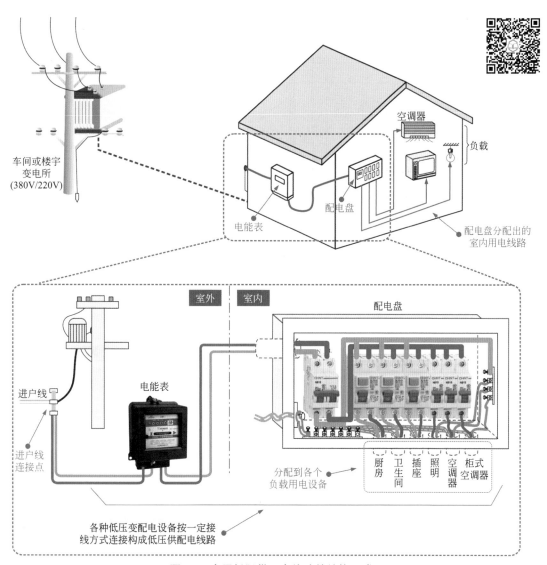

图1-8　家用低压供配电线路的结构组成

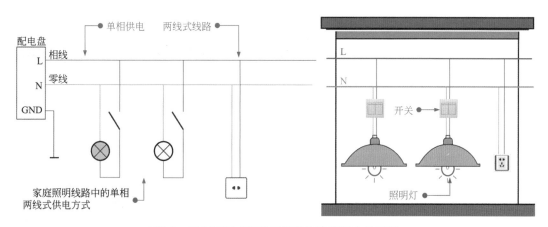

图1-9　单相两线式配电系统在家庭照明中的应用

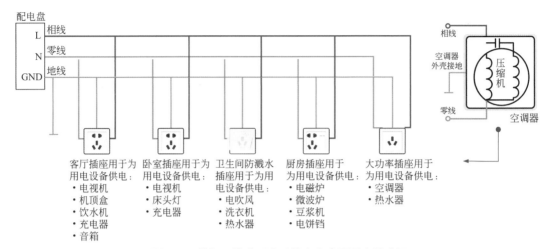

图1-10　单相三线式配电系统在家庭照明中的应用

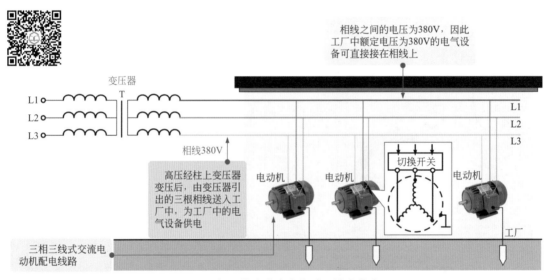

图1-11　三相三线式在电力拖动系统中的应用

② 三相四线式　三相四线式供电方式与三相三线式供电方式不同的是从变压器输出端多引出一条零线，如图 1-12 所示。接上零线的电气设备在工作时，电流经过电气设备进行

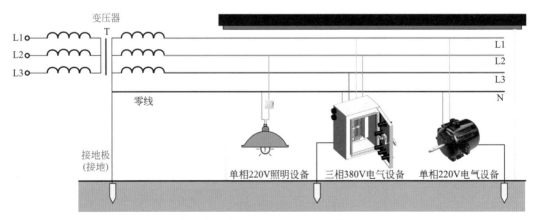

图1-12　三相四线式的应用示意图

做功，没有做功的电流就可经零线回到电厂，对电气设备起到了保护的作用，这种供配电方式常用于 380V/220V 低压动力与照明混合配电。

【提示说明】

在三相四线式供电方式中，由于三相负载不平衡和低压电网的零线过长且阻抗过大时，零线将有零序电流通过，过长的低压电网，由于环境恶化、导线老化、受潮等因素，导线的漏电电流通过零线形成闭合回路，致使零线也带一定的电位，这对安全运行十分不利。在零线断线的特殊情况下，断线以后的单相设备和所有保护接零的设备会产生危险的电压，这是不允许的。

③ 三相五线式　图 1-13 所示为典型三相五线式的应用示意图。在上文所述的三相四线式供电系统中，再把零线的两个作用分开，即一根线作工作零线（N），另一根线作保护零线（PE 或地线），这样的供电接线方式称为三相五线式供电方式。

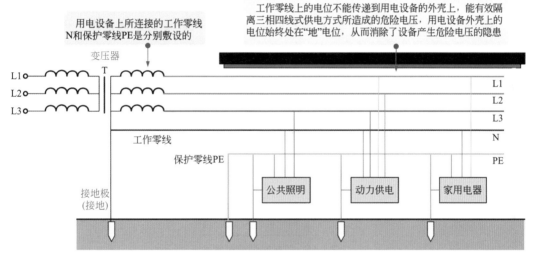

图1-13　三相五线式的应用示意图

【相关资料】

交流电路中常用的基本供电系统主要有三相三线式、三相四线式和三相五线式，但由于这些名词术语内涵不是十分严格，由此国际电工委员会（IEC）对此作了统一规定，分别为 TT 系统、IT 系统、TN 系统。

其中，首字母表明地线与连接的供应设备（发电器或变压器）的方式："T"表示一点与地线直接连接；"I"表示没有连接地线（隔离）或者通过高阻抗连接。

尾部字母表示地线与被供应的电子设备之间的连接方式："T"表示与地线直接连接；"N"表示通过供应网络与地线连接。

（1）TT 系统

TT 系统，是指电气设备的金属外壳直接接地的保护系统，又将其称为保护接地系统。TT 系统中，第一个符号"T"表示电力系统中性点直接接地，第二个符号"T"表示负载设备金属外壳和正常不带电的金属部分与大地直接连接，而与系统如何接地无关。在 TT 系统中负载的所有接地均称为保护接地。如图 1-14 所示为 TT 系统的配电方式。

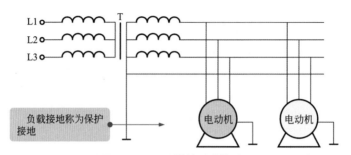

图1-14　TT系统的配电方式

目前，有的建筑单位主要采用 TT 系统，施工单位借用其电源作临时用电，常采用一条专用保护线，以减少需接地装置钢材用量。

（2）IT 系统

IT 系统，符号"I"表示电源侧没有工作接地，或经过高阻抗接地，符号"T"表示负载侧电气设备进行接地保护。IT 方式供电系统在供电距离不是很长时，供电的可靠性高、安全性好。一般用于不允许停电的场所，或者是要求严格地连续供电的地方，例如连续生产装置、大医院的手术室、地下矿井等处。如图 1-15 所示为 IT 系统的配电方式。

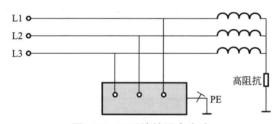

图1-15　IT系统的配电方式

（3）TN 系统

TN 系统分为 TN-C、TN-S、TN-C-S 系统，此种供电系统是将电气设备的金属外壳和正常不带电的金属部分与工作零线连接的保护系统，也称作接零保护系统。

① TN-C 系统　TN-C 系统，用工作零线兼作接零保护线，可称作保护中性线，可用 PEN 表示，此种方式即为常用的三相四线式供电方式，如图 1-16 所示。

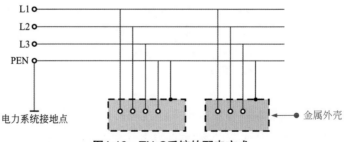

图1-16　TN-C系统的配电方式

② TN-S 系统　TN-S 系统，是把工作零线 N 和专用保护线 PE 严格分开的供电系统，即为常用的三相五线式供电方式，如图 1-17 所示。

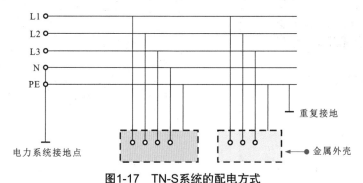

图1-17　TN-S系统的配电方式

③ TN-C-S 系统　如图 1-18 所示为 TN-C-S 系统的配电方式。从图中可知，该系统的 PEN 线自 A 点起分为保护线（PE）和中心线（N），分开后，N 线应对地绝缘。且为了防止 PE 线与 N 线混淆，应在 PE 线上涂上黄绿相间的色标，N 线上涂上浅蓝色色标。此外，将 PE 线与 N 线分开后，不能再进行合并。

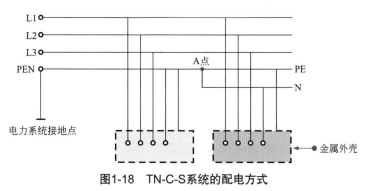

图1-18　TN-C-S系统的配电方式

1.1.5　漏电保护与接地

（1）漏电保护

电不仅为人类的日常生活、学习教育、工业生产等方面带来了很多的方便，同时也给人类带来了一定的潜在危害，其中漏电就是危害人类的主要事故原因，漏电可能会烧坏电器，引起火灾，或者使人触电，造成人身危害。

为了避免漏电事故的发生，避免许多不必要的损失，就诞生了漏电保护装置，用来保护电气设备或人身安全，比较常见的就是漏电保护器（漏电开关）。如图 1-19 所示，漏电保护器一般安装在配电箱的供电支路上或是总电源进线上，主要用于电路或电气绝缘设备发生对地短路时，或人身触电时，自动切断电源，从而保护人身或设备不受损害。

低压配电系统中设漏电保护器是防止人身触电事故的有效措施之一，也是防止因漏电引起电气火灾和电气设备损坏事故的技术措施。但安装漏电保护器后并不等于绝对安全，运行中仍应以预防为主，并应同时采取其他防止触电和电气设备损坏事故的技术措施。

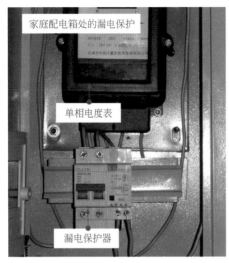

图1-19　漏电保护器的安装位置

【相关资料】

　　根据规定，在有些用电的设备或场所，必须要安装漏电保护装置，用来保护设备或人身安全，具体的安装应用如下所列，在实际工作中应尽可能严格遵守相关规定。

　　● 手持式电动工具、移动式生活用家电设备、其他移动式机电设备，以及触电危险性较大的用电设备。

　　● 建筑施工场所、临时线路的用电设备。

　　● 机关、学校、企业、住宅建筑物内的插座回路，宾馆、饭店及招待所的客房内插座回路。

　　● 安装在水中的供电线路和设备以及潮湿、高温、金属占有系数较大及其他导电良好的场所，如机械加工、冶金、纺织、电子、食品加工等行业的作业场所，以及锅炉房、水泵房、食堂、浴室、医院等场所。

　　● 固定线路的用电设备和正常生产作业场所，需用漏电保护器的动力配电箱。临时使用的小型电气设备，应选用漏电保护插头（座）或带漏电保护器的插座箱。

　　● 对于不允许断电的电气设备，如公共场所的通道照明、应急照明、消防设备的电源、用于防盗报警的电源等，应选用报警式漏电保护器接通声、光报警信号，便于通知管理人员及时处理故障。

　　漏电保护器是一种低压安全保护电器，是对低压电网中直接和间接触电的一种有效保护，断路器和熔断器主要是切断电源供电线路，保护动作电流是按线路上的正常工作最大负荷电流来确定的，电流较大，而漏电保护器是依靠剩余电流进行动作，正常运行时系统的剩余电流几乎为零，在发生漏电和触电时，电路产生剩余电流，这个电流对断路器和熔断器来说，根本不足以使其动作，而漏电保护器则会可靠地动作。一旦有事故发生，马上切断电源，保护电路和人身安全。

　　图1-20为漏电保护器的工作原理，电路中的电源供电线穿过零序电流互感器的环形铁芯，零序电流互感器的输出端与漏电脱扣器相连接，在被保护电路工作正常，没有发生漏电

或触电的情况下，通过零序电流互感器的电流向量和等于零，这样零序电流互感器的输出端无输出，漏电保护器不动作，系统保持正常供电。当负载或用电设备发生漏电或有人触电时，由于漏电电流的存在，使供电电流大于返回电流，通过零序电流互感器两路电流的向量和不再等于零，在铁芯中出现了交变磁通。在交变磁通的作用下，零序电流互感器的输出端就有感应电流产生，当达到额定值时，脱扣器自动跳闸，切断故障电路，从而实现保护。

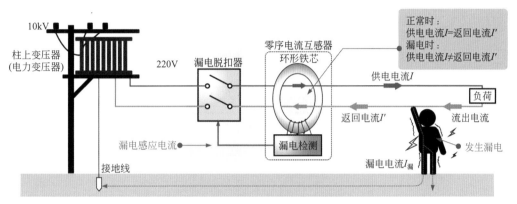

图1-20　漏电保护器的工作原理

【提示说明】

在安装和连接漏电保护器时，接地线（PE）不能通过零序电流互感器，因为接地线（PE）通过零序电流互感器时，漏电电流经保护线又送回穿过零序电流互感器，导致电流抵消，从而互感器上检测不出漏电电流值，在出现故障时，造成漏电保护器不动作，起不到保护作用。

（2）接地

接地是一种为了能够使电气设备正常工作以及保证人身安全而采取的一种用电安全措施，一般接地是通过金属导线与接地装置的连接而实现的。

接地的主要目的是为家庭或楼宇供电线路、电气设备等提供接地保护，接地可将电气设备上产生的漏电流、静电荷以及雷电电流等引入地下，避免人身触电和可能发生的火灾、爆炸等事故，如图1-21所示。

【相关资料】

根据规定，在很多用电的设备或建筑物上，必须要安装接地装置，用来保护人身及电气设备的安全，在实际的工作中应尽可能严格遵守相关的规定。

● 电动机、变压器、电器、携带式或移动式用电器具等的金属底座和外壳需进行接地。

● 屋内配电装置的金属上，以及靠近带电部分的金属遮栏和金属门需进行接地。

● 配电柜、控制箱、保护箱及操作台等的金属框架和底座需进行接地。

● 装有避雷线的电力线路杆塔，必须进行接地。

● 装在配电线路杆上的电力设备必须进行接地。

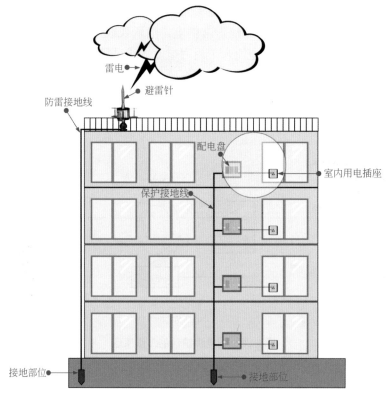

图1-21 接地的基本功能

● 在非沥青地面的居民区内，无避雷线的小接地电流架空电力线路的金属杆塔和钢筋混凝土杆塔需要设置接地。

● 电热设备的金属外壳需进行接地。

● 在木质、沥青等不良导电地面的干燥房间内，交流额定电压为380V及以下或直流额定电压为440V及以下的电气设备的外壳，有可能同时触及电气设备外壳和已接地的其他物体时，则仍应接地。

● 在干燥场所，交流额定电压为127V及以下或直流额定电压为110V及以下的电气设备的外壳必须接地。

● 安装在配电屏、控制屏和配电装置上的电气测量仪表、继电器和其他低压电器等的外壳，以及当发生绝缘损坏时，在支持物上不会引起危险电压的绝缘子的金属底座等也必须接地。

通常，接地主要分为保护接地和防雷接地两种。

① 保护接地 保护接地是为家庭或楼宇的供电线路和家用电气设备提供接地保护，可将供电电路或家用电气设备产生的漏电流传送到地，从而起到保护的作用。

图1-22为保护接地的工作原理。

家庭室内多个插座上的接地线必须由接地干线和接地支线组成，接地干线采用多股绝缘绞线；接地支线允许采用单芯绝缘硬线。当安装6个或少于6个的插座，并且电源相线总电流不超过30A时，接地干线的一端需要与接地体连接；安装6个以上的插座时，接地

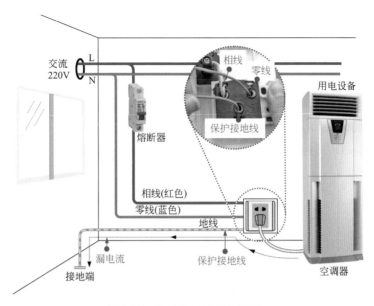

图1-22 保护接地的工作原理

干线的两端分别需要与接地体连接，如图 1-23 所示。插座的接地干线与接地支线之间，应按 T 形连接法进行连接，连接处要用锡焊进行加固。

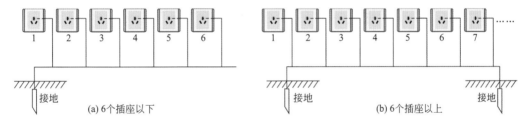

(a) 6个插座以下　　　　　　　　　　(b) 6个插座以上

图1-23 插座接地线的安装要求

【相关资料】

保护接地是家庭中必备的接地措施，最常用的家庭接地设备就是接地线和接地棒，如图 1-24 所示。接地线就是一根金属的导线，主要用来传送漏电流、静电荷。接地棒又名接地极或接地网，主要用来将接地线送来的漏电流、静电荷或雷电电流引入地下。

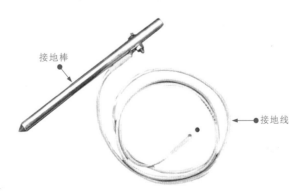

图1-24 接地线和接地棒

② 防雷接地 雷电接收装置可以直接使用导线或接避雷针、避雷带、避雷网和避雷器等金属导电设备，它位于防雷接地装置的顶部，是直接接收雷击的部件，作用是利用其高出被保护物的突出地位把雷电引向自身，承接直击雷放电。接地线用金属导体制成，用于连接雷电接收装置和接地装置，作用是把雷电接收装置截获的雷电电流引至接地装置，是雷电电流流入大地的通道。接地装置是接地线和接地体的总和，被埋在地下一定的深度中，作用是使雷电电流顺利流散到大地中去。

图 1-25 所示为防雷接地的工作原理。

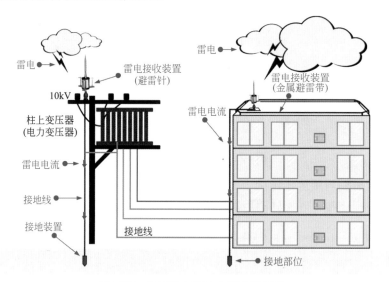

图1-25　农村供电系统中的防雷保护

【相关资料】

防雷接地设备一般应用在高层建筑物的顶部，是用来防止雷击的接地措施，常用的防雷接地设备有避雷针、避雷带、避雷网和避雷器。防雷接地设备一般由雷电接收装置、接地线和接地装置组成的，这几个设备相互配合，可以将雷电电流引入地下，起到保护的作用。图1-26所示为典型的防雷接地设备，雷电接收装置位于防雷接地装置的顶部，是直接接收雷击的部件，作用是利用其高出被保护物的突出地位把雷电引向自身，再使用接地线或接地棒，将雷电引入地下。

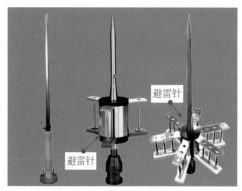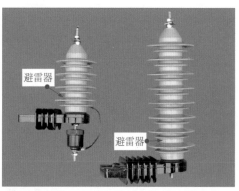

图1-26　防雷接地设备

1.2 水电工的识图基础

一名合格的水电工从业人员，在施工作业中，需要根据各种电工图纸进行施工操作，因此要求水电工必须具备一定的识图技能，掌握基本的水电工识图基础。

1.2.1 电气安装图的识读技能

电气安装图是指导水电工人员完成电气系统连接、安装等施工操作的图样，一般包括系统图和平面图两种。

（1）电气系统图的识读

电气系统图是表示各种电气设备系统关系的一类简图，一般通过这类图能够从整体上了解电气设备的安装关系。

图 1-27 所示为某住宅楼电气系统图。

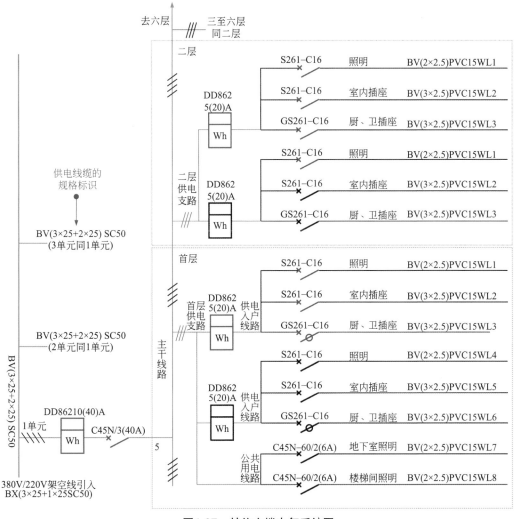

图1-27 某住宅楼电气系统图

由于每个单元的接线方式相同，因此仅以第 1 单元为例进行识图分析。首先从接线图中电能表和断路器的连接关系可以看出，380V/220V 架空线引入第 1 单元，经电能表 DD86210 和总断路器 C45N/3 后分成 6 条支路，分别送入首层、2 层、3 层、4 层、5 层和 6 层。

每层都有两家住户，供电支路进入各层后又会分成两条供电入户线路，每条供电入户线路再经电度表 DD8625 分成 3 条室内供电支路，其中照明支路和室内插座支路分别经各自的断路器 S261-C16 为照明和室内插座供电，厨、卫插座支路经带漏电保护的断路器 GS261-C16 为厨房和卫生间的插座供电。

此外，住宅首层供电支路还会多分出一条公共用电线路，分别经各自的断路器 C45N-60/2 为地下室和楼梯间提供公共照明用电。

（2）电气平面图的识读

电气平面图是直观体现电气设备安装位置和关联特点的一类图样，也是指导水电工人员完成电气设备施工操作的关键信息。

图 1-28 所示为某标准户型照明设备平面图。

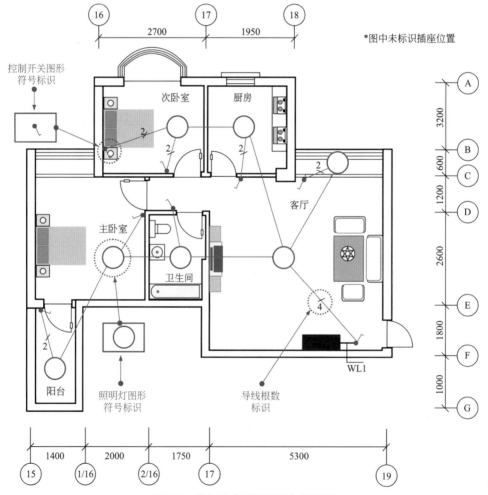

图1-28　某标准户型照明设备平面图

从图 1-28 可以看到，该用户共设 7 处照明灯具，并且所有的照明灯具都连接在同一个供电回路（WL1）中，每个照明灯具由相应的控制开关控制，控制开关包括单联控制开关和双联控制开关（次卧）。图中线路上的数字表示电缆根数，如图中"2"表示此处为两根导线；"4"表示此处为 4 根导线，未标识根数的导线一般默认为 3 根。

1.2.2　采暖施工图的识读技能

采暖施工图是采暖施工工程中表达设计意图的图样，可在施工过程中指导施工人员按设计好的步骤、流程进行预制、施工、加工制作或安装等操作，因此往往将采暖施工图称为采暖施工的语言，在采暖施工过程中非常重要。

常用的采暖施工图主要包括平面图、轴测图（系统图）和详图。识读不同类型图时，根据图纸内容特点，采取相应的方法和顺序进行识读。

（1）采暖施工平面图的识读

采暖施工平面图主要用于表示管道、设备及散热器在建筑平面上的位置及相互关系。在该类图纸中一般标识出了建筑物内散热器（暖气片）的平面位置、种类、数量；水平干管的敷设方式、管径、平面位置；立管的平面位置、数量、编号；供热管道入口的位置等，通过识读图纸，可详细了解这些信息，为指导施工操作做好准备。

图 1-29 所示为某综合办公楼采暖平面图的识读。

根据图 1-29 所示平面图可知，该综合办公楼每层共有 18 个房间，除楼梯口正对的两个房间偏小一些外，其他房间的面积大小相等。

该办公楼的采暖系统中，热力入口设在底层靠近⑥号轴线右侧位置，供水干管的管径为 $DN50$，且引入室内后，采用地沟敷设。供水干管引至室内主立管（L_1）处后，分成两个分支环路，左侧共连接 8 根立管（$L_8 \sim L_{15}$），右侧分支连接 7 根立管（$L_1 \sim L_7$）。

在建筑物二层，末端干管分别设置卧式集气罐，放气管管径为 $DN15$，引至二层水池。

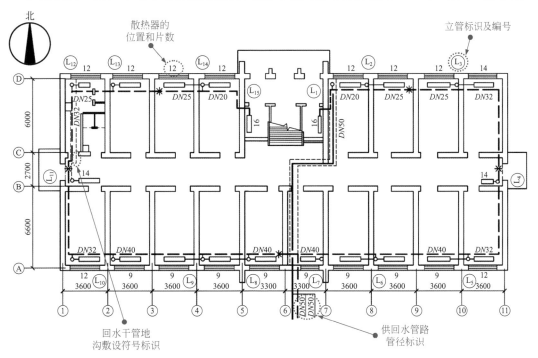

(a) 底层供暖平面图

图1-29

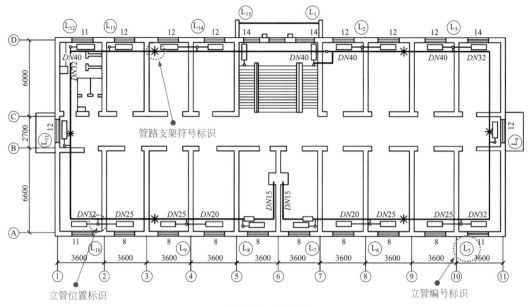

(b) 二层供暖平面图

图1-29 某综合办公楼采暖平面图的识读

回水干管管径也为 DN50，敷设在底层，且在过门和厕所内局部作地沟敷设。

在这两层建筑物内，一层各房间内的散热器均安装在外墙窗户下部；梯间和走廊中的散热器安装在靠近外门的墙内；二层中是散热器均设置在外墙窗户下部；每组散热器的片数在图中有详细标识。

（2）采暖施工轴测图的识读

采暖施工轴测图（系统图）主要用于表示热媒从入口到出口的采暖管道、散热器及相关设备的空间位置以及相互关系。

在该类图纸中一般标识出了采暖管道系统中干管、立管、支管及散热器之间的连接方式；阀门的位置、数量；各种管道的管径、坡度、坡向、标高、编号等，通过识读图纸，可详细了解这些信息，为指导施工操作做好准备。

图1-30所示为某综合办公楼采暖轴测图的识读。

根据图1-30所示轴测图可知，采暖管路的供回水干管的管径均为 DN50，标高为−0.900（单位为m），在引入室内前均设有阀门。

引入室内后，供水干管的标高为−0.300，管路敷设坡度为0.003，坡向为南侧偏低（即上升的坡度），供水干管引至主力管（L_1）后引至二层。

供水干管引至二层后分为两个分支，且分支后设有阀门，两个分支环路的标高为6.500，坡度为0.003，其中右侧分支回路自西向东为下降坡度，左侧分支回路为自东向西为下降坡度，即供水干管始端为最高点。在两个供水分支环路末端均设有集气管，通过管径为 DN15 的放气管引至二层水池，其在放气管出口处设有截止阀。

在该采暖系统中，立管采用单管顺流式，上下端各设有截止阀。

回水干管在室内也分为两个分支环路，标高为0.100，有0.003沿水流方向下降的坡度，分支管路沿水流方向变径，管径从 DN20 变为 DN25、DN32、DN40。回水干管末端为最低点，其在末端均设有阀门，经阀门后汇合送至回水干管，进入地沟排至室外。

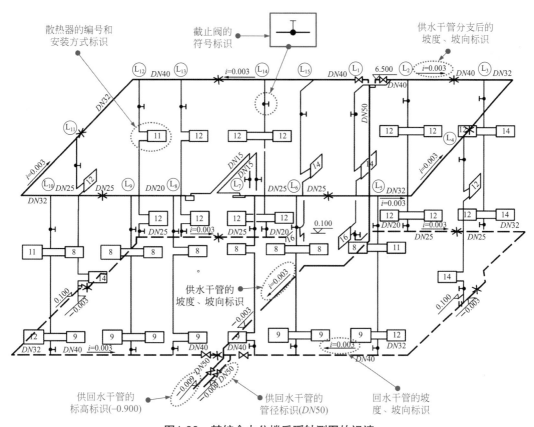

图1-30　某综合办公楼采暖轴测图的识读

1.2.3　土建水电图的识读技能

水电工施工过程中，土建水电图主要指给排水管道图。图1-31所示为某6层民用住宅楼的给排水管道平面图的识读方法。

给排水管道平面图主要用于表达各层用水房间的配水设备、给排水管路、管路附件的平面位置。

识读时，一般从底层开始逐层识读各层平面图。识读过程主要需要了解给排水系统中引入管、排出管的平面位置、走向、编号；给排水干管、立管、支管的平面位置、走向、管径和立管编号；配水设备的平面位置、规格、数量；升压设备（水泵、水箱）等的平面位置、规格和数量等。

根据图1-31所示平面图可知，该6层住宅楼中各层卫生器具布置均相同，2~6层管路的布置完全相同，底层除基本管路布置外还设有引入管和排出管。

从图中标识可以了解到，1~6层室内的卫生器具布置在①号和②号轴线之间（卫生间），沿②号轴线分别设有阀门、水表、台式洗脸盆、蹲便器、地漏和浴盆；在②号与③号轴线之间（厨房），沿②号轴线分别设有污水池、地漏和洗涤盆。

在建筑底层，沿 A 轴线设有一根给水引入管，管径为 $DN50$，由西向东引入室内②号轴线处的给水立管（JL-1），由给水立管（JL-1）引出支管，沿②号轴线，分别经截止阀、水表后为台式洗脸盆、蹲便器、洗涤盆、浴盆供水。支管管径在洗涤盆前为 $DN25$，在洗涤盆后变径为 $DN15$。

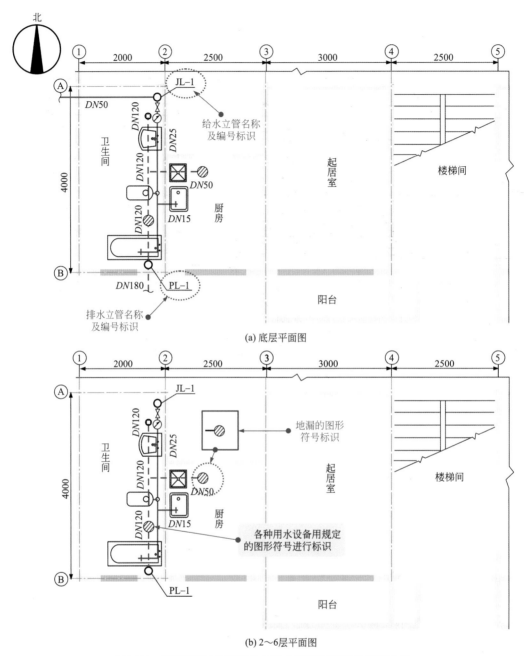

(a) 底层平面图

(b) 2～6层平面图

图1-31　某6层民用住宅楼的给排水管道平面图的识读方法

在建筑底层，沿B轴线与②号轴线的墙角处设有一根排水立管（PL-1），管径为DN180，由南向北敷设，沿②号轴线向南设有管径为DN180的排出管；沿②号轴线向北设有管径为DN120的排水干管。卫生间和厨房内的卫浴设备为洗脸盆、污水池、地漏、蹲便器、浴盆等，排出的污水经排水干管、排水立管、排出管后排出室外。

图1-32所示为某6层民用住宅楼的给水管道轴测图的识读方法。给排水工程轴测图主要用于表达给排水管路从底层到顶层管路的走向。

识读这类图纸时，首先看给排水管道进出口的编号，然后与相应的平面图配合逐个管道进行识读。在识读过程中，应能够从给水轴测图中了解给水方式、管路的走向、管路的

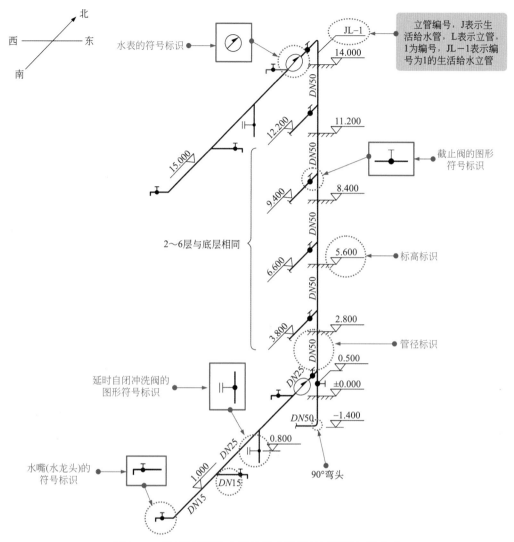

图1-32 某6层民用住宅楼的给水管道轴测图的识读方法

敷设方式、管径的大小和变换情况、引入管及支管的标高、阀门和附件的标高等；从排水轴测图中了解排水管道的具体走向，管路管径大小、管径变化、横管坡度、管道标高、存水弯位置以及各种弯头、三通的设置情况等信息。

根据图 1-32 所示轴测图可知，管径为 DN50 的引入管由西向东引入，标高为 −1.400，引至立管 JL-1 下端的 90°弯头止。

管径为 DN50 的立管 JL-1 垂直向上，穿越底层地坪 ±0.000，在标高为 0.500 处设有截止阀 1 个，一直垂直向上引至 6 层标高为 15.000 的 90°弯头止。

在立管 JL-1 上，分别在标高为 1.000、3.800、6.600、9.400、12.200、15.000 处引出 6 条水平干管。

每条水平干管的管径由 DN25 变径为 DN15，且在每条干管上由北向南依次连接有截止阀（DN25）、水表（DN25）、三通（异径 DN25×25×15）、水龙头（DN15）、三通（等颈 DN25×25×25）、延时自闭冲洗阀（DN25）、三通（异径 DN25×25×15）、水龙头（DN15）、弯头（DN15）、水龙头（DN15）。

第 2 章

水电工的工具仪表

水电工施工中各种工具仪表是必不可少的，为了拓宽读者的知识面，使读者熟练掌握各种工具仪表的使用，本章对水电工施工中常用及新型的工具仪表进行详细介绍，为方便读者学习，本章内容做成电子版，读者可以用手机扫描二维码根据自身需要选择学习，随时查用。

第 2 章　水电工的工具仪表

电子版内容目录如下：

图 2-1　测量工具的种类特点视频讲解

图 2-44　万用表的特点视频讲解

图 2-46　低压验电器的特点视频讲解

图 2-47　钳形表的键钮分布视频讲解

第 **3** 章

水电工的安全常识与应急处理

3.1 水电工的安全常识

水电工要求能够借助电工、管工工具和有关仪表仪器,对配电、照明、给排水、采暖及各种管路设备进行敷设、安装和维护、维修操作。这些工作涉及用电、施工等方面,因此对安全性的要求很高,若操作不当或工作疏忽,极易造成人员、设备的损伤,严重时还可能引起火灾事故。因此,水暖电工必须具备安全用电意识,掌握安全操作规范。

3.1.1 水电工的用电安全常识

水电工安全用电常识是水电工必须具备的基础技能,了解电的特性及危害,建立良好的用电安全意识对于水电工而言尤为重要,也是水电工从业的首要前提条件之一。因此,对于水电工来说,一定要树立安全第一的意识,养成良好规范的操作及用电习惯,并在工作中采取一定的保护措施,确保人身和电气设备安全。

（1）电气线缆颜色和安全标志不可混淆

为了用电安全,水电工对线路的颜色和安全标志都有明确、严格的规定。电气线路的颜色必须根据国家标准,电气母线和引线应作涂漆处理,并要按相分色。其中,第一相 L1 为黄色,第二相 L2 为绿色,第三相 L3 为红色。交流回路中零线和中性线要用淡蓝色、接地线用黄/绿双色线,双芯导线或绞合线用红黑并行。在直流回路中,正极用棕色,负极用蓝色,接地中线用淡蓝色。

电工安全标志是用来提醒或警示电工操作人员及非电工操作人员的。电工安全标志由安全色、文字、几何图形以及符号标志构成,用以提醒人们注意或按标志上注明的要求执行。它是保障人身和设备安全的重要措施,因此电工安全标志必须安置在光线充足、醒目且稍高于视线的地方。

安全标志中不同的颜色也有着不同的含义,根据国家标准,安全标志中的安全色为红、蓝、黄、绿四种,含义见表 3-1 所列。

表 3-1　安全标志的颜色与含义

颜色	含义
红	禁止、停止（也表示防火）
蓝	指令、必须遵守的规定
黄	警示、警告
绿	提示、安全状态、通行

安全标志中的文字、几何图形及符号标志的颜色也有着明确的规定，黑色用作安全标志中文字、几何图形以及符号标志，白色用作安全标志，红、蓝、黄、绿的搭配色与安全标志中的背景色搭配的原则是：红—白、黄—黑、蓝—白、绿—白。

图 3-1 所示为常见的安全标志牌，电工操作人员要明确安全标志的含义及放置环境，针对不同的环境要放置不同的安全标志。

图3-1　常见安全标志牌

（2）电气线路施工需断电

水电工在对电气线路进行安装、接线、施工前应当先进行断电工作，图 3-2 所示为先将楼道中配电箱中的断路器进行关断，然后再将室内配电盘上的断路器进行关断。

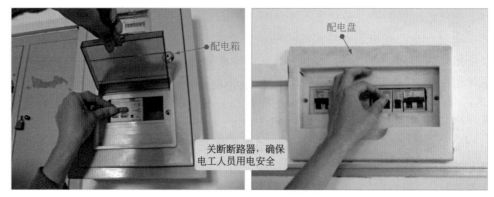

图3-2　低压线路进行断电

（3）用电环境要保持清洁、干燥

水电工施工操作时，一定要注意用电环境，不可堆积过多杂物，并且不要有水渍，尤

其是和土建水暖等操作同期进行时。另外，在进行施工时，施工现场应配备消防器材，以便施工过程中出现火灾事故时，能够及时进行抢险。

（4）用电临时线路的架设要安全、稳妥

水电工进行施工操作时，大多使用的是临行线路，在使用过程中，架设要安全、稳妥，绝缘必须良好，使用完毕要及时拆除，以免给施工人员带来安全隐患。

（5）用电量不可大于用电负荷要求

施工用电时，同样需要考虑用电负荷的问题，电钻、切割机等加工工具都是大功率设备，切忌不可在同一个接线板上同时使用，以免超负荷。

（6）用电设备要确保性能良好

在使用需连接电源的工具以前，应检查其性能是否良好，尤其是线缆不能有连接、破损等，以免诱发触电事故。在借助用电设备施工过程中，不允许带电推拉、移动电气设备，若工作需要，必须断电后再移动。

（7）其他用电注意事项

除上述一些基本的安全用电常识外，水暖电工人员还需要根据实际的操作场合特点，加强安全用电意识。

① 电气线路布线时不能使用裸线或绝缘不合格的导线。

② 施工场所尽量减少临时线路，不可私拉乱接电线，禁止使用“一线一地”。

③ 电气线路中，相线必须由开关控制通断，不可用铜丝或铁丝代替熔断器使用。

④ 在合上或断开电源开关前首先核查设备情况，然后再进行操作。对于复杂的操作通常要由两个人执行，其中一人负责操作，另一个人作为监护，以便发生突发情况进行及时处理。

⑤ 不可使用湿手接触带电体。

⑥ 因工作需要必须进行带电操作时，需严格按照规范操作，并佩戴绝缘设备。

⑦ 安装电气设备，必须按电气设备接地的范围和要求，将设备金属外壳进行接地或接零，或连接有效的接地保护装置，以确保人身安全。

⑧ 严禁将接地线代替零线或将接地线与零线短接。

⑨ 发现有落地的电线，在采取良好的绝缘保护措施后方可接近作业。

⑩ 对于手持式电动工具的电源线，明确规定黄/绿双色线在任何情况下只能用于保护接地线或零线。

3.1.2　水电工的操作安全常识

水电工在从业时，除必须掌握最基本的用电安全常识外，还需要熟悉基本的操作安全常识，以规范操作方法和过程。

（1）严格遵守施工现场安全操作规范守则

在施工现场，水电工人员必须严格遵守当前工程项目的安全操作规程。

（2）做好必要的绝缘防护

水电工施工作业时，应穿戴好必需的防护用品，尤其是个人佩戴的绝缘物品，如绝缘手套、绝缘鞋等，如图 3-3 所示。

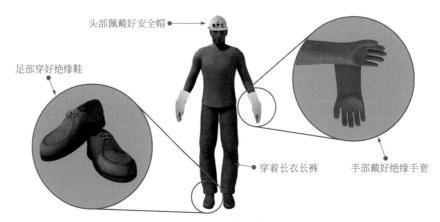

头部佩戴好安全帽

足部穿好绝缘鞋

穿着长衣长裤

手部戴好绝缘手套

图3-3 操作安全防护措施

如处于紧急状态，不能及时佩戴好绝缘物品，可在脚下垫一块干燥的木板，就可以实现与地面的绝缘。

（3）给排水及采暖施工操作注意人身安全

水电工进行给排水管路施工操作时，因可能触及较重管路，在架设、提拉管路时，应按要求使用相应起重或支撑设备，辅助支架需要安装到位，并注意躲避施工过程可能出现的坠落物等，确保人身安全。

（4）发生意外要做好应急处理

在水电工操作过程中，比较容易发生人身伤害和火灾事故，应有一定的应急处理知识，以减轻伤害。

3.2 水电工的应急处理

3.2.1 触电与急救

3.2.1.1 触电种类

（1）单相触电

单相触电是指人体在地面上或其他接地体上，手或人体的某一部分触及三相线中的其中一根相线，在没有采用任何防范的情况下时，电流就会从接触相线处经过人体流入大地，这种情形称为单相触电。

① 维修带电断线时单相触电　通常情况下，家装时触电事故大多属于单相触电，例如在没有关断电源的情况下，对断开导线进行维修时，手触及断开电线的两端将造成单相触电。

图 3-4 所示为维修带电断线时单相触电示意图。

② 维修带电插座时单相触电　在安装或维修插座时，若没有将电源开关断开，插座漏电情况严重，手接触螺丝刀的金属部分，则同样会引起单相触电。

图 3-5 所示为维修带电插座时易引发的单相触电示意图。

（2）两相触电

两相触电是指人体的两个部位同时触及三相线中的两根导线所发生的触电事故。

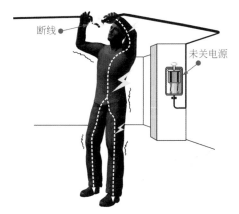

图3-4 维修带电断线时单相触电示意图

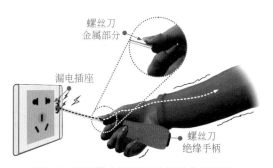

图3-5 维修带电插座时单相触电示意图

如图 3-6 所示，这种触电形式，加在人体的电压是电源的线电压，电流将从一相导线经人体流入另一相导线。

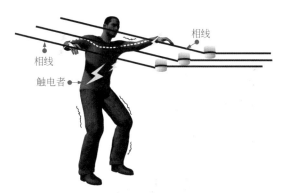

图3-6 两相触电

【提示说明】

两相触电的危险性比单相触电要大。如果发生两相触电，在抢救不及时的情况下，可能会造成触电者死亡。

3.2.1.2 触电急救

水电工操作不当极易引发触电。一旦发生触电应先及时脱离触电环境，然后再采取正确的急救措施。切不可慌张或违规操作，否则会引发更大的事故。

触电急救的要点是救护迅速、方法正常。若发现有人触电，首先应使触电者脱离电源，但不能在没有任何防护措施的情况下直接与触电者接触，这时就需要了解触电急救的具体方法。

（1）脱离触电环境

通常情况下，家装电工若发生触电，触电者的触电电压多低于 1000V。这时首先要使触电者迅速脱离触电环境，方可进行救治处理。

一旦出现家装人员触电，救护人员要及时切断电源，切不可盲目上前拖拽触电者。

图 3-7 所示为断开电源的操作示意图。及时果断地拉闸断电是确保触电者及救护人员

脱离触电环境的第一步。

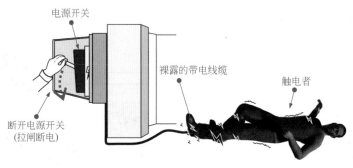

图3-7　断开电源开关

若无法在第一时间找到电源开关，应使用干燥的木棍、竹竿等绝缘器具将与触电者接触的电线挑开。

如图 3-8 所示，若电线压在触电者身上，救护者可以利用干燥的木棍、竹竿、塑料制品、橡胶制品等绝缘物挑开触电者身上的电线。

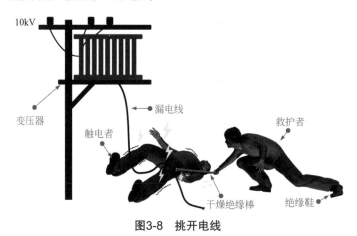

图3-8　挑开电线

【提示说明】

注意在急救时，严禁直接使用潮湿物品或者直接拉开触电者，以免救护者触电。

（2）现场急救处理

当触电者脱离电源后，不要将其随便移动，应将触电者仰卧，并迅速解开触电者的衣服、腰带等保证其正常呼吸，疏散围观者，保证周围空气畅通，同时拨打 120 急救电话，以保证用最短的时间将触电者送往医院。做好以上准备工作后，就可以根据触电者的情况，做相应的救护了。

① 常用救护法

a. 若触电者神志清醒，但有心慌、恶心、头痛、头昏、出冷汗、四肢发麻、全身无力等症状，这时应让触电者平躺在地，并对触电者进行仔细观察，最好不要让其站立或行走。

b. 当触电者已经失去知觉，但仍有轻微的呼吸及心跳，这时应让触电者就地仰卧平躺，要让气道通畅，应把触电者衣服以及有碍于其呼吸的腰带等物解开帮助其呼吸，并且在 5s

内呼叫触电者或轻拍触电者肩部，以判断触电者意识是否丧失。在触电者神志不清时，不要摇动触电者的头部或呼叫触电者。

c. 当天气炎热时，应使触电者在阴凉的环境下休息；天气寒冷时应帮触电者保温并等待医生的到来。

② 人工呼吸救护法　通常情况下，当触电者无呼吸，但是仍然有心跳时，应采用人工呼吸救护法进行救治。下面讲解人工呼吸法的具体操作方法。

a. 人工呼吸法的准备工作。首先使触电者仰卧，头部尽量后仰并迅速解开触电者衣服、腰带等，使触电者的胸部和腹部能够自由扩张。尽量将触电者头部后仰，鼻孔朝天，颈部伸直。

图 3-9 所示为人工呼吸前清理准备工作的操作示意图。救护者最好用一只手捏紧触电者的鼻孔，使鼻孔紧闭，另一只手掰开触电者的嘴巴。除去口腔里的黏液、食物、假牙等杂物。

图3-9　人工呼吸法的准备工作

【提示说明】

若触电者牙关紧闭，无法将嘴张开，可采取口对鼻吹气的方法；如果触电者的舌头后缩，应把舌头拉出来使其呼吸畅通。

b. 人工呼吸救护。做完前期准备后，就能对触电者进行口对口的人工呼吸了。救护者首先深吸一口气，紧贴着触电者的嘴巴大口吹气，使其胸部膨胀，然后救护者换气，放开触电者的鼻子，使触电者自动呼气，如此反复，吹气时间为 2～3s，放松时间为 2～3s，5s左右为一个循环。重复操作，中间不可间断，直到触电者苏醒为止。

图 3-10 所示为人工呼吸救治的操作示意图。

【提示说明】

在进行人工呼吸时，救护者吹气时要捏紧触电者鼻孔，紧贴嘴巴，不使漏气，放松时应能使触电者自动呼气；对体弱者和儿童吹气时只可小口吹气，以免肺泡破裂。

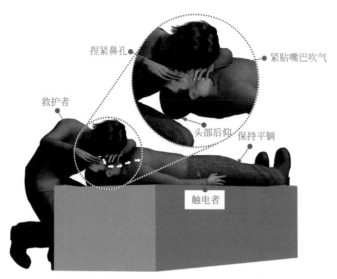

图3-10　人工呼吸的方法

（3）牵手呼吸救护法

若触电者的嘴或鼻被电伤，无法对触电者进行口对口人工呼吸，也可以采用牵手呼吸法进行救护。下面讲解牵手呼吸救护法的具体操作方法。

① 肩部垫高　首先使触电者仰卧，将其肩部垫高，最好用柔软物品（如衣服等），这时头部应后仰。

图3-11所示为垫高肩部的操作示意图。救护者在垫高触电者肩部时动作要柔和，不可用力过急和过猛。

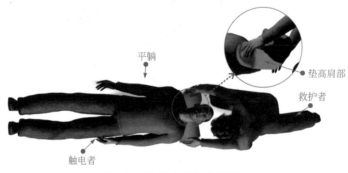

图3-11　将触电者的肩部垫高

② 将触电者两臂弯曲呼气　救护者蹲跪在触电者头部附近，两只手握住触电者的两只手腕，让触电者两臂在其胸前弯曲，使触电者呼气。

图3-12所示为弯曲触电者双臂帮助其呼气的操作示意图。同样要注意引导动作不能过

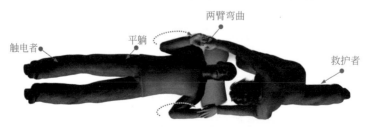

图3-12　弯曲触电者两臂帮助其呼气

于用力，要尽可能保持动作的舒缓。

③ 将触电者两臂伸直吸气 救护者将触电者两臂从头部两侧向头顶上方伸直，让触电者吸气。

图 3-13 所示为将触电者双臂伸直帮助其吸气的操作示意图。

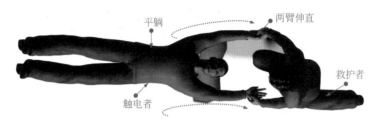

图3-13 将触电者两臂伸直帮助其吸气

【提示说明】

牵手呼吸法最好在救护者多时进行，因为这种救护法比较消耗体力，需要几名救护者轮流对触电者进行救治，以免救护者反复操作导致疲劳，耽误触电者的救治时间。

（4）胸外心脏按压救护法

① 找到正确的按压位置 正确的按压位置是保证胸外心脏按压效果的重要前提，将右手的食指和中指沿着触电者的右侧肋骨下缘向上，找到肋骨和胸骨结合处的中点。将两根手指并齐，中指放置在胸骨与肋骨结合处的中点位置，食指平放在胸骨下部（按压区），将左手的手掌根紧挨着食指上缘，置于胸骨上。

图 3-14 所示为正确的按压位置。然后将定位的右手移开，并将掌根重叠放于左手背上，有规律按压即可。

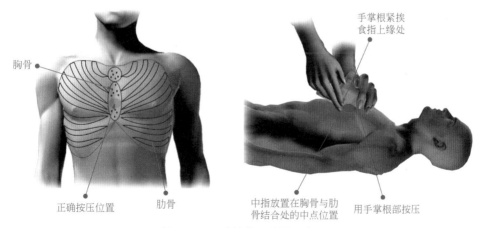

图3-14 正常的按压位置示意图

② 正确的按压姿势及救助方法 如图 3-15 所示，让触电者仰卧，解开衣服和腰带，救护者跪在触电者腰部两侧或跪在触电者一侧。

救护者将左手掌放在触电者的心脏上方（胸骨处），中指对准颈部凹陷的下端，右手掌压在左手掌上，用力垂直向下挤压。成人胸外按压频率为 100 次 / 分钟。一般在实际救治时，应每按压 30 次后，实施两次人工呼吸。

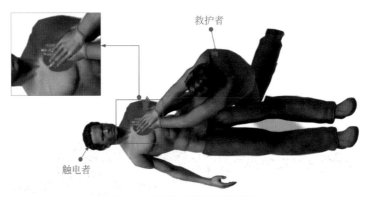

图3-15 胸外心脏按压救助法

【提示说明】

在抢救过程中，要不断观察触电者的面部动作，若嘴唇稍有开合，眼皮微微活动，喉部有吞咽动作，则说明触电者已有呼吸，可停止救助。如果触电者仍没有呼吸，则需要同时利用人工呼吸和胸外心脏按压法。如果触电者身体僵冷，医生也证明无法救治时，才可以放弃治疗。反之，如果触电者瞳孔变小，皮肤变红，则说明抢救收到了效果，应继续救治。

（5）包扎救护法

触电者在触电的同时其身体上也会伴有不同程度的电伤，被电伤后，可以根据不同的灼伤情况进行不同的包扎。

在患者救活后，送医院前应将电灼伤的部位用盐水棉球洗净，用凡士林或油纱布（或干净手巾等）包扎好并稍加固。

【提示说明】

对于高压触电来说，触电时的电热温度高达数千度，往往会造成触电者严重的烧伤，因此为了减少伤口感染和及时治疗，最好用酒精先擦洗伤口再包扎。

（6）药物救护法

在发生触电事故后如果医生还没有到来，而且人工呼吸的救护方法和胸外挤压的救护方法都不能够使触电者的心跳再次跳动起来，这时可以用肾上腺素进行救治。

肾上腺素能使停止跳动的心脏再次跳动起来，也能够使微弱的心跳变得强劲起来。但是使用时要特别小心，如果触电者的心跳没有停止就使用肾上腺素容易导致触电者的心跳停止甚至死亡。

3.2.2 外伤急救

在水电工作业时，易发生的外伤主要有割伤、摔伤和烧伤三种。对不同的外伤要采用正确的急救措施。

（1）割伤急救

割伤主要是家装水电工被尖锐物体划伤、扎伤或碰伤。例如在使用电工刀、钳子等尖锐利器进行拆卸或安装时发生的划伤，如图 3-16 所示。

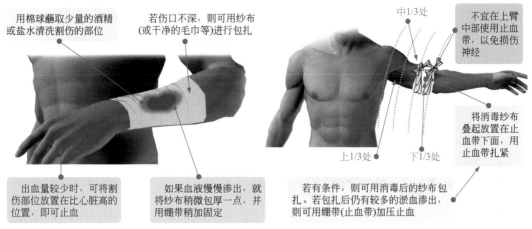

图3-16　割伤的紧急救助

【提示说明】

注意：若受伤者出现外部出血，则应立即采取止血措施，防止受伤者因失血过多而导致休克。若医疗条件不足，则可用干净的布包扎伤口，包扎完后，迅速送往医院进行治疗。

（2）摔伤急救

在作业过程中，摔伤主要发生在一些登高作业中。摔伤应急处理的原则是先抢救、后固定。即首先快速准确查看受伤者的状态，应根据不同受伤程度和部位进行相应的应急救护措施。

图 3-17 为摔伤后的应急处理。

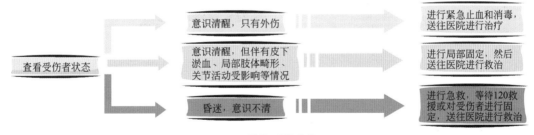

图3-17　摔伤后的应急处理

图 3-18 为摔伤的急救措施。

肢体骨折时，一般使用夹板、木棍、竹竿等将断骨上、下两个关节固定，也可利用受伤者的身体进行固定，避免骨折部位移动，以减少受伤者疼痛，防止受伤者的伤势恶化。

图 3-19 为肢体骨折的急救措施。

颈椎骨折时，一般先让伤者平卧，用沙土袋或其他代替物放在头部两侧，使颈部固定不动。切忌使受伤者头部后仰、移动或转动其头部。

当出现腰椎骨折时，应让受伤者平卧在平硬的木板上，并将腰椎躯干及两侧下肢一起固定在木板上，预防受伤者瘫痪。

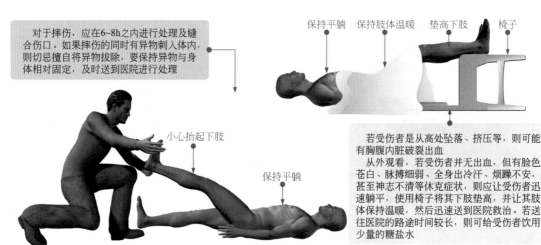

对于摔伤，应在6~8h之内进行处理及缝合伤口。如果摔伤的同时有异物刺入体内，则切忌擅自将异物拔除，要保持异物与身体相对固定，及时送到医院进行处理

小心抬起下肢

保持平躺

保持平躺　保持肢体温暖　垫高下肢　椅子

若受伤者是从高处坠落、挤压等，则可能有胸腹内脏破裂出血

从外观看，若受伤者并无出血，但有脸色苍白、脉搏细弱、全身出冷汗、烦躁不安，甚至神志不清等休克症状，则应让伤者迅速躺平，使用椅子将其下肢垫高，并让其肢体保持温暖，然后迅速送到医院救治。若送往医院的路途时间较长，则可给受伤者饮用少量的糖盐水

图3-18　摔伤的急救措施

利用受伤者身体固定

利用夹板固定骨折部位

利用夹板固定骨折部位

图3-19　肢体骨折的急救措施

图 3-20 为颈椎和腰椎骨折的急救措施。

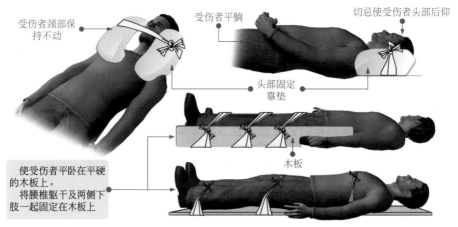

受伤者颈部保持不动

受伤者平躺

切忌使受伤者头部后仰

头部固定靠垫

使受伤者平卧在平硬的木板上。
将腰椎躯干及两侧下肢一起固定在木板上

木板

图3-20　颈椎和腰椎骨折的急救措施

【提示说明】

需要特别注意的是，若出现开放性骨折，有大量出血，则先止血再固定，并用干净布片覆盖伤口，然后迅速送往医院进行救治，切勿将外露的断骨推回伤口内。若没有出现开放性骨折，则最好也不要自行或让非医务人员进行揉、拉、捏、掰等操作，应该等急救医生赶到或到医院后让医务人员进行救治。

（3）烧伤急救

烧伤多是由于触电及火灾事故引起。一旦出现烧伤，应及时对烧伤部位进行降温处理，并在降温过程中小心除去衣物，以尽可能降低伤害，然后等待就医。

3.2.3　火灾应急处理

在电工作业的过程中，线路的老化、设备的短路、安装不当、负载过重、散热不良以及人为因素等情况都可能导致火灾事故的发生，电工操作人员应该掌握应对火灾的有效扑救措施。

当电工面临火灾事件时，一定要保持沉着、冷静。及时拨打消防电话，并立即采取措施切断电源，以防电气设备发生爆炸，或者火灾蔓延和救火时造成烧伤事故。

在发生火灾事故时，快速、有效地灭火是非常必要的，同时可以减小烧伤者的烧伤程度。电工操作人员面对火灾事故，可以采用以下几种常用的方法。

① 尽快脱下着火的衣服，特别是化纤衣服。以免着火衣服或衣服上的热液继续作用，使烧伤者的创面加大加深。

② 迅速卧倒，并在地上滚动，压灭火焰。伤者衣服在着火时切记不要站立、奔跑，以防增加头面部烧伤或吸入性损伤，可求助身边的人员一起灭火。

③ 救护人员在救助时，可以用身边不易燃的材料，如毯子、大衣、棉被等迅速覆盖着火处，使与空气隔绝，从而达到灭火的效果。

④ 救护人员若自己没有烧伤，在进行火灾扑救时尽量使用干粉灭火器，切记不要用泼水的方式救火，否则可能会引发触电危险。表 3-2 所示为不同种类灭火器的使用方法。

表 3-2　灭火器的使用方法

灭火器种类	灭火范围	使用方法
二氧化碳灭火器	电气设备、仪器仪表、酸性物质、油脂类物质	一手握住喷头对准火源，一手扳开开关
四氯化碳灭火器	电气设备	一手握住喷头对准火源，一手拧开开关
干粉灭火器	电气设备、石油、油漆、天然气	将喷头对准火源，提起环状开关
1211 灭火器	电气设备、化工化纤原料、油脂类物质	拔下铅封锁，用力压手柄
泡沫灭火器	可燃性物体、油脂类物质	倒置摇动，将喷头对准火源，拧开开关

如图 3-21 所示，使用灭火器灭火，要先除掉灭火器的铅封，拔出位于灭火器顶部的保险销，然后压下压把，将喷管（头），对准火焰根部进行灭火。

使用灭火器进行灭火时，人体应与火源至少保持 45°，以防导线或其他设备掉落威胁人身安全。图 3-22 所示为利用灭火器灭火示意图。

【提示说明】

火灾发生后，由于温度灼烤、烟熏等诸多原因，设备的绝缘性能会随之降低，拉闸断电时一定要佩戴绝缘手套，或使用绝缘拉杆等干燥绝缘器材进行拉闸断电。

⑤ 酸碱烧伤的严重程度除与酸碱的性质和浓度有关外，多与接触时间有关，因此无论何种酸碱烧伤，均应立即用大量清洁水冲洗至少 30min 以上，一方面可冲淡和清除残留的

图3-21　灭火器的使用方法

图3-22　利用灭火器灭火示意图

酸碱，另一方面作为冷疗的一种方式，可减轻疼痛。注意开始冲洗时应使用大水量，迅速将残余酸碱从创面冲走。若是头、面部酸碱烧伤时，应首先注意眼，尤其是角膜有无烧伤，并优先对其进行处理。

第2篇
水暖施工篇

第 4 章

水暖施工常用材料与配件

　　水暖施工中常用材料和配件种类很多，本章选取应用比较广泛的材料与配件，分水暖管材、水暖管件和辅助配件三部分进行讲解，使读者了解各种材料及配件的结构特点及使用，进一步拓宽知识面，掌握全面的施工知识和技能。为方便读者学习，本章内容做成电子版，读者可以用手机扫描二维码选择学习。

第 4 章　水暖施工
常用材料与配件

图 4-14　闸阀的
种类特点视频讲解

电子版内容目录如下：

第 **5** 章

水管路的加工技能

5.1 钢管的加工技能

5.1.1 钢管的校直

钢管必须保持通直，才能确保水暖施工的工程质量，因此在施工之前需要对钢管进行校直，检查出有弯曲的钢管，然后再对弯曲的钢管进行校直。

（1）钢管的检查

对于较短的钢管，可将管子的一端抬起，用眼睛从一端看向另一端，同时缓慢旋转钢管。若管子表面是一条直线，则管子就是直的；如果有一面凸起或凹陷，就要在凸起（凹陷的对面）部位做好标记，便于调直。

对于较长的钢管，可将管子放在两根平行且等高的型钢上，用手推动管子，让管子在型钢上轻轻滚动。当管子匀速直线滚动且可在任意位置停止时，说明管子是直的；若滚动过程中时快时慢，且来回摆动，停止时管子都是同一面朝下，说明管子已弯曲，在管子朝下的一面（凸起面）做好标记，便于调直。图 5-1 为检查较长钢管的方法。

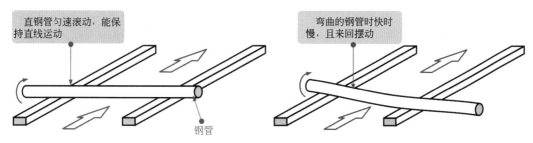

图5-1 检查较长钢管的方法

（2）钢管的校直

确定钢管的弯曲部位后，就要对钢管进行校直，常见的校直方法有冷校直和热校直。其中冷校直适用于管径较小（*DN*50 以下）且弯曲不大的钢管。管径较大或弯曲角度过大的钢管需要采用热校直。

1) 钢管的冷校直　冷校直还可以细分，轻微的弯曲可手工或用工具进行校直，管壁较厚或弯曲度稍大的钢管可使用机械设备进行校直。

① 手工或用工具进行校直　手工校直通常是指利用硬物支撑钢管，用锤子对钢管进行敲打的方式校直管子。操作简单，容易实施，但操作过程易反复，校直程度不是很准确。图 5-2 为手工对钢管进行校直。

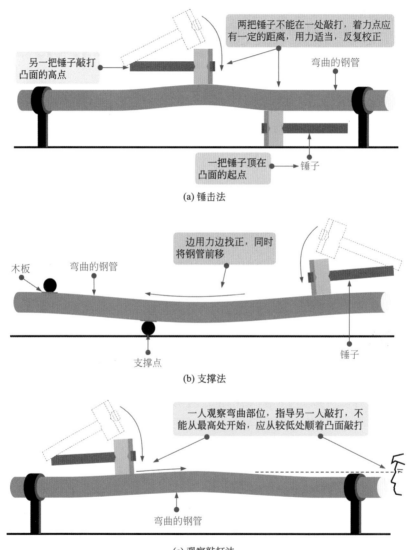

(a) 锤击法

(b) 支撑法

(c) 观察敲打法

图5-2　手工对钢管进行校直

【提示说明】

手工校直一定要小心施力，一边敲打一边找正，以免使钢管出现更多的弯曲或使管路严重凹陷变形，浪费管材。

操作人员也可使用螺旋顶校直钢管，将钢管放好后，旋转螺旋顶的顶压螺杆，让螺旋顶的顶压部位压住钢管凸面一侧，然后继续缓慢旋转顶压螺杆，使钢管变直。图 5-3 为用工具对钢管进行校直。

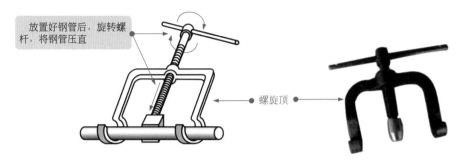

放置好钢管后，旋转螺杆，将钢管压直

螺旋顶

图5-3 用工具对钢管进行校直

② 用机械设备进行校直　对管壁较厚或弯曲度稍大的钢管进行弯曲，可使用螺旋压力机、油压机或千斤顶进行校直。其中螺旋压力机结构较简单，操作方式与螺旋顶相似。图 5-4 为用机械设备对钢管进行校直。

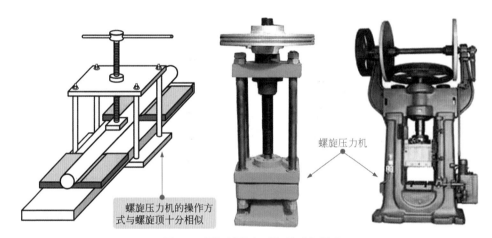

螺旋压力机的操作方式与螺旋顶十分相似

螺旋压力机

图5-4　用机械设备对钢管进行校直

【相关资料】

在对大量钢管进行校直时，可使用一些自动化设备，如钢管调直机等对钢管进行校直。使用钢管调直机校直后的钢管表面无压痕、缩径现象。图 5-5 为钢管调直机的实物外形。

钢管调直机

清除钢管上的附着物后，启动机器，将钢管弯曲部分朝下或朝上放入机器，调整偏心角度及压块位置后，开始校直

图5-5　钢管调直机的实物外形

2）钢管的热校直　管径较大或弯曲角度过大的钢管需要进行热校直，将管子弯曲部分放在烘炉上加热，边加热边旋转，待加热到600～800℃后，将管子平放在四根以上管子组成的滚动支撑架上滚动，利用管子的自重以及管子受热软化便可使钢管校直。图5-6为钢管的热校直。

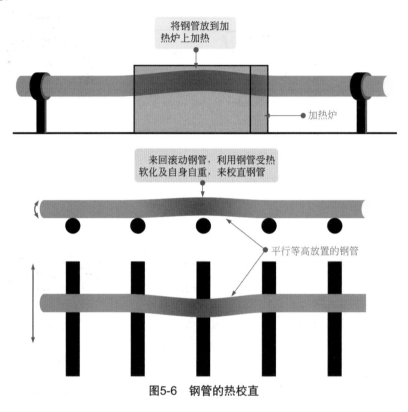

图5-6　钢管的热校直

5.1.2　钢管的弯曲

在施工中，有时需要对钢管进行必要角度的弯曲，使管道改变方向。通常情况下，可使用弯管器进行手动弯管或使用弯管机进行弯管。

（1）使用弯管器弯曲钢管

使用弯管器对钢管进行弯曲，操作比较简单，但较为费时费力。操作时将钢管放到弯管器的槽内（或胎轮），然后压紧手柄或转动螺杆，通过物理原理使钢管弯曲，达到预期角度后停止施力，将钢管取出即可。图5-7为使用弯管器弯曲钢管的操作演示。

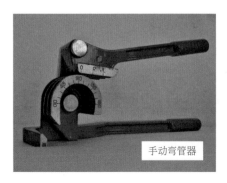

图5-7　使用弯管器弯曲钢管的方法

液压弯管器

将管材放到弯管器的槽中，压紧两手柄，使管路弯曲

利用液压原理对管材进行弯曲，操作简单，管材受力均匀

（2）使用弯管机弯曲钢管

　　使用弯管机对钢管进行弯曲，可节省很大的力气及时间，根据钢管的管径和弯曲角度选择适合的弯管模具，安装好模具和钢管后，启动弯管机，电动机便会带动钢管绕模具旋转，当达到预期角度时，立即停机，取下弯曲好的钢管。图 5-8 为弯管机的实物外形。

由电动机带动钢管及模具旋转，使钢管受力弯曲，形成适合的角度

点动弯管机

图5-8　弯管机的实物外形

【提示说明】

　　塑料管材质较软，用手即可弯曲，为了保证弯曲角度及弯曲效果，最好也使用弯管器进行操作，其操作方式可参考钢管的弯曲。

5.1.3　钢管的套螺纹

（1）螺纹铰板套螺纹

　　螺纹铰板又称为管子铰板或管用铰板，将其套在钢管口上，手动用力旋转，便可在钢管上铰切出螺纹。图 5-9 为使用螺纹铰板进行套螺纹。

【提示说明】

　　套螺纹的具体步骤如下。

　　① 首先选择与管径相对应的板牙，按顺序将 4 个板牙装入铰板中。若铰板内有铁屑，应先将铁屑清除。

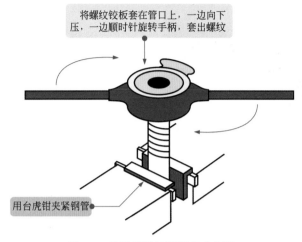

将螺纹铰板套在管口上，一边向下压，一边顺时针旋转手柄，套出螺纹

用台虎钳夹紧钢管

图5-9　使用螺纹铰板进行套螺纹

②用台虎钳夹紧钢管，管口伸出台虎钳长度约为150mm，钢管保持垂直，不能歪斜，管口不能有毛刺、变形。

③松开后卡爪滑动手柄，将铰板套进管口，再将后卡爪滑动手柄拧紧。将活动标盘对准固定盘上的刻度（管径大小），然后拧紧标盘固定柄。

④顺时针旋转铰板的手柄，同时用力向下压，开始套螺纹。注意用力要稳，不可过猛，以免螺纹偏心。待套进两扣后，要时不时地向切削部位滴入机油。

⑤套螺纹过程中进刀不要太深，套完一次后，调整标盘增加进刀量，再进行一次套螺纹操作。DN25以内的管材，一次套成螺纹；DN25～50的管材，两次套成螺纹；DN50以上的管材，要分3次套成。

⑥扳动手柄时最好两人操作，动作要保持协调。DN15～20的管材，一次可旋转90°；DN20以上的管材，一次可旋转60°。

⑦当螺纹加工到适合长度时，一面扳动手柄，一面缓慢松开板牙松紧把手，再套2～3扣后，使螺纹末端形成锥度。取下铰板时，不能倒转退出，以免损坏板牙。

⑧套好的螺纹，应使用管件拧入几圈，然后用管钳上紧，上紧后以外露2～3扣为宜。

⑨钢管螺纹加工长度随管径的不同而不同，具体要求参见表5-1所列。

表 5-1　螺纹加工长度

管径 /in	1/2	3/4	1	$1\frac{1}{4}$	$1\frac{1}{2}$	2	$2\frac{1}{2}$	3	4
螺纹长度 /mm	14	16	18	20	22	24	27	30	36
螺纹扣数	8	8	9	9	10	11	12	13	15

注：1in=0.0254m。

（2）螺纹机套螺纹

目前，自动化的套螺纹设备也得到了广泛的应用，比较常见的是螺纹机。螺纹机操作简便，极大地简化了套螺纹的工作流程，只需按下几个按钮，电动机便会带动切刀工作，在钢管上切削出螺纹。图5-10为螺纹机的实物外形。

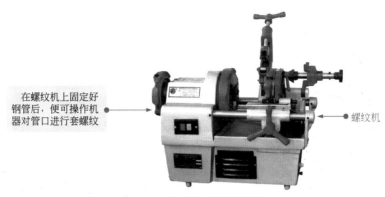

在螺纹机上固定好钢管后，便可操作机器对管口进行套螺纹

螺纹机

图5-10　螺纹机的实物外形

5.1.4　钢管的磨割

用高速旋转的砂轮对钢管进行切割的方式叫作磨割，比如角磨机便可对钢管进行切割，这种方式十分常见，操作比较简单实用。图 5-11 为钢管磨割的操作。

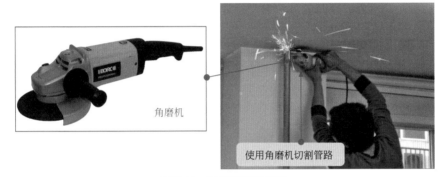

角磨机

使用角磨机切割管路

图5-11　钢管磨割的操作

【提示说明】

进行磨割时，当砂轮旋转到最高速时再将手柄下压切割，用力不要过大，并且砂轮切割部位不要正对人体，以免金属碎屑或砂轮突然破损伤及自身或他人。

5.1.5　钢管的气割

气割是最近比较流行的管材切割方式，它是利用气体燃烧的高温迅速切断管材，切割速度快、效率高；缺点是切口不够平整，容易有氧化物残留。目前比较常见的是乙炔切割设备。图 5-12 为管材气割的操作。

【提示说明】

气割前，将管材垫平、放稳，且管材下方留有一定的空间。操作时，火焰焰心与管材保持 3～5mm 的距离，先在管材边缘预热，待管材呈亮红色时，将火焰略移出管材边缘，并慢慢打开切割氧气阀。

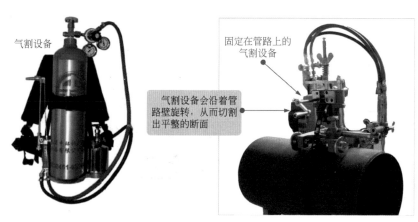

图5-12 管材气割的操作

当看到铁液被氧气射流吹掉，应加大切割氧气流，待听到管材下方发出"噗""噗"的声音时，说明管材已被穿透，此时便可根据管材厚度进行切割。切割完成后，应迅速关闭切割氧气阀，再相继关闭乙炔阀和预热氧气阀。

5.1.6 钢管的法兰连接

钢管的法兰连接是指将固定在两根钢管或管件端部的一对法兰盘，中间加以垫片，然后借助螺栓紧固，使钢管或管件连接起来的方法。这种管路连接方法在给排水管路连接中得到了广泛应用。

法兰连接的操作方法如图 5-13 所示。在进行法兰连接时，首先将带连接的两根钢管或

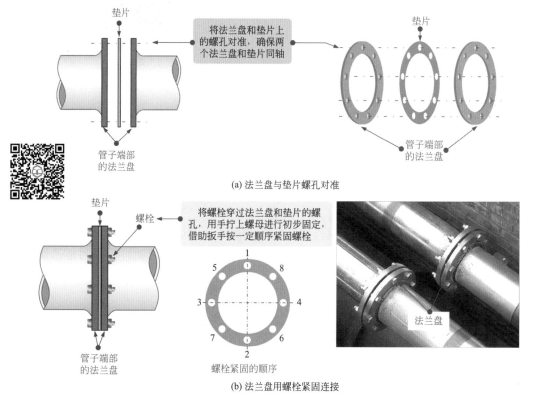

图5-13 法兰连接的操作方法

管件端部的一对法兰盘和垫片上的螺孔对准压紧，确保两个法兰盘保持一定的垂直度或水平度（同轴），使其自然吻合，然后用同规格的螺栓穿过螺孔，在螺栓紧固端拧上螺母进行初步固定，然后借助扳手按照螺栓紧固顺序要求，依次将螺栓拧紧即可。

【相关资料】

在进行法兰连接时，法兰盘之间的垫片应放在法兰的中心线位置，不可偏斜，不得使用双层、多层或倾斜的垫片；连接时螺母应在法兰盘的同一侧；紧固后螺栓露出螺母的长度不应大于螺栓直径的 1/2。

另外，由于法兰盘的种类和规格多种多样，进行连接时，需要根据法兰盘的实际类型确定正确的连接方案，例如有些带有内螺纹的法兰盘，需要先完成法兰盘与管子或管件的螺纹连接，再进行法兰连接操作。

还有些未安装法兰盘的等管径管子或管件连接时，需要首先焊接法兰盘后再进行连接。

5.2　塑料管材的加工技能

5.2.1　塑料管材的锯割

锯割是一种老式的管材（管路）切割方法，适合对金属管、塑料管等进行操作。锯割可分为手工锯割和机械锯割，老式的手工锯割是通过专用锯条，对钢管进行切割，需要操作人员有一定的技术能力，若操作不当很容易崩坏锯条或损坏切口。管材不同所需的锯条尺寸也会不同，具体参见表 5-2 所列。

表 5-2　锯条尺寸和适用范围

锯齿规格	适用管材
粗齿（齿距 1.4mm）	低碳钢、铝、纯铜、塑料管、橡胶管
中齿（齿距 1.2mm）	中等硬性钢、硬性轻金属、黄铜、厚壁管材
细齿（齿距 1.1mm）	小而薄的管材

目前，大多数管材都是使用机械锯割的方式进行切割的，可对管材等进行锯割的机械设备称为锯床，常见的类型有带锯床、圆锯床和弓锯床。图 5-14 为锯床的实物外形。

弓锯床　　　　　　　　　带锯床

图5-14　锯床的实物外形

【提示说明】

使用锯床切割管材的注意事项如下。

① 操作前必须检查电源，检查传动装置运转是否平稳，机器电源处应安装断电保护器。

② 管夹要平稳、放平、夹牢。机器运行后先空锯几次，无异常后再开始锯割。

③ 管材即将锯断时，应适当减慢进刀速度，防止管材意外坠落。

④ 完成切管后，应切断机器电源，清扫管材碎屑。

5.2.2 塑料管材的刀割

对管材进行刀割，要比锯割速度快，并且管材断面平直，且便于操作。常见的管材刀割工具有切管器和电动切管器。图 5-15 为切管器的实物外形。

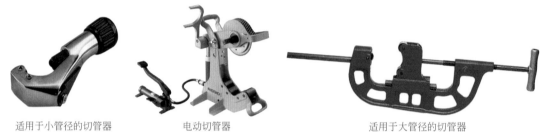

适用于小管径的切管器　　　电动切管器　　　适用于大管径的切管器

图5-15　切管器的实物外形

图 5-16 为管材刀割的操作方法。进行切割时，将需要切割的管材放到切管器刀片与支撑滚轮之间，一边进刀一边旋转切管器，直到管材断开。若是采用手握式切管器切割管材，只需将管材放到切割口，然后多次握紧手柄，切刀便会逐渐将管材切割开。

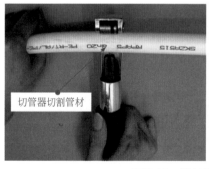
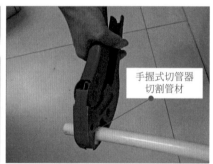

切管器切割管材　　　　　手握式切管器切割管材

图5-16　管材刀割的操作方法

5.2.3 塑料管材的承插粘接

承插粘接是指将胶黏剂均匀涂抹在管子的承口内侧和插口外侧，然后进行承插并固定一段时间实现连接的方法。目前，大多排水管路系统中的 UPVC 管均采用这种连接方法。

具体操作前，需要首先确认待连接管材外部无损伤，切割面平直，黏合面无油污、尘沙、水渍等，然后在插口上标出插入深度，接着用鬃刷蘸取专用的胶黏剂快速、均匀地涂抹在管材的承口内壁和插口外壁，一般重复刷两次；涂刷结束后，立即将管材的插口端插入承口内，用力均匀，当端子插入至深度标记线时，稍加旋转，使插入更加紧密，然后保持承插用力扶持 1～2min，待胶黏剂固化后，承插粘接完成。承插粘接的操作方法如图 5-17 所示。

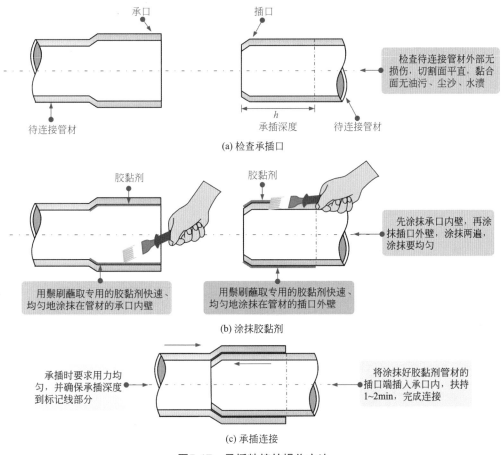

(a) 检查承插口

(b) 涂抹胶黏剂

(c) 承插连接

图5-17　承插粘接的操作方法

【相关资料】

当管材采用承插粘接方式时，若管材黏合面上有毛刺、油污、水渍等均会影响粘接强度和密封性能，这种情况下，需要先用软质细纱布等将杂物清除干净，然后再进行操作。

另外，管材粘接时，需要在较干燥的环境下进行，并远离火源，避免振动和阳光直射。

5.2.4　塑料管材的直线接头热熔连接

塑料管材的直线接头热熔连接是指将待连接管材直线接头的承口与插口进行加热后承插连接。一般给水管路系统中的聚丙烯（PP-R）管多采用这种连接方法。

塑料管材的直线接头热熔连接的操作方法如图 5-18 所示。具体操作时，首先将待连接直线接头的承口与插口在承插热熔器上加热（加热温度一般设为 260℃），待加热至直线接头的熔化温度时，撤去热熔器，然后将外表面熔化的直线接头插口直接插入到内表面熔

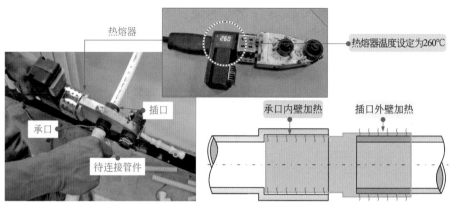

热熔器

热熔器温度设定为260℃

插口

承口

待连接管件

承口内壁加热

插口外壁加热

(a) 对待连接直线接头承口内壁和插口外壁进行热熔

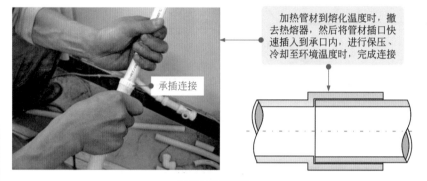

承插连接

加热管材到熔化温度时，撤去热熔器，然后将管材插口快速插入到承口内，进行保压、冷却至环境温度时，完成连接

(b) 进行承插连接

图5-18 塑料管材的直线接头热熔连接的操作方法

化的直线接头承口内，进行保压、冷却至环境温度时，完成连接。

5.2.5 塑料管材的螺纹连接

短螺纹连接也称短丝连接，是将管材的外螺纹与管件或阀件的内螺纹进行固定性连接的方式。它用于一般管材与管配件的连接，主要适用于管径在 100mm 及以下，工作压力不超过 1MPa 的给水管路钢管或塑料管的管件连接。

在进行塑料管材的短螺纹连接时，一般需要首先在管材外螺纹上缠抹适当的填料（例如油麻丝和铅油）来增强管路密封性。

典型塑料管材的短螺纹连接的操作方法如图 5-19 所示。具体操作时，麻油

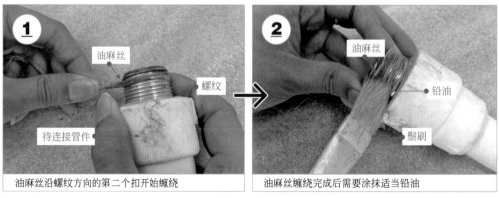

① 油麻丝 螺纹 待连接管件

油麻丝沿螺纹方向的第二个扣开始缠绕

② 油麻丝 铅油 鬃刷

油麻丝缠绕完成后需要涂抹适当铅油

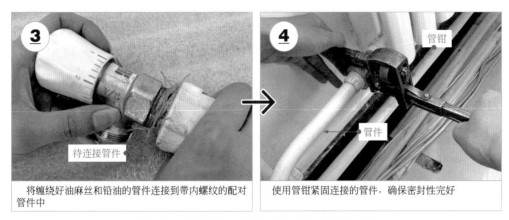

将缠绕好油麻丝和铅油的管件连接到带内螺纹的配对管件中

使用管钳紧固连接的管件，确保密封性完好

图5-19　典型塑料管材的短螺纹连接的操作方法

丝沿螺纹方向的第二个扣开始缠绕，缠好后再涂抹一层铅油，然后拧上管件，最后借助管钳工具将管件拧紧即可。

【相关资料】

　　螺纹连接过程中，也可以使用生料带作为填料来增加密封性，使用生料带时可不涂抹铅油，操作方法与缠绕油麻丝和铅油的操作方法相同，如图 5-20 所示。

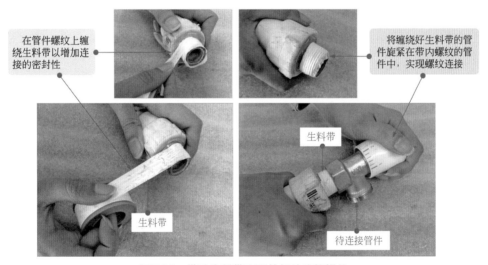

在管件螺纹上缠绕生料带以增加连接的密封性

将缠绕好生料带的管件旋紧在带内螺纹的管件中，实现螺纹连接

生料带

生料带

待连接管件

图5-20　借助生料带实现的螺纹连接操作

【提示说明】

　　需要注意的是，在进行短螺纹连接时，缠绕填料是很关键的环节。缠绕的填料应适当，过多或过少都可能影响密封性；也不能把填料由管端下垂挤入管内，以免堵塞管路。

给排水管道的敷设与安装

6.1 室内给排水管道的敷设技能

室内给排水管道的敷设技能是水电工必须掌握的一项技能，对给排水管道进行敷设时，首先要了解给排水管道系统的类型，然后了解给排水管道的敷设与安装方式，最后是给排水管道的规划设计。

6.1.1 给排水管道系统的类型

给排水管道系统是指实现供水和排水的管道系统。根据所处位置不同，主要分为室外给排水管道系统和室内给排水管道系统。

这里以室内给排水管道系统为重点进行讲解，室内给排水管道系统分为给水管道和排水管道两部分。

（1）室内给水管道

室内给水管道用于将室外给水系统中的水输送至室内各用水点，并满足用户对水质、水量和水压的要求。

1）室内给水管道的给水方式　目前，根据水压、水量需求不同，常见的室内给水管道主要有五种方式。

① 直接给水方式　直接给水方式是指由室外给水系统进行直接供水的方式。这种供水方式比较简单、经济，适用于室外给水系统的水压、水量能够满足室内用水需求的场所。图 6-1 所示为直接给水方式结构示意图。

② 设有水箱的给水方式　设有水箱的给水方式是指在系统高位点设有水箱的给水方式。这种给水方式具有供水可靠、结构简单等特点，适用于供水水压、水量周期性不足时，如集中用水高峰时段内，直接供水的水量、水压无法满足室内用水需求时，通过水箱供水。图 6-2 所示为设有水箱的给水方式结构示意图。

③ 设有水泵的给水方式　设有水泵的给水方式是指在给水系统中设有水泵装置，一般

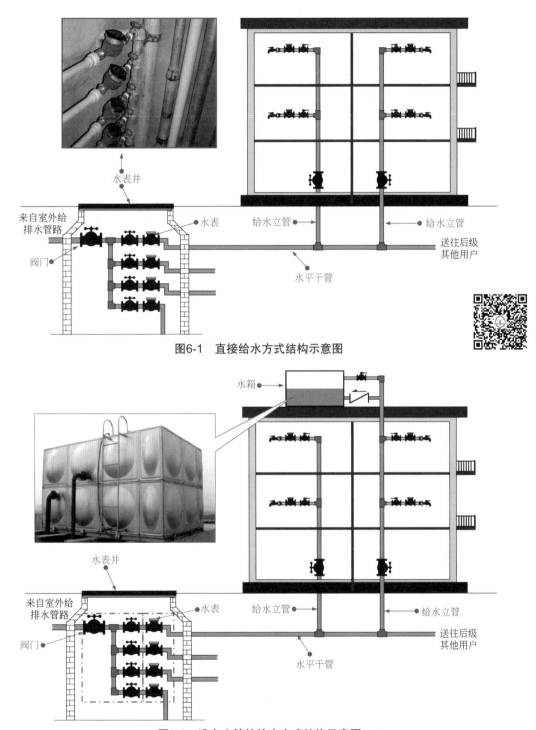

图6-1 直接给水方式结构示意图

图6-2 设有水箱的给水方式结构示意图

用于室外给水系统压力不足，需设置水泵局部增加压力的场合。图 6-3 所示为设有水泵的给水方式结构示意图。

④ 设有蓄水池、水泵和水箱的给水方式 设有蓄水池、水泵和水箱的给水方式是指给水系统中由蓄水池、水泵和水箱配合工作实现给水的方式，适用于室外给水系统水压经常低于建筑屋内水压需求的场合。图 6-4 所示为设有蓄水池、水泵和水箱的给水方式结构示意图。

水电工施工 从入门到精通

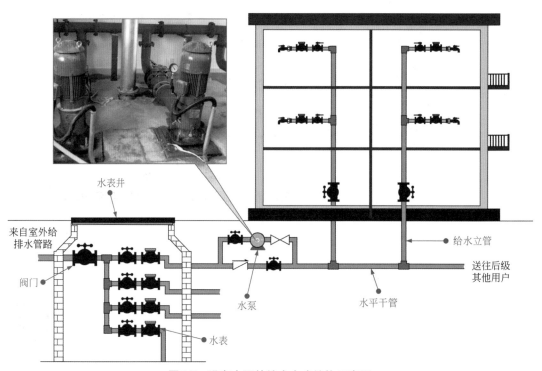

图6-3 设有水泵的给水方式结构示意图

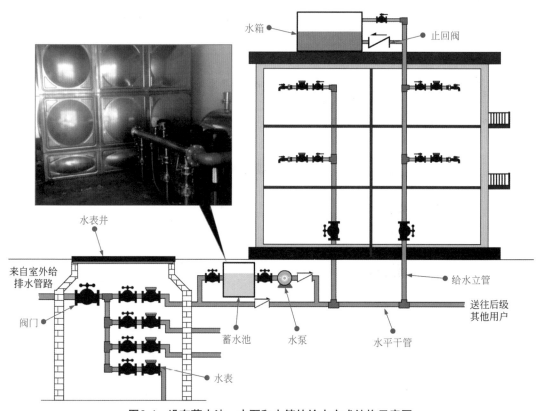

图6-4 设有蓄水池、水泵和水箱的给水方式结构示意图

⑤ 气压给水方式　气压给水方式是指在给水管道系统中设置气压水罐进行供水，一般适用于室外给水系统压力不足、室内用水不均匀或不易设置水箱的场合。图6-5所示为气压给水方式结构示意图。

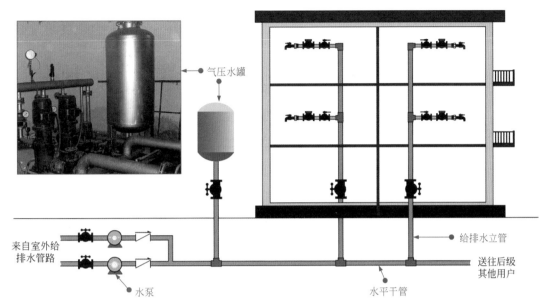

图6-5　气压给水方式结构示意图

【相关资料】

在一些高层住宅建筑物中，一般室外给水管道系统水压只能满足较低几层用水，而高层部分水压会出现严重不足，这种情况下，可采用两种给水方式结合的方式，即低区几层采用直接给水方式，高层区采用加压水泵或蓄水池、水泵、水箱结合的方式进行供水。

在进行给排水规划设计时，应根据实际需求采用合理、可靠的给水方式。

2）室内给水管道的结构组成　室内给水管道一般由引入管、干管、立管、支管、配水设备（水龙头等）、控制部件（截止阀、止回阀等）、水表等部分构成。图 6-6 所示为室内给水管道的结构组成示意图。

【相关资料】

在实际应用中，根据室内给水管道的给水方式不同，管道系统中还可能设有水箱、水泵、蓄水池、气压水罐等设备，这里不作重点介绍。

（2）室内排水管道

室内排水管道用于将生活或生产中产生的污（废）水排出到室外排水系统中。通常情况下，室内排水管道系统主要由污（废）水收集设备、排水管道、通气管道、清通设备、污水局部处理设备等部分构成的。图 6-7 所示为室内排水管道的结构组成示意图。

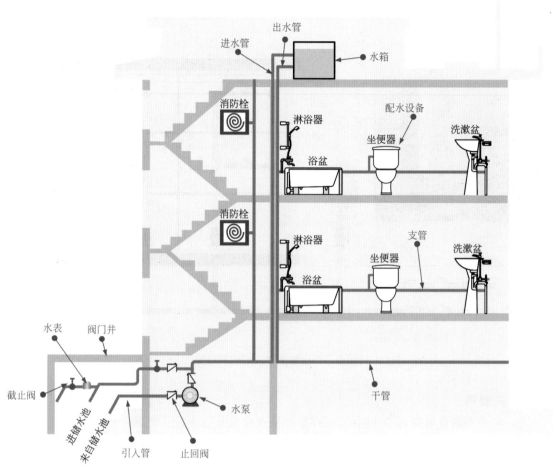

图6-6　室内给水管道的结构组成

① 污（废）水排放设备　污（废）水收集设备也可称为配水设备，是指用来满足日常生活和生产过程中各种卫生要求、收集和排放污（废）水的设备，主要指各种卫浴器具，如洗脸盆、浴盆、污水池、坐便器、小便器、地漏等。图 6-8 所示为室内排水管道中常见的污（废）水收集设备。

② 排水管道　排水管道是指污（废）水的输送和排出管道，主要包括器具排水管、横管、立管、排出管等部分。

③ 通气管道　通气管道用于将排水管道中污（废）水等可能产生的臭气或有害气体排出系统，同时还能够向排水立管中补充空气，减少污水及废气对管道的腐蚀，稳定管道内气压。另外，还可有效避免压力波动对卫生器具水封造成破坏。

通气管道有多种类型，如排水立管延伸部分的伸顶通气管（多层建筑物）、独立通气立管等。

④ 清通设备　清通设备用于清理、疏通排水管道，确保管道内部畅通。常见的清通设备主要包括清扫口、检查口和检查井等。图 6-9 所示为室内排水管道中的清通设备。

⑤ 污水局部处理设备　污水局部处理设备主要用于处理不允许直接排入市政排水系统的污（废）水，主要包括隔油井、化粪池、降温池、沉淀池等。

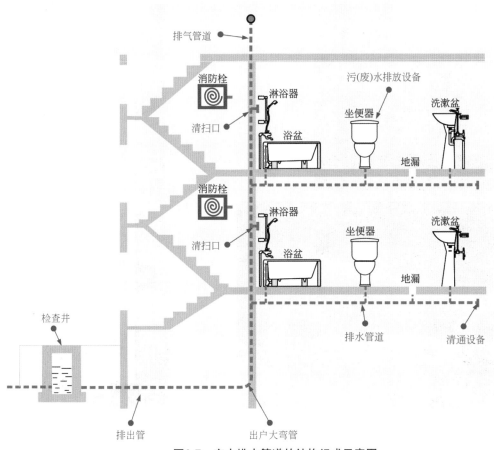

图6-7 室内排水管道的结构组成示意图

图6-8 室内排水管道中常见的污（废）水收集设备

6.1.2 给排水管道的敷设与安装方式

室内给排水管道系统在敷设与安装过程中，需要采取一定的方式和顺序进行。

（1）室内给水管道敷设与安装的方式和顺序

1）室内给水管道的敷设方式 根据建筑物性质和卫生标准要求的不同，室内给水管道

图6-9　室内排水管道中的清通设备

敷设一般有明敷和暗敷两种方式。

　　① 明敷　室内给水管道的明敷是指管道部分在建筑物内沿墙、梁、底板等暴露敷设。这种敷设方式工程造价较低，施工安装和维修护理均较方便，但由于暴露在外的管道表面容易聚积灰尘、产生凝结水等，影响环境卫生，且相对较不美观。

　　② 暗敷　室内给水管道的暗敷是指管道部分在建筑物内吊顶中、天花板下、管井、管槽等中隐蔽敷设。这种敷设方式可以保持室内整洁、美观，但工程造价较高，施工工艺较复杂，维护也不方便。

【提示说明】

　　　　一般的民用建筑和厂房等多采用明敷，对装饰、卫生要求较高的建筑可采用暗敷方式。

　　2）室内给水管道的安装方式　室内给水管道的安装是指管道系统中各组成部分的连接方式，根据管材不同，在给水管道中常用的安装方式主要有螺纹连接、承插口连接、法兰连接、粘接、热熔连接等。

　　3）室内给水管道的安装顺序　室内给水管道的安装顺序遵循先地下后地上，先大管后小管，先主管后支管的原则。一般的顺序是先安装室外引入管，然后顺序安装干管、立管和支管。

另外，控制部件（闸阀、止逆阀等）、水表等通常也在安装管道中同步安装，配水设备一般在进行室内装修时根据用户需求进行安装。

（2）室内排水管道敷设与安装的方式和顺序

室内排水管道一般采用铸铁排水管或硬聚氯乙烯（UPVC）塑料排水管，不同类型管材的连接方式不同，通常铸铁排水管采用承插口连接；硬聚氯乙烯塑料排水管多采用粘接法。

室内排水管道的安装顺序为：先安装排出管，然后按顺序依次安装立管、通气管、横管等，最后根据室内装修需求安装卫生器具。

6.1.3 给排水管道系统的规划设计

在进行室内给排水管道的规划和设计时，需要明确设计方案中所需的管材、配件，其次就是要根据建筑物特点对给排水管道的敷设方式进行规划和设计，为实际施工敷设、安装制定出给排水管道的规划方案。

（1）给排水管道系统常用的管材及配件

① 室内给水管道的常用管材及配件 室内给水管道要求必须达到饮用水卫生标准，因此给水管道必须采用符合规格的管材及配件。

常用室内给水管材、应用及连接方式见表 6-1 所列。

表 6-1 常用室内给水管材、应用及连接方式

管材类型		连接方式	应用
镀锌钢管		螺纹连接	管径小于或等于 150mm 的生活给水管及热水管
铜管		螺纹连接、法兰连接、焊接	热水管道
铸铁管		承插口连接、法兰连接	大管径的铸铁管多用在埋地的给水主干管
塑料管	三型聚丙烯（PP-R）	热熔连接、螺纹连接、法兰连接	水压 2.0MPa、水温 95℃以下的生活给水管，热水管，纯净饮用水管
	硬聚氯乙烯管（UPVC）	粘接，橡胶圈连接	室内外给排水管，水压 1.6MPa、水温 45℃以下，一般用途和饮用水输送
	聚乙烯管（PE）	卡套（环）连接、压力连接、热熔连接	水压 1.0MPa、水温 45℃以下的埋地给水管
复合管	铝塑复合管（PAP）	专用管件螺纹连接、压力连接	管径较小的生活给水管、热水管、煤气管
	钢塑复合管（SP）	螺纹连接、卡箍连接、法兰连接	管径较小的生活给水管、热水管

室内给水管道中常用配件包括水龙头、水表、截止阀、闸阀、升降式止回阀、旋启式止回阀、浮球阀等，根据实际需求安装于室内给水管道系统中。

【提示说明】

目前，在新建、改建室内给水管道、热水管道和供暖管道优先选用铝塑复合管等新型管材，淘汰镀锌钢管。

② 室内排水管道的常用管材及配件 常用室内排水管道管材、应用及连接方式见表 6-2 所列。

表 6-2　常用室内排水管道管材、应用及连接方式

管材类型	连接方式	应用	特点
铸铁管（WD）	承插口连接、法兰连接	生活污水、雨水、工业废水排水管	造价低，耐腐蚀性强，质脆，承受高压差
硬聚氯乙烯（UPVC）塑料管	粘接、橡胶圈连接	室内外排水管、酸碱性生产污（废）水管	耐腐蚀，安装方便，质轻，价廉，耐热性较差，强度较低

室内排水管道中常用配件包括卫生器具、存水弯、清通设备等，根据实际需求安装于室内排水管道系统中。

【提示说明】

目前，新建或改建建筑物的排水管道系统中多采用硬聚氯乙烯（UPVC）塑料排水管。

（2）给排水管道敷设方式的规划设计原则

进行给排水管道系统的规划与设计时，应先从建筑图纸上了解建筑平面位置、层数、用途、特点、建筑物周围道路、市政给水管道位置、允许连接引入管及相关因素；了解排水管道的具体位置、排水管道的接入点、管材、排水方向等，然后按相关操作规程、规范、要求和依据进行，以便制定出合理、科学的规划设计方案。

① 给排水管道系统的相关因素要考虑全面　给排水管道系统的规划设计要根据具体建筑物内的情况，对各用水设备、楼层用水实际情况、水压、水量、配水设备的安装位置以及数量等进行规划，规划时要充分从实用的角度出发，尽可能做到科学、合理、安全以及全面。

② 给排水管道布局要注重科学　在进行给排水管道的布局时，要首先考虑其科学性，遵循一定的科学规划原则，采用适当的管道布置形式，使给排水管道更加合理、高效。图6-10 所示为典型民用住宅楼中底层给排水布局平面图。

管道布局应确保充分利用原有的水力条件，力求经济合理。例如，管道尽可能和墙、梁、柱平行，布置在用水量大的配水点附近，力求管道最短。

管道布局应满足施工、维修和美观要求。例如，在实际应用中，有些建筑对美观要求较高，在管道敷设多采用暗敷方式，此时要求管道布局需充分满足施工、维修方便，例如设置管道井检修门、分支处设置阀门，并预留检修门等。

管道布局需要满足生活、生产和使用安全。例如，室内给排水管道一般设置在管道井中，管道安装位置不能妨碍建筑物使用、生产操作等。

管道布局需要保证水质不被污染。例如，在进行给水管道和排水管道布局时，要求给水引入管与排水排出管管外壁的水平距离≥1.0m。

管道布置时，还应避免布置在重物下，且不要穿越生产设备的基础，必要时进行相应的保护措施。

③ 给排水管道设计要遵循规范　给排水管道的安装环境、安装高度、配件应用等应根据室内给排水管道的规划原则进行，不可随意安装。

④ 给排水管道管材的选择要符合标准　室内给排水管道可用管材多用多样，不同管材有不同的特点和适用范围，在进行规划设计时，需要根据实际应用环境进行合理选材。

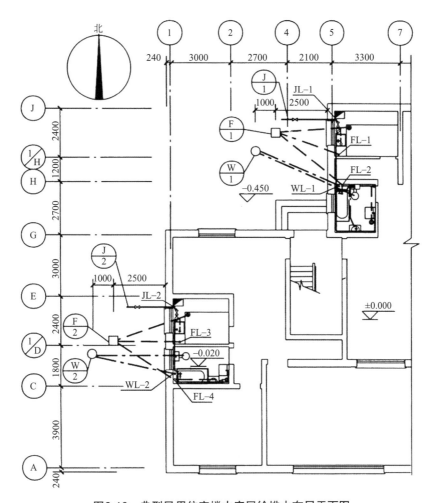

图6-10 典型民用住宅楼中底层给排水布局平面图

⑤ 给排水管道的施工方案要确保安全　在进行给排水管道规划设计时，施工方案是设计的重点，要求明确施工的顺序、方法、天数、位置等。因此在进行规划设计时，需要确保施工方案可靠、安全。

例如，明确给排水管道穿墙方式方法、管道部件之间的连接方式方法等。

【提示说明】

进行室内给排水管道规划和设计时，除了遵循上述原则外，还需要明确设计依据，即根据建筑使用性质，确定水压、水量，计算总用水量等，这些基本数据是进行整体方案规划和设计的基础。

（3）给排水管道的规划方案

在基本了解了室内给排水管道的类型、敷设及安装的方式和顺序、管材配件的类型以及进行规划设计的原则后，下面以一个典型民用住宅楼为例，制定一个简单的给排水管道系统规划方案，在后面的学习任务中，将以此方案为主线进行具体的管道敷设、安装操作。

某典型民用住宅楼，对其进行简单的给排水规划设计，确定其给排水管道系统结构。图 6-11 所示为该住宅楼给排水结构示意图。

水电工施工 从入门到精通

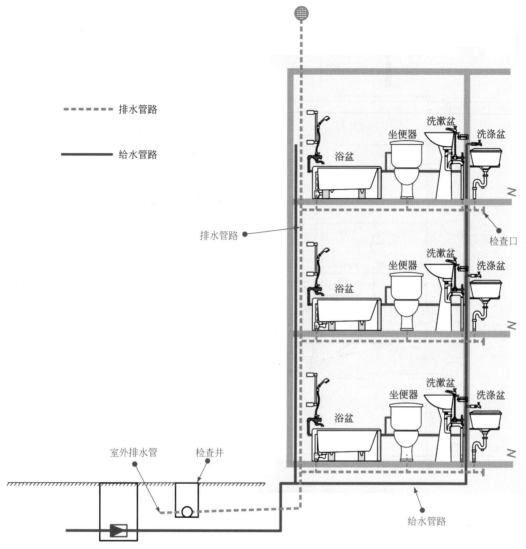

图6-11　典型多层民用住宅楼给排水结构示意图

① 给水管道系统

a. 给水方式采用直接给水；

b. 给水立管敷设于管道井中，采用铝塑复合管（PAP），专用管件螺纹连接；

c. 室内生活给水管采用PP-R管，热熔连接；

d. 引入管位置位于建筑物管道井左前侧。

② 排水管道系统

a. 排出管、排水立管采用硬聚氯乙烯管（UPVC），承插口连接、胶黏剂粘接；

b. 排水管道出口位于建筑物楼道口右侧。

6.2　室内给水管道的安装技能

进行室内给水管道的敷设安装时，即按照设计方案中的施工图纸、设计要求，将进水管道系统中的引入管、水表、控制部件、干管、立管和支管等，敷设到建筑物相应的位置。图 6-12 所示为典型多层民用住宅楼给水管道的敷设安装位置示意图。

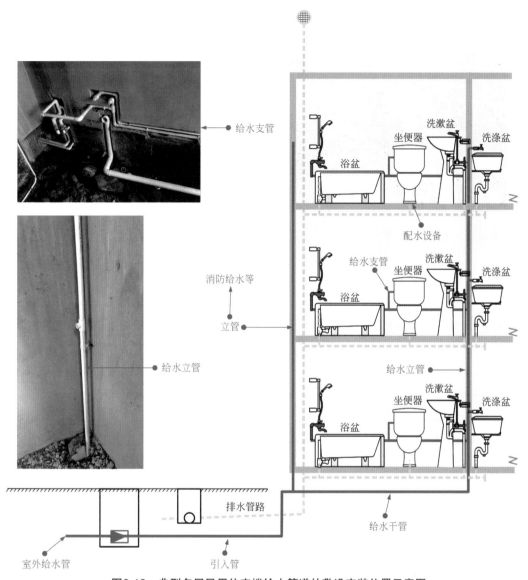

图6-12　典型多层民用住宅楼给水管道的敷设安装位置示意图

6.2.1　引入管的敷设安装

引入管一般采用直接埋地敷设，即埋深在当地冰冻线以下。当需要引入建筑物内时，需要穿越墙基础，一般通过墙上的预留孔洞穿过，管顶上部预留净空不得小于建筑物的沉降量。引入管的敷设安装操作如图 6-13 所示。

6.2.2　给水干管的敷设安装

引入管敷设安装完成后，接下来细读设计图纸，了解和确定给水干管的敷设位置、坡度（一般不宜小于 0.003）、管径等，按相关要求先预埋好给水干管的支架。然后，将给水干管沿支架进行敷设和固定。给水干管的敷设安装操作如图6-14所示。

图6-13　引入管的敷设安装操作

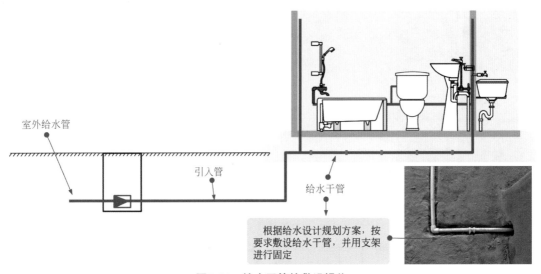

图6-14　给水干管的敷设操作

【提示说明】

通常，根据给水管道设计形式不同，给水干管可以敷设在顶层楼板下、暗装于屋顶内、敷设于底层地面上、地下室楼板下等。

6.2.3　给水立管的敷设安装

给水干管敷设完成后，即可敷设给水立管。首先可用线垂吊挂在立管的位置上，在墙面上弹出立管敷设的垂直中心线，这个垂直中心线就是立管的敷设线路。

在给水立管敷前，先根据垂直线位置预先埋好立管卡，然后根据设计图纸上所确定的给水立管长度，进行给水立管的预组装，确定给水立管管段符合实际敷设需求后，将给水立管分段敷设到位，并用管卡卡紧固定。给水立管的敷设安装操作如图6-15所示。

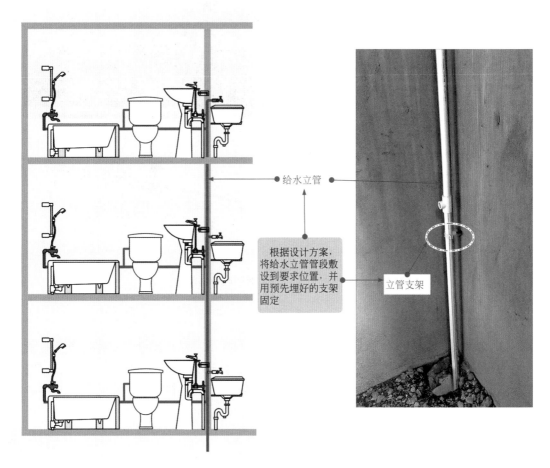

给水立管

根据设计方案，将给水立管管段敷设到要求位置，并用预先埋好的支架固定

立管支架

图6-15 给水立管的敷设安装操作

【提示说明】

给水立管敷设应配合土建施工，按照方案设计要求，在建筑物中逐层预留立管穿墙孔洞或埋设套管。敷设过程中，不可在钢筋混凝土楼板上凿洞。

当给水立管穿越楼板的预留孔洞时，需要设置金属或塑料套管。套管底部与楼板底面齐平，套管顶部应高出装饰地面 20mm；敷设在厨房及卫生间内的套管，需要高出装饰地面 50mm。套管内部不允许设置管道接口。

6.2.4 给水支管的敷设安装

给水立管敷设完成后，接下来敷设给水支管。给水支管敷设需要在所接卫浴设备预先定位之后，再进行敷设。

首先，根据预设的卫浴器具位置，确定给水管道出口（卫浴器具的进水阀处），然后，在墙面或地面上确定位置线，敷设给水支管。给水支管的敷设操作如图 6-16 所示。

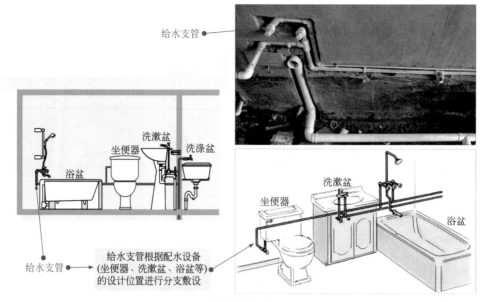

图6-16 给水支管的敷设操作

【提示说明】

给水支管一般应设置≥0.002 的坡度上立向立管，以便维修时放水。另外，若室内给水支管与排水管平行敷设，两管间的最小水平净间距为 500mm；交叉敷设时，垂直净间距为 150mm。另外，给水管应敷设在排水管上方。

6.3 室内排水管道的安装技能

进行排水管道的敷设安装，即按照设计方案中的施工图纸，将排水管道系统中排水管道，即排出管、排水立管、通气管、排水横管等，敷设到建筑物相应的位置。图 6-17 所示为典型 5 层民用住宅楼排水管道的敷设安装位置示意图。

6.3.1 排出管的敷设安装

排出管是指从室内立管到室外排水管之间的管道，排出管与室外排水管连接处应设置检查井，检查井中心到建筑物外墙的距离一般为 3～7m 之间。

为了确保污（废）水排放通畅，要求敷设的排出管距离尽可能短，且不要出现转弯、变坡等，否则需要在管道中间设置清扫口或检查口。

室内排水管道系统的排出管一般采用地埋法敷设，排出管管顶部分距离室外地面距离≥700mm，生活污水排水管的管底可在冰冻线以上 150mm。

另外，排出管与室内立管连接需要穿越墙、基础等，因此需要配合土建施工时，预留孔洞，排出管穿越孔洞口，管顶部净空应不小于建筑物的沉降量（一般不小于 15mm）。排出管的敷设操作如图 6-18 所示。

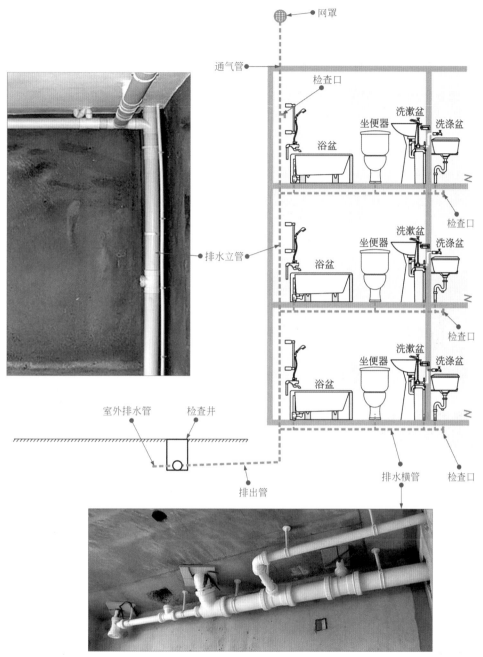

图6-17　典型5层民用住宅楼排水管道的敷设安装位置示意图

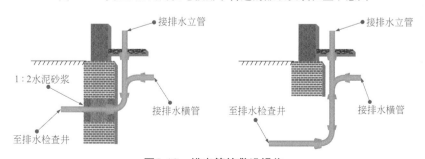

图6-18　排出管的敷设操作

6.3.2 排水立管的敷设安装

立管是排水管道系统中用来排泄所连接水平支管中污（废）水的管道。通常，立管敷设在靠近排水量大设备（如卫浴器具）的外墙墙角中。管子与墙壁之间保留至少20mm净空，并根据每层横管（连接卫浴器具）的位置、长度、坡度来决定立管分支口的高度（三通口或四通口）；且在每两层、最底层和最高层都需要设置检查口。

敷设立管时，从下向上敷设，一般需要至少两人上下配合，一人在上层楼板向上拉管子，另一人在下向上托，使管子对准预留孔洞（或下层已敷设好的立管管口），并穿越下层楼板。下层的人把立管分支口的方向进行调整，使其符合横支管连接需求，然后吊直，并将立管固定在支架中，最后由上层的人将立管进行临时固定，堵好立管洞口。

立管的敷设安装操作如图6-19所示。

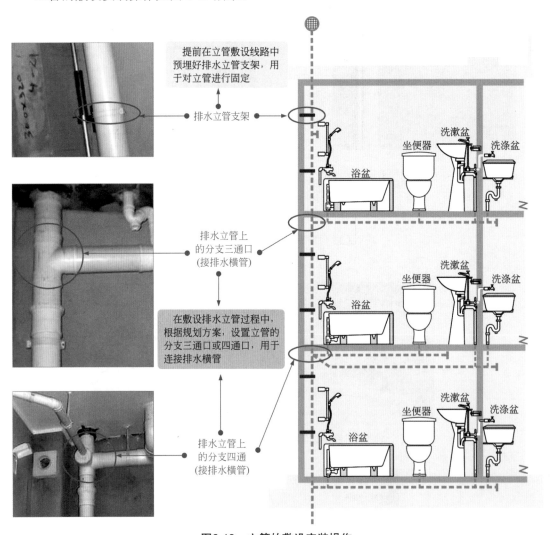

图6-19 立管的敷设安装操作

【提示说明】

在敷设立管时，需要将立管固定在预埋好的支架内。通常，立管支架应埋设在承重墙上，支架间距不大于 3m。立管底部弯管处需要设置支墩，进行支撑。

6.3.3　通气管的敷设安装

通气管应高出屋顶 300mm 以上，且应大于最大积雪厚度，在通气管口设置网罩或风帽，防止杂物落入。通气管的敷设安装操作如图 6-20 所示。

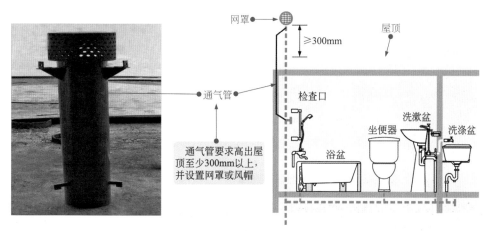

网罩

≥300mm

屋顶

通气管

检查口

洗漱盆

坐便器

洗涤盆

浴盆

通气管要求高出屋顶至少300mm以上，并设置网罩或风帽

图6-20　通气管的敷设安装操作

【提示说明】

一般来说，通气管高出屋顶不可小于 300mm。若建筑物属于可能会经常有人停留的平屋顶，则通气管应高出屋顶 2.0m，并设置防雷装置；若通气管出口在 4m 以内有门窗，应把通气管引向无门窗一侧，或高出门窗最高处 0.6m。

6.3.4　排水横管的敷设安装

排水管道系统中，横管也多称为横支管，其作用是将卫浴器具排水管排除的污（废）水送至排水立管中。

敷设横管时，需要预先搭好支架或吊卡，然后将预制好的横管管子托到支架上，再将横管一侧管口与立管的分支口（三通口或四通口）连接，且有一定坡度，坡向立管，有利于排水；横管另一侧管口为与卫浴器具连接的预留口，在安装卫浴器具前，需要临时堵好预留口（螺塞），以防杂物落入，堵塞管道；最后，配合土建将楼板孔洞堵严，完成敷设。

横管的敷设安装操作如图 6-21 所示。

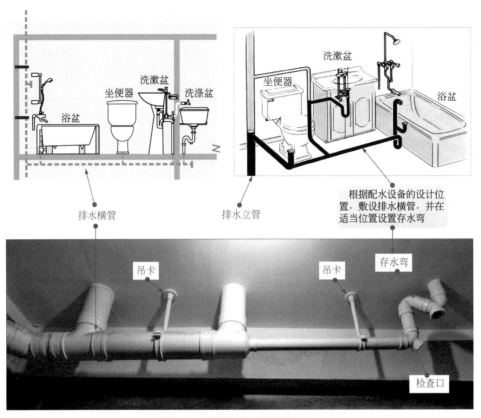

根据配水设备的设计位置，敷设排水横管，并在适当位置设置存水弯

排水横管

排水立管

吊卡

吊卡

存水弯

检查口

图6-21　横管的敷设安装操作

【相关资料】

　　一般情况下，建筑物中最底层的排水横管采用埋地敷设，二层以上多沿墙壁通过支架吊挂在楼板下。敷设时横管不宜太长，且应尽量减少转弯；一根横管上连接的卫浴器具不宜太多，且在敷设中，应根据预设卫浴器具适当安装存水弯（回水弯）；横管与楼板和墙壁之间应留有一定距离，便于安装和维修。图 6-22 所示分别为实际敷设的几种排水横管比较。

排水横管中应在适当位置设置存水弯，用以存储一定量的水，可以将下水道下面的空气隔离，防止异味进入室内

排水横管中未设置任何存水弯，一般不影响使用，但可能导致管道反异味的隐患，不建议采用这种方式

存水弯

检查口

排水横管

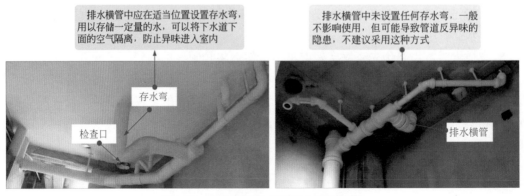

图6-22　实际敷设的几种排水横管比较

由于排水管道系统属于重力流系统，因此，排水横管在敷设时，应有一定的坡度，不同管材、管径对坡度要求不同，一般硬聚氯乙烯（UPVC）排水横管的标准坡度为 0.026。

另外，敷设横管时，要求横管不可穿过建筑物沉降缝、烟道、风道以及有特殊要求的生产厂房，食品或贵重商品仓库，遇水易引起燃烧、爆炸或损坏的原料、产品等的上面。

【提示说明】

在给排水管道敷设过程中，都需要预先对管段长度进行确定，通常管段的长度包括该段管子的长度加上阀件、连接管件的长度等。

根据确定管段的长度，对各管段中管子的尺寸进行切割、加工和预处理。该操作要求计算准确、合理，防止敷设过程中出现管子过长、过短，造成材料浪费和重复性切割管道操作。

第 **7** 章

地漏的施工安装

7.1 地漏的安装要求和注意事项

安装地漏应注意操作的规范性，安装合格，避免给后期使用、清理和维修造成不必要的麻烦。

① 安装前，应检查地漏外观，其铸件表面不应有明显的砂眼、缩孔、裂纹和气孔等缺陷；塑料件表面不应有明显的波纹、溢料、翘曲、熔接痕等缺陷；电镀表面应光泽均匀，不应有脱皮、剥落、黑斑及明显的麻点等缺陷。

② 地漏安装前应先了解排水管道的管径，根据管径选择合适规格的地漏，如图 7-1 所示（注：不同厂家生产的地漏尺寸不一致，具体应根据厂家提供参数确定）。

③ 地漏滤网孔或孔宽不宜大于 6mm；地漏箅子的孔径或孔宽不宜大于 8mm。带网框地漏应便于拆卸滤网（GB/T 27710—2011）。

④ 地漏带有表面高度调节功能的，其可调节高度应不小于 20mm，并应有调节后的固定措施。

⑤ 多通道式地漏接口尺寸和方位应便于连接器具接管，进口中心线位置应高于水封面。

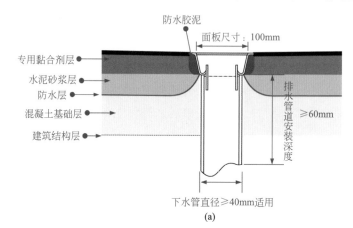

(a)

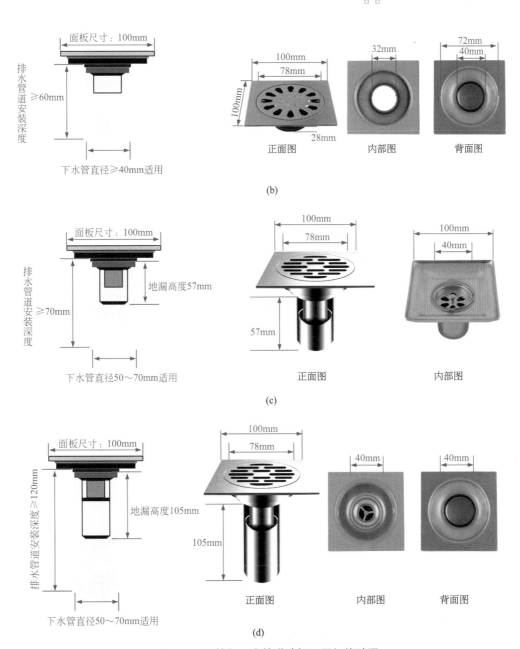

图7-1 不同管径下水管道选择不同规格地漏

⑥ 侧墙式地漏底边低于进水口底部的高度不小于 15mm，如图 7-1 所示。

⑦ 侧墙式地漏算子距离地面高度 20mm 以内时，过水断面应不小于排出口断面的 75%。

⑧ 直埋式地漏总高度不宜大于 250mm。

⑨ 地漏应安装在地面最低处，地漏面板平整，且顶面应略低于地面。

⑩ 按国标规定，地漏水封深度不得小于 50mm，地漏安装位置应正确。

⑪ 地漏安装后，其四周缝隙用填缝剂或白水泥填平，防止漏水。

⑫ 地漏安装 24h 后混凝土浆开始凝固，之前应保持地面无积水，避免踩踏。

⑬ 厨卫安装地漏的时候必须注意坡度。

【相关资料】

排水量是地漏使用性能的主要参数，国家标准（GB/T 27710—2011）中规定，地漏排水量应符合表7-1所列。

表7-1　地漏的排水量

地漏承口内径 ϕ/mm	用于卫生器具排水/（L/s）	用于地面排水/（L/s）
$\phi < 40$	≥ 0.5	≥ 0.16
$40 \leqslant \phi < 50$	≥ 0.5	≥ 0.3
$50 \leqslant \phi < 75$	—	≥ 0.4
$75 \leqslant \phi < 100$	—	≥ 0.5

注：有多个承口的地漏，如多通道式地漏，按其相应功能的最大尺寸的一个承口来计算。

7.2　地漏的安装方法

地漏安装一般配合地砖铺贴同时进行。在地漏安装前首先检查排水管有无堵塞，若存在堵塞情况，需要首先排堵再安装地漏。另外，安装地漏前，为了防止杂物掉入排水管，需要用管堵或毛巾等保护排水口。

图7-2为地漏的安装方法。

安装时注意，为了防止有杂物掉入排水管道引起堵塞，在抹灰等环节应用管道盖或布等盖住排水管道管口。地漏面板涂抹水泥安装后，应待水泥固定牢固后，往地漏灌水检查排水能力，地漏周边倒水检查坡度合理性，同时尝试取出密封芯看是否被水泥顶住。

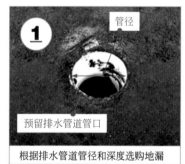

根据排水管道管径和深度选购地漏

根据地漏尺寸，对铺设的地砖进行切割，使预留宽度略大于地漏宽度5mm左右

在地漏面板背面及地面涂抹防水胶泥，确保良好的防水效果

将地漏正中心对准排水口放入管道中，注意地漏面板应略低于瓷砖

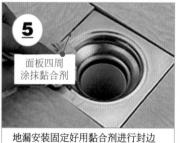

地漏安装固定好用黏合剂进行封边

将地漏漏芯放入地漏中

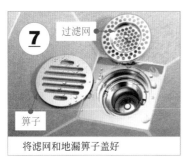

过滤网

算子

将滤网和地漏算子盖好

滤网和算子安装完成，清理周围杂物

排水试验

充水试验，排水通畅，安装完成

图7-2 地漏的安装方法

第 **8** 章
水盆的施工安装

8.1 水盆的安装要求

水盆的安装需要遵循一定的安装规则和要求，这样安装好的水盆既能符合标准，又能满足用户需求。比如水盆的大小要适合安装环境，水盆的高度要配合使用者的身高等等。

一般情况下，厨房用水盆的安装要求如下。

① 不论采用何种安装方式，水盆应保持水平，水平度允许偏差 2°。

② 水盆排水口与排水管连接处不能有漏水、渗水情况。

③ 水盆溢水孔与排水管连接处不能有漏水、渗水情况。

④ 水盆四周与橱柜连接处应做好防霉密封处理。

⑤ 正确安装冷、热进水管，冷、热水管的位置应该是左热右冷。

⑥ 水盆安装好后应无晃动情况。

⑦ 水盆安装牢固，无脱落松动情况。

⑧ 操作方便，布局合理，阀门和手柄的位置和拨动朝向合理。

⑨ 性能良好，出水顺畅，排水管设有存水弯。

8.2 水盆的安装方法

厨房内的水盆大多安装在橱柜的内部，使厨房整体保持统一，打开水池下方的柜门，便可看到水盆的排水管，既不影响美观，也不影响维修。

这里以应用最普遍的台上式厨房用水盆为例，介绍厨房用水盆的安装方法。

（1）厨房用台上盆的安装尺寸

图 8-1 为厨房用台上盆的安装尺寸。

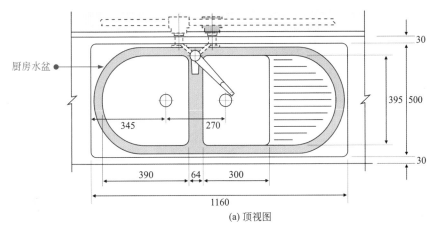

(a) 顶视图

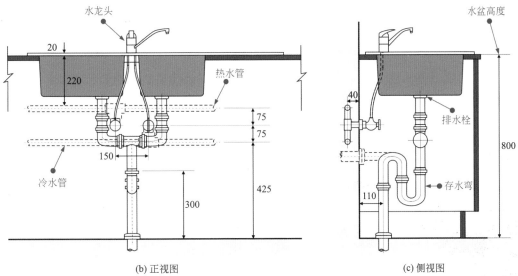

(b) 正视图　　　　　　　　　　　(c) 侧视图

图8-1　厨房用台上盆的安装尺寸

【相关资料】

厨房用水盆安装无明确要求时，具体安装高度、连接的排水管规格以及给水配件的高度要求参见表 8-1 所列。

表 8-1　厨房用水盆的安装高度、排水管管径及最小坡度和给水配件的高度　　单位：mm

卫浴器具	安装高度	排水管管径	管道最小坡度	水龙头高度	冷热水水龙头距离
厨房用水盆	800	50	0.025	1000	150

（2）厨房用台上盆的安装方法

① 橱柜台面开槽　安装厨房用台上盆，首先根据橱柜台面宽度选购尺寸合适的水盆，然后根据实际水盆的大小在橱柜台面上切割开槽，具体开槽尺寸应略大于水盆的盆胆，比水盆的整体尺寸小，如图 8-2 所示。

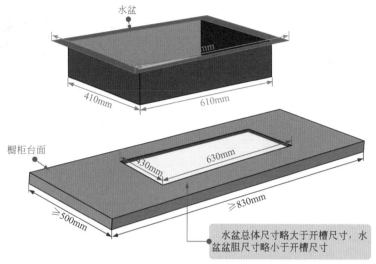

图8-2　橱柜台面开槽

② 安装进水管和水龙头　开槽完成后，安装水盆前，先安装水龙头和进水管。将水盆水龙头安装并固定到水盆上，然后将水盆连同水龙头放入开槽中，水盆的四个边搭在橱柜台面上，如图 8-3 所示。

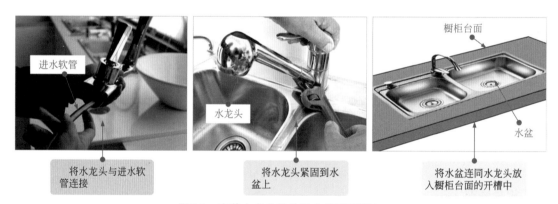

图8-3　安装水龙头并放置水盆到开槽中

接着安装龙头的进水管，把事先安装在龙头上的进水管的一端连接到进水开关处，安装时要注意衔接处的牢固，不可以太紧或是太松。

③ 安装溢水孔排水管和水盆排水管　接着，安装溢水孔（避免水盆向外溢水的保护孔）的排水管。安装时，应注意排水管管口与溢水孔连接处的密封性，确保溢水孔所接排水管不漏水。

接下来，连接排水管到水盆排水口，并将回水弯、密封垫圈、排水栓等配件安装到位，如图 8-4 所示。

图 8-5 为水盆管路部分安装完成的效果图。

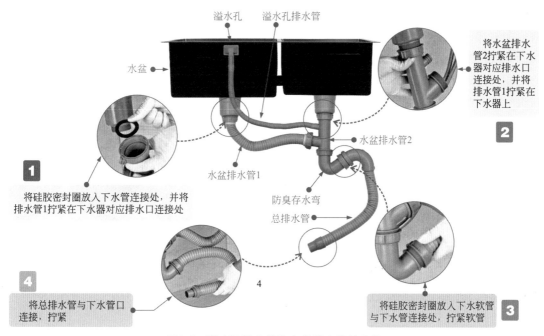

图8-4　溢水孔排水管和水盆排水管的安装

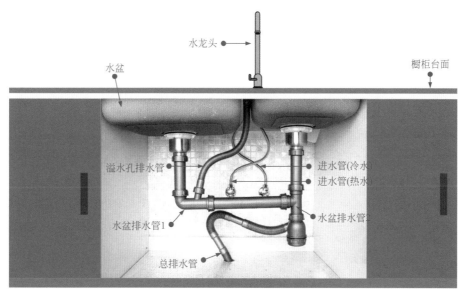

图8-5　水盆管路部分安装完成的效果图

【提示说明】

若安装水盆为双水盆结构，则会有两个排水口，需要安装两个排水管，且最终两个排水管汇集到一个总排水管中，在安装时，应该根据实际情况对配套的排水管进行切割，并注意每个接口之间的密封。

④ 排水试验　将水盆中放满水，同时测试水盆排水口和溢水孔的排水情况。排水时，若发现有渗水情况，应立刻检查渗水位置，再次紧固固定螺母、密封圈或是使用密封胶密封，确保日常使用时不会出现问题。

⑤ 水盆四周密封处理　所有管路连接固定完成后，微调水盆至最佳状态后，对水盆四周进行密封处理。如图 8-6 所示，通常可采用玻璃胶、防霉密封胶或防霉防水密封条三种方式密封处理。确保水盆与台面连接处没有渗水情况。至此，水盆安装完成。

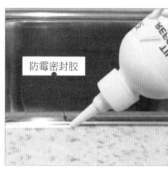

图8-6　厨房用台上盆安装完成

第 9 章

水龙头的施工安装

9.1 水龙头的安装要求

水龙头是日常生产、生活中使用频率较高的器具，水龙头的安装效果直接影响日后的使用情况，因此安装水龙头必须按照操作规范和要求进行。

① 安装水龙头前，应先检查所有配套零件是否齐全，如常见的垫片、紧固螺母、软管等。

② 安装水龙头前，应检查水龙头及配件，电镀件表面应光泽均匀，不应有脱皮、龟裂、剥落及明显的麻点、毛刺等缺陷（见水嘴通用技术条件 QB/T 1334—2013）。

③ 安装水龙头前，应确认所接管路出水正常，安装孔内无杂物等。

④ 水龙头安装应待墙面泥水工完成以后进行，以免龙头表面镀层被磨损、刮花。

⑤ 若在新建房屋安装水龙头，因供水管网是新铺的，水中肯定会有砂粒等杂质，安装前要注意将管道内杂物清除，长时间放水直到水质变清后，再安装水龙头。

⑥ 安装时，如果是冷、热水双管进入，应按照左热右冷原则接管，两管相距 100～200mm。

⑦ 安装时力度要合适，不要用力过大，以免损伤水龙头及配件。

⑧ 安装时水龙头应尽量不要与硬物磕碰，不要将水泥、胶水等物残留在表面，以免损坏表面镀层光泽。

⑨ 安装时应严格按照水龙头说明书的顺序执行，各种配套的垫片和其他小配件不要漏装或损坏。

⑩ 不同应用场合的水龙头，安装高度要求也不一样，一般洗脸盆、厨房水盆用水龙头的高度是 300mm；洗衣机用水龙头标高为 1100mm；拖把池水龙头标高为 700～750mm；淋浴水龙头标高为 900mm；冷热出水口间距 150mm；淋蓬头出水点高度在 2000～2200mm。

⑪ 单手柄、双手柄或多手柄的水龙头安装后，应确保水龙头转动用力均匀，无受阻现象，且手柄转动时松紧程度一致。

⑫ 水龙头安装完成后，应稳固，紧固螺母处无晃动、松动的情况。

⑬ 水龙头安装完成后，其所控制的冷、热水出水情况，应与水龙头标识一致，如图9-1 所示。冷、热水混合水龙头应在明显位置给出冷、热标记，标记应结合牢固。通常，冷水用蓝色或字母"C"或"冷"字表示，热水用红色或字母"H"或"热"字表示。双控水龙头［水龙头控制两路（冷水和热水）供水管路的方式］控制装置水平排列时，冷水标记在右，热水标记在左；控制装置竖直排列时，冷水标记在下，热水标记在上。可采用其他易于识别的含义标记冷、热水（见水嘴通用技术条件 QB/T 1334—2013）。

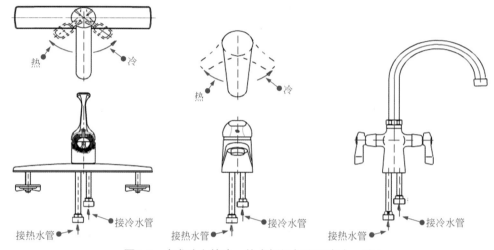
图9-1 水龙头上的冷、热水标识与实际出水一致

⑭ 安装完成后的水龙头，软管与进水口连接处不能有漏水情况。

⑮ 装配好的水龙头手柄动作应轻便、平稳、无卡阻。浴缸/淋浴水龙头转换开关应提拉平稳、轻便、无卡阻。

⑯ 单手柄水龙头手柄或手轮应逆时针方向转动为开启，顺时针方向转动为关闭。双手柄水龙头热水端手柄或手轮顺时针方向转动为关闭，逆时针方向转动为打开。冷水端手柄或手轮顺时针方向转动为开启，逆时针方向转动为关闭，如图 9-2 所示。否则应有明显的开启、关闭标识。

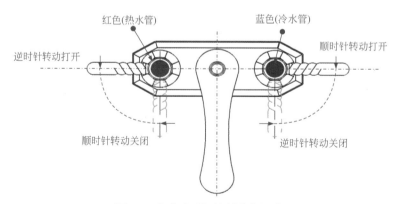
图9-2 水龙头手柄控制方向要求

9.2 水龙头的安装方法

水龙头的安装比较简单，主要可以分为安装连接软管、安装固定水龙头和连接进水管角阀三个环节。

（1）安装连接软管

图9-3为典型水龙头及安装配件。通常水龙头的安装配件包括固定件、垫片、软管等。其中，固定件可以分为固定螺杆和固定螺管两种，其对应的紧固件则分别为紧固螺母和紧固螺帽。

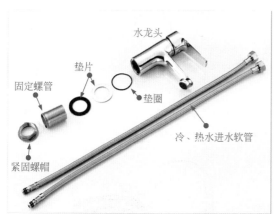
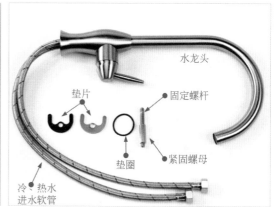

图9-3　典型水龙头及安装配件

按图9-4所示，将水龙头软管与水龙头对应的管路连接端口拧紧。如果是双联龙头，其管路连接端口有两个，根据标准，位于左侧的端口为热水进水端口，用以连接热水管，位于右侧的端口为冷水进水端口，用以连接冷水管。为了便于区分，习惯上热水软管多以红色标记，而冷水软管多以蓝色标记。

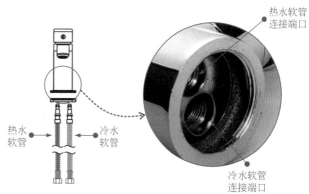

图9-4　连接软管

如果是单冷水龙头，则只设有一个进水端口和一根冷水连接软管。将连接软管对应拧入水龙头的进水端口即可，注意一定要拧紧。

【提示说明】

如图 9-5 所示，在连接软管时需要特别注意，在软管与水龙头进水端口的连接端安装有密封圈，安装时一定要确保密封圈正确套在软管连接端口处，如套接不良或密封圈有损坏需要及时调整或更换，否则会造成漏水。

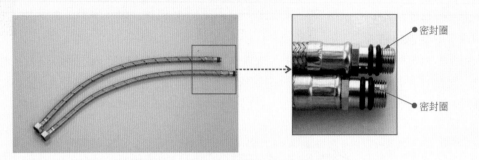

图9-5　检查连接软管处的密封圈

（2）安装固定水龙头

连接软管安装到位，接下来就可以安装固定水龙头了。如图 9-6 所示，水龙头通常采用固定螺杆或固定螺管作为固定件，用以将水龙头固定在台面上。

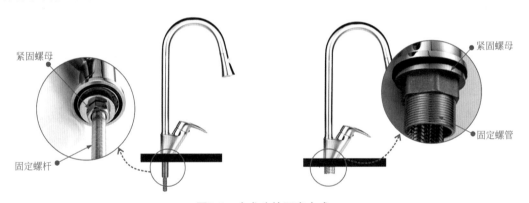

图9-6　水龙头的固定方式

按图 9-7 所示，在水龙头底部拧好固定螺杆或固定螺管。

将固定螺杆旋入水龙头定位孔，拧紧　　　　将固定螺管对应水龙头内螺纹旋紧

图9-7　拧好固定件

接下来，将水龙头安放到台面的安装位置，使固定螺杆（或螺管）连同连接软管穿过台面。然后从台面的下方套入垫圈，再将紧固螺母（或螺帽）拧紧。具体操作如图 9-8 所示。这样，水龙头就被牢固地固定在台面上了。

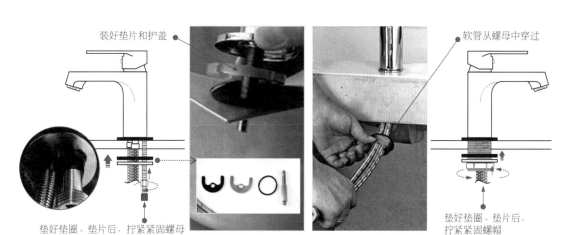

装好垫片和护盖

软管从螺母中穿过

垫好垫圈、垫片后，拧紧紧固螺母

垫好垫圈、垫片后，拧紧紧固螺帽

图9-8　安装固定水龙头

（3）连接进水管角阀

水龙头固定好后，按图 9-9 所示，将两根进水软管的另一端与预留的进水管角阀连接即可。

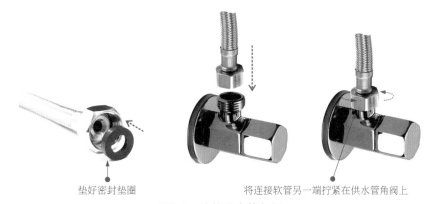

垫好密封垫圈

将连接软管另一端拧紧在供水管角阀上

图9-9　连接进水管角阀

第 10 章

洗脸盆的施工安装

10.1 洗脸盆的安装要求

洗脸盆的安装需要遵循一定的安装规则和要求，洗脸盆的大小要适合安装环境，特别是安装高度应注意，实际的安装高度要配合使用者的身高等等。

一般情况下，洗脸盆的安装要求如下。

① 应根据设计图样规定的位置要求进行安装，若没有设计规划，同一房间内的同类型阀门、配件、卫生器具应以同样的方式安装在同一高度上。

② 瓷制的洗脸盆应在管道安装完成后，最后一次粉刷前进行安装。

③ 洗脸盆应经水封和检查口接至排水管。

④ 水封和洗脸盆连接处，可用油麻丝塞紧，并用油灰填抹。

⑤ 洗脸盆安装完成后要进行验收。洗脸盆安装验收标准：支架、托架防腐良好，与器具接触紧密，埋设平整牢固，洗脸盆放置平稳。洗脸盆的水平位置允许偏差 10mm，水平度允许偏差 2°，垂直高度允许偏差 ±15mm，垂直度允许偏差 3°。

【提示说明】

卫浴器具的安装标准：

① 同一房间同种器具上边缘要保持水平；

② 器具安装好后应无晃动情况；

③ 安装牢固，无脱落松动情况；

④ 器具安装位置和平面尺寸准确；

⑤ 器具的给水管、排水管接口连接严密，不渗漏；

⑥ 操作方便，布局合理，阀门和手柄的位置和拨动朝向合理；

⑦ 性能良好，出水顺畅，排水管设有存水弯。

10.2 洗脸盆的安装方法

卫生间内的洗脸盆有挂式、立式和台式三种安装方式，不同安装方式有各自不同的安装尺寸，并且根据洗脸盆大小、安装环境以及用户需求的不同，具体安装尺寸也会略有差异。下面以挂式洗脸盆为例介绍安装方法。

（1）挂式洗脸盆的安装尺寸

图 10-1 为挂式洗脸盆的安装尺寸。

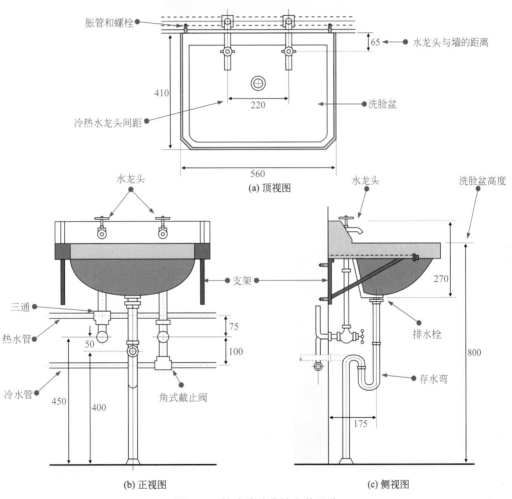

图10-1 挂式洗脸盆的安装尺寸

【相关资料】

挂式洗脸盆的尺寸要求较多，而立式和台式洗脸盆的安装高度已确定，需要根据具体给、排水管的位置，确定好洗脸盆及连接管道的安装位置。

洗脸盆安装无明确要求时，具体安装高度、连接的排水管规格以及给水配件的

水电工施工 从入门到精通

高度要求参见表10-1所列。

表 10-1　洗脸盆的安装高度、排水管管径及最小坡度和给水配件的高度　　单位：mm

卫浴器具	安装高度	排水管管径	管道最小坡度	水龙头高度	冷热水龙头距离
洗脸盆	800	32～50	0.02	1000	150

（2）挂式洗脸盆的安装

安装洗脸盆之前，安装人员要检查洗脸盆是否完好、零配件是否齐全，然后按步骤进行安装。

① 定位划线　首先用钢尺紧贴安装墙壁垂直测量出洗脸盆的安装高度。安装高度指洗脸盆边沿至地面的高度，一般为800～820mm。在确定的最高点画一条垂直线，然后将挂式洗脸盆边沿对齐高度位置，用水平尺矫正水平位置，画出一条水平线，与垂直线构成十字标线，完成安装位置定位，如图10-2所示。

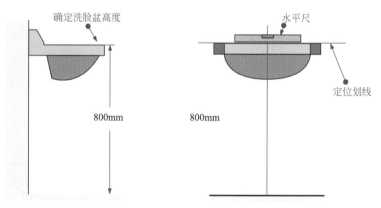

图10-2　挂式洗脸盆安装位置的定位划线

② 钻孔并安装固定螺栓　将洗脸盆对齐到划线位置，然后用标记笔在墙壁上标记出洗脸盆固定孔的位置，用电钻在标记孔位钻孔。然后将定位栓敲入钻孔内，再将固定螺栓拧紧定位栓内，螺栓应露出450mm长度，且保持水平，如图10-3所示。

图10-3　钻孔并安装固定螺栓

③ 安装洗脸盆　将洗脸盆安装孔对准埋好的固定螺栓悬挂，用水平尺调整洗脸盆至完全水平。在螺栓伸出部位套上垫片并拧紧固定螺母，注意紧固力度适当，防止过紧损坏陶瓷洗脸盆，最后在螺母部位盖上装饰帽，如图10-4所示。

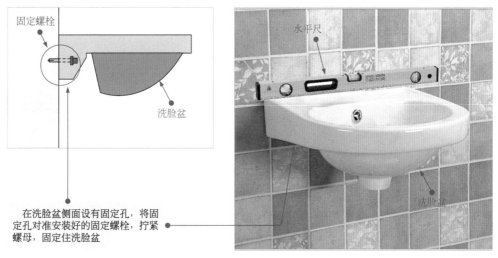

图10-4　洗脸盆的固定

④ 安装排水组件　排水组件主要包括下水器和排水管。图 10-5 为下水器的安装示意图。下水器主要由排水栓、下水口密封圈、下水口紧固螺母及连接口密封圈和连接口紧固螺母构成。

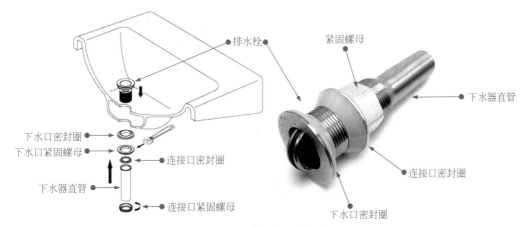

图10-5　下水器的安装示意图

安装时，首先按图 10-6 所示将下水口密封圈放置于洗脸盆底部的下水口处。

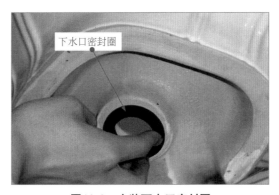

图10-6　安装下水口密封圈

然后从洗脸盆内把排水栓放入洗脸盆下水口，安装到位，调整好底部下水口密封圈，如图 10-7 所示，用扳手拧紧下水口紧固螺母。

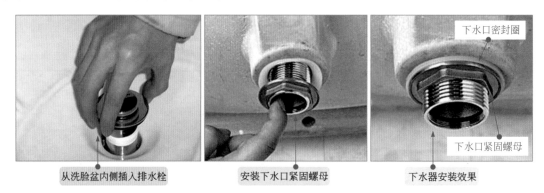

图10-7　安装下水器的排水栓

排水栓安装到位，接下来将下水器直管与排水栓出水口连接。如图 10-8 所示，将连接口密封圈套在下水器直管的连接端口后，将直管对应螺纹方向拧入排水栓出水口。然后再使用扳手将连接口紧固螺母拧紧。另外，还有些下水器在排水栓出水口和直管连接端口都采用螺纹设计，连接时，只需对应螺纹插入拧紧即可。

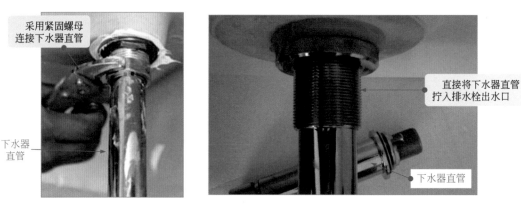

图10-8　连接排水栓与下水器直管

接下来，完成下水器直管与排水管之间的连接。如图 10-9 所示，先将排水管上的密封圈和紧固螺母取下，依次将排水管紧固螺母和排水管密封圈套入到排水管管径上。然后，将排水管管口与下水器直管管口相连，撸下排水管密封圈至连接处，并拧紧紧固螺母。这样，下水器直管与排水管就连接好了。

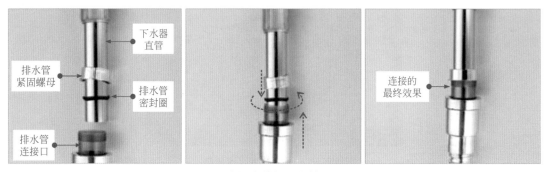

图10-9　下水器直管与排水管之间的连接

最后，将排水管的排水口插入到预留的排水口，并使用密封胶密封四周缝隙。洗脸盆的安装就完成了。

值得注意的是，为了防止卫生间排水管道反味，通常会将排水管弯折。如图 10-10 所示，根据下水管道的位置，对排水管进行 S 形或 U 形弯折，这样会有效避免反味情况的发生。

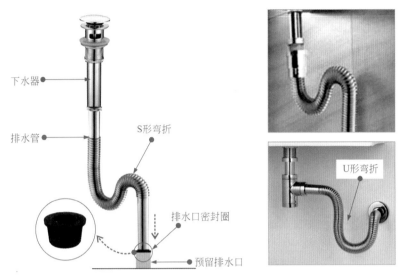

图10-10　排水管的弯折处理

⑤ 涂抹密封胶　另外，在洗脸盆与墙壁之间的缝隙处涂抹防霉密封胶，挂式洗脸盆安装完成，如图 10-11 所示。

图10-11　挂式洗脸盆安装效果

坐便器的施工安装

11.1 坐便器的安装

11.1.1 坐便器的安装要求

坐便器的安装效果直接影响日后的使用情况，安装时必须按照规范要求进行操作。

（1）安装注意事项和操作要求

① 安装坐便器前，应先对排污管道进行全面检查，看管道内是否有泥沙、废纸等杂物堵塞。

② 安装前，应检查坐便器安装位置的地面前、后、左、右是否水平，如发现地面不平，在安装坐便器前应将地面调平。

③ 分体式坐便器其水箱应用镀锌开脚螺栓或用镀锌金属膨胀螺栓固定。如墙体是多孔砖或轻型墙，则严禁使用膨胀螺栓，水箱与螺母间应采用软性垫片，严禁使用金属硬垫片。

④ 在安装坐便器前应仔细阅读其说明书，按照要求施工。《住宅装饰装修工程施工规范》（GB 50327—2001）中规定，卫生洁具与进水管、排污口连接必须严密，不得有渗漏现象，坐便器应用膨胀螺栓固定安装，并用油石灰或硅酮胶连接密封，底座不能用水泥砂浆填塞坐便器脚部和隐蔽底部，以免因水泥砂浆与陶瓷的收缩、膨胀不一致而造成炸裂。

（2）安装规则和尺寸要求

坐便器的安装需要遵循一定的规则和尺寸，这样安装好的坐便器既能符合标准，又能满足用户需求。比如坐便器的大小要适合安装环境，坐便器的出水口位置与预留的排水管相匹配等。

① 不同的坐便器其安装尺寸不同，根据安装环境以及管口位置，具体安装尺寸也会略有差异，这里以典型坐便器的安装规则及尺寸为例进行介绍。图11-1为坐便器的安装尺寸。

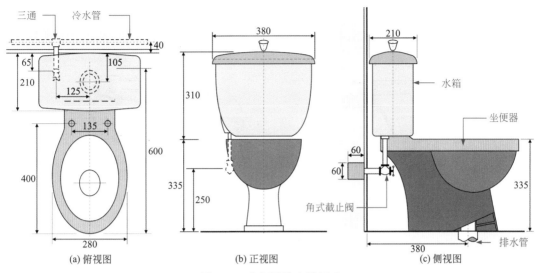

图11-1 坐便器的安装尺寸

【相关资料】

坐便器安装无明确要求时,具体安装高度、连接的排水管规格以及给水配件的高度要求参见表 11-1 所列。

表 11-1 坐便器的安装高度、排水管管径及最小坡度和给水配件的高度　　单位:mm

卫浴器具	安装高度	排水管管径	管道最小坡度	给水配件高度
外露排出管式坐便器	510	100	0.012	250
虹吸喷射式坐便器	470	100	0.012	250

【提示说明】

在混凝土或瓷砖地面上安装坐便器时,应在地面内嵌入 4 块木砖(长宽高为 40mm×40mm×50mm),然后用地脚螺栓将坐便器的底座固定在木砖上。

② 安装前,测量坑距误差不得超过 1cm。下排水方式的坑距,是指地面下水孔中心点距未装修墙面的距离,一般为 400mm 或 305mm。后排水方式,要量其地距,指排水孔中心点到做完地面的距离,一般为 180mm 或 100mm。在测量时要力求准确。一般安装坐便器在墙壁和地面施工完成后进行,要求测量误差不能超过 1cm,否则无法正常安装。

③ 给水管安装角阀高度一般距地面 250mm,如安装连体坐便器,应根据坐便器进水口离地高度而定,但不小于 100mm,给水管角阀中心一般在污水管中心左侧 150mm 或根据坐便器实际尺寸定位。

④ 下排式坐便器排污口外径应不大于 100mm,后排式坐便器排污口外径应为 102mm;虹吸式坐便器安装深度为 13~19mm;下排虹吸式坐便器排污口周围应具备直径不小于 185mm 的安装空间,其他类型坐便器排污口周围应具备直径不小于 150mm 的安装空间;冲落后排式坐便器的排污口的长度不可小于 40mm。

图 11-2 为坐便器排污口尺寸示意图(GB 6952—2015 卫生陶瓷标准规定)。

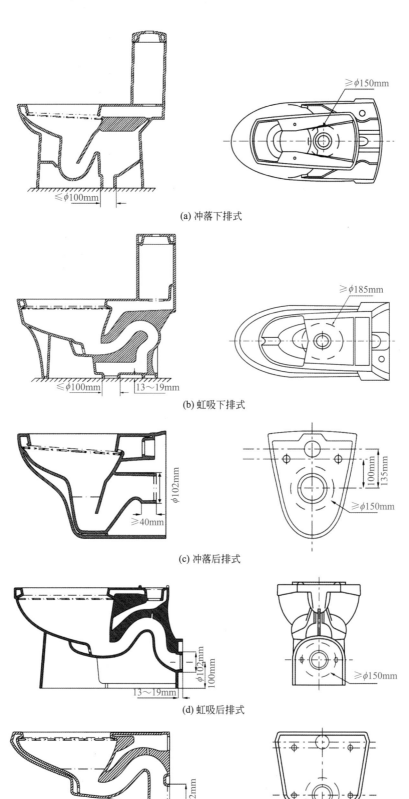

(a) 冲落下排式

(b) 虹吸下排式

(c) 冲落后排式

(d) 虹吸后排式

(e) 壁挂虹吸式(后排式)

图11-2　坐便器排污口尺寸示意图

⑤ 安装在水平面的坐便器水封表面尺寸应不小于 100mm×85mm，如图 11-3 所示。

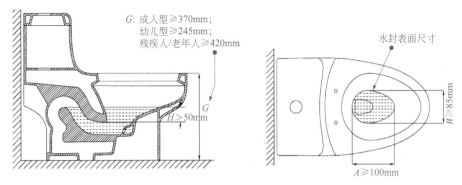

图11-3 坐便器水封表面尺寸示意图

⑥ 坐便器坐圈尺寸应符合规定，如图 11-4 所示。

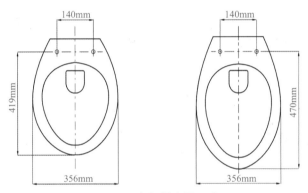

图11-4 坐便器坐圈尺寸

⑦ 坐圈离地高度：成人型不低于 370mm；幼儿型不低于 245mm；残疾人 / 老年人专用型不低于 420mm。

11.1.2 坐便器的安装方法

下面以常见的下排式坐便器为例，介绍一下坐便器的安装方法。

在选购安装坐便器前，首先要测量坑距。如图 11-5 所示，坑距是指坐便器排污口中心

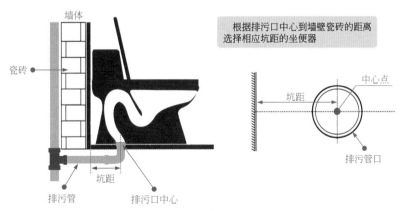

图11-5 测量坑距

到墙壁之间的距离。根据卫生间预留排污管的位置选择不同坑距的坐便器。

【提示说明】

目前，坐便器的坑距规格主要有250坑距、300坑距和400坑距三种。其中，如果排污口中心与墙壁距离在250～300mm，则需要选择250坑距的坐便器。如果排污口中心与墙壁距离在285～385mm，则需要选择300坑距的坐便器。如果排污口中心与墙壁距离在386～400mm及以上建议选择400坑距的坐便器。图11-6为不同坑距的坐便器。有些坐便器为适应更多的安装要求，设置有两种坑距的排污口。

300坑距坐便器　　　　　　400坑距坐便器　　　　　300/400双坑距坐便器

图11-6　不同坑距的坐便器

（2）安装坐便器密封法兰圈

选定好相应坑距的坐便器后，按图11-7所示，使用角磨机将卫生间地面上预留的排污管多余部分切除，使排污管管口距地面高度不超过10mm即可。

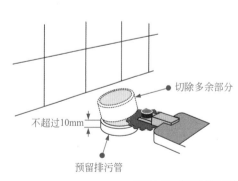

图11-7　切除排污管管口多余部分

排污管管口切除完毕，对待安装坐便器的排污口及排污管管口部分进行清洁，然后安装坐便器密封法兰圈。如图11-8所示，密封法兰圈主要是由密封圈和密封法兰组成。密封法兰圈安装于坐便器排污口，以方便与地面预留的排污管管口紧密连接，具有防水、防臭的特性。

图11-8　密封法兰圈

安装坐便器密封法兰圈时，先在密封法兰圈与坐便器排污口连接的接触面上均匀涂抹密封胶，涂抹好后，将密封法兰圈对准坐便器排污口，套入并压紧，如图11-9所示。这样就完成了密封法兰圈的安装。

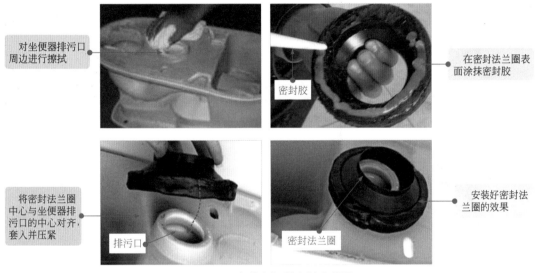

图11-9　安装坐便器密封法兰圈

【提示说明】

如图11-10所示，如果所选用的坐便器设有两种坑距的排污口，则在安装坐便器密封法兰圈之前将不用的排污口用胶泥封死，并安装密封盖。

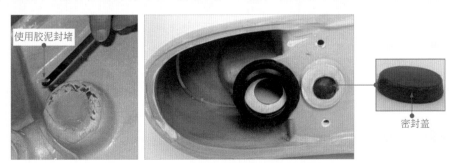

图11-10　对多余的排污口采用密封处理

【相关资料】

如果坐便器所选配的密封法兰圈在连接面已经涂抹了密封胶泥，则撕掉表面不干胶后即可直接将密封法兰圈按压在坐便器排污口处。

（3）固定坐便器

坐便器密封法兰圈安装好后，对卫生间排污管周围的地面及坐便器底座进行清洁。然后，在排污管管口处涂抹密封胶，并在坐便器底座周围粘贴防水防霉密封条。如图11-11所示，涂抹粘贴好后，将坐便器翻转过来，使坐便器排污口与地面预留排污管管口的中心对齐，然后垂直小心放下。确认坐便器排污口的密封圈法兰插入到预留排污管管口中后，均匀用力下压一段时间，使坐便器底座的密封胶及预留排污管管口处的密封胶充分与相应的接触面接触、黏合。最后，在坐便器周围涂抹防霉防水密封胶，坐便器就固定好了。

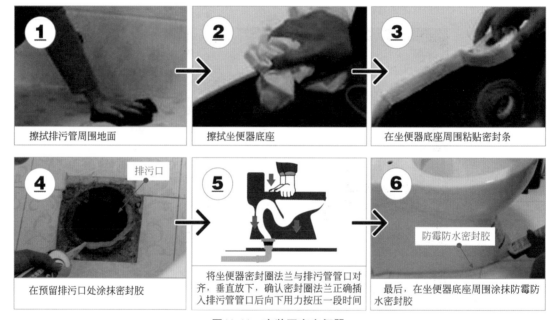

图11-11　安装固定坐便器

（4）安装坐便器盖板

坐便器固定好后，接下来安装坐便器盖板（俗称马桶盖）。如图11-12所示，坐便器盖

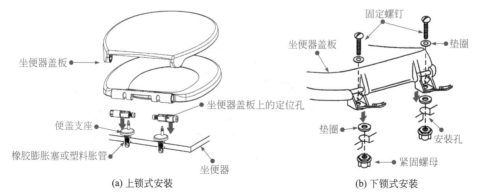

(a) 上锁式安装　　　　　　　(b) 下锁式安装

图11-12　坐便器盖板的安装方式

板的安装通常可以分为上锁式安装和下锁式安装两种。上锁式安装即从坐便器上方安装固定螺钉和支座，从而完成坐便器盖板的安装。下锁式安装则是通过从坐便器下方拧紧紧固螺母的方式完成坐便器盖板的安装。

下面以上锁式坐便器盖板的安装为例，介绍一下具体安装操作的过程。如图 11-13 所示，在安装之前，首先清点坐便器盖板的安装配件是否齐全。

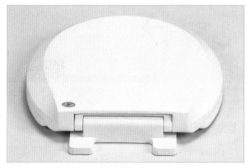
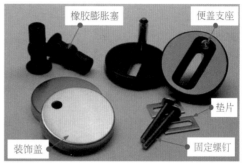

坐便器盖板

坐便器盖板的安装配件

图11-13　坐便器盖板及安装配件

然后，按图 11-14 所示，将橡胶膨胀塞塞入坐便器盖板的安装孔内，塞好后，取下固定螺钉。

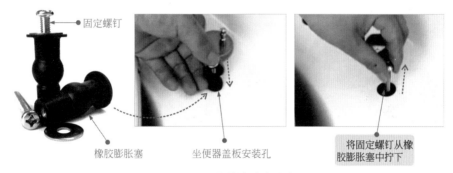

图11-14　安装橡胶膨胀塞

接下来，将支座放置于安装孔的上方，放好垫圈，使垫圈、支座的螺孔与安装孔对齐。按图 11-15 所示，将固定螺钉插入到橡胶膨胀塞中。插入到位，用螺钉旋具适当紧固。注意，由于在接下来安装坐便器盖板时要根据盖板上定位孔的位置调整支座间距。因此不要将支座拧紧。

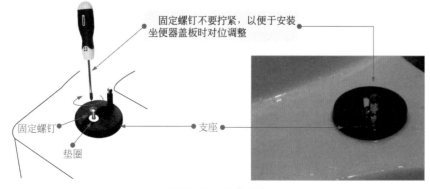

图11-15　安装支座

支座安装好后，将坐便器盖板上的定位孔对准支座，垂直插入。如图11-16所示，插入到位，调整坐便器盖板的位置，使坐便器盖板正好放置于坐便器上，再拧紧支座处的紧固螺钉，坐便器盖板就安装好了。

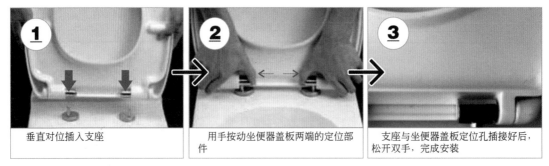

| 垂直对位插入支座 | 用手按动坐便器盖板两端的定位部件 | 支座与坐便器盖板定位孔插接好后，松开双手，完成安装 |

图11-16　安装坐便器盖板

（5）连接进水管

如图11-17所示，将坐便器水箱引出的进水管与卫生间预留的进水口相连接，用扳手紧固，坐便器就安装好了。安装完成后，应静置48h后再使用。

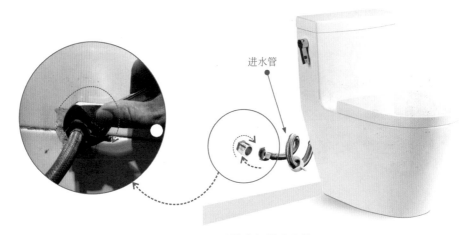

进水管

图11-17　连接坐便器进水管

11.2　电坐便器便座的安装

电坐便器便座俗称智能马桶座（或电马桶盖）。这种便座具有电加热、电子水流冲洗及除臭等功能。

图11-18为电坐便器便座的安装示意图。安装电坐便器便座的过程主要分为安装便座、安装分流水阀和连接进水软管。

（1）安装电坐便器便座

电坐便器便座的安装与普通坐便器盖板的安装类似。所不同的是，电坐便器便座多采用固定板固定的方式。图11-19为电坐便器便座常用的固定板。

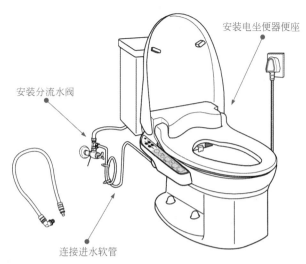

图11-18　电坐便器便座的安装示意图

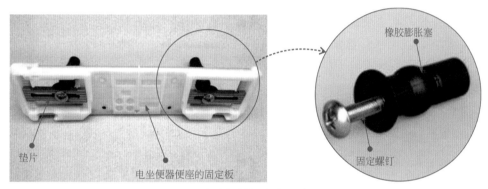

图11-19　电坐便器便座常用的固定板

　　安装时，同样先在坐便器安装孔中插入橡胶膨胀塞，然后按图 11-20 所示放置电坐便器便座的固定板。位置调整好后，安放垫片，并将固定螺钉对齐底部的安装孔，拧紧固定螺钉。

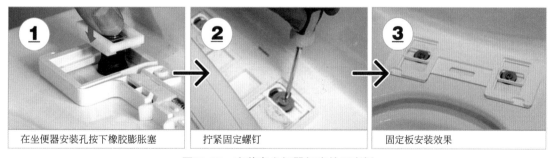

| 在坐便器安装孔按下橡胶膨胀塞 | 拧紧固定螺钉 | 固定板安装效果 |

图11-20　安装电坐便器便座的固定板

【提示说明】

　　为了精准安装，许多电坐便器便座都带有安装模板。如图 11-21 所示，在安装固定板时，将安装模板放置于坐便器上，即可准确定位固定板的安装位置。

水电工施工 *从入门到精通*

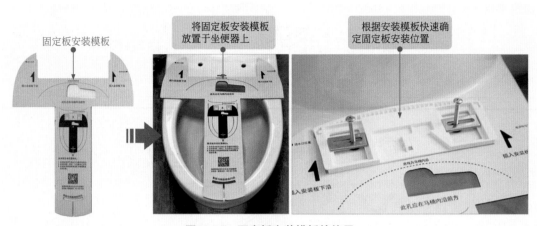

图11-21　固定板安装模板的使用

【相关资料】

　　一般来说，电坐便器便座多采用平推卡入式设计，在分离电坐便器便座与固定板时，都可以在电坐便器便座的侧面看到一个松脱按钮。如图11-22所示，按下按钮，即可将固定板取下。

图11-22　取下固定板

　　如图11-23所示，即固定板安装好后，将电坐便器便座紧贴坐便器表面平推入固定板的卡扣中。推入到位，电坐便器便座就安装好了。

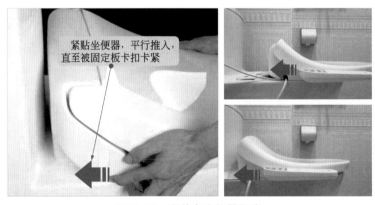

图11-23　安装电坐便器便座

（2）安装分流水阀

由于电坐便器便座具备水流冲洗功能，因此，需要在卫生间坐便器进水口处安装分流水阀。安装过程如图 11-24 所示。

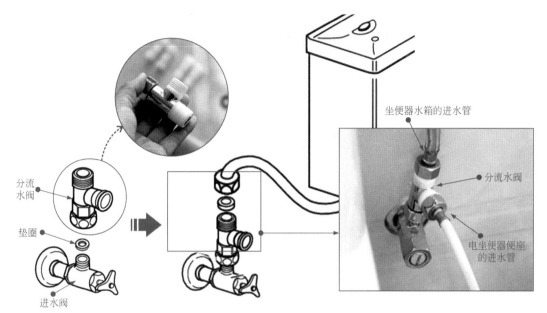

图11-24　安装分流水阀

【提示说明】

　　有些电坐便器便座的分流水阀具备过滤的功能，如图 11-25 所示，分流水阀中自带过滤装置。其安装过程与分流水阀安装类似。

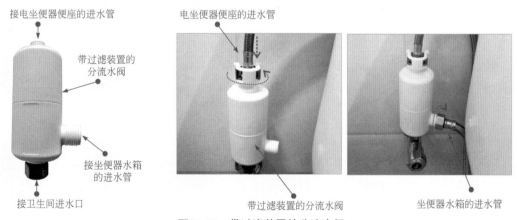

图11-25　带过滤装置的分流水阀

（3）连接进水软管

最后，如图 11-26 所示，将进水软管的一端与分流水阀的冲洗水流出口连接，另一端与电坐便器便座上的入水口连接即可。

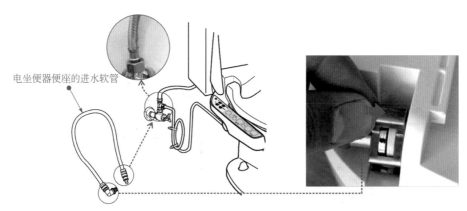

电坐便器便座的进水软管

图11-26　连接进水软管

【提示说明】

安装完成，打开角阀，检查有无漏水、渗水情况。无渗水、漏水情况，连接220V电源插座，检查电坐便器便座安装是否水平、端正，冲水试验，并进行坐圈加热、自动冲洗等功能试验，全部功能确认正常，安装完成。若冲水时溅水明显，应调整进水阀至冲水效果正常。

第12章 蹲便器的施工安装

12.1 蹲便器的安装要求

蹲便器安装应按施工规则和规范进行。

① 安装尺寸要求 蹲便器的安装需要遵循一定的规则和尺寸，这样安装好的蹲便器既符合标准，又能满足用户需求。不同的蹲便器其安装尺寸不同，根据安装环境以及管口位置，具体安装尺寸也会略有差异，图12-1为几种蹲便器的安装尺寸要求。

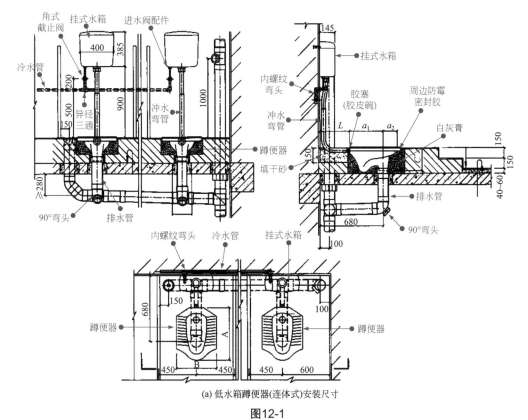

(a) 低水箱蹲便器(连体式)安装尺寸

图12-1

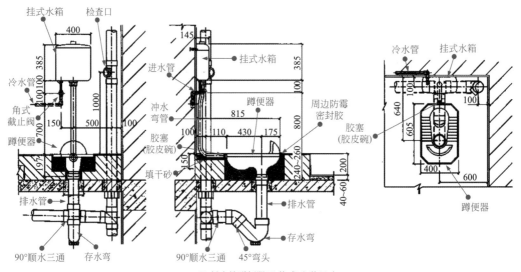

(b) 低水箱蹲便器(分体式)安装尺寸

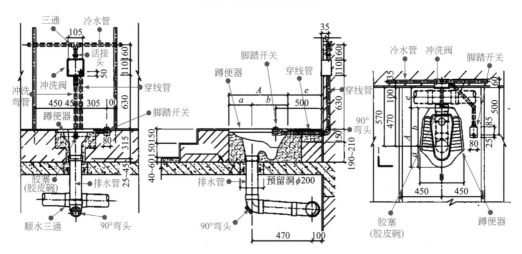

(c) 脚踏冲洗阀式蹲便器(连体式)安装尺寸

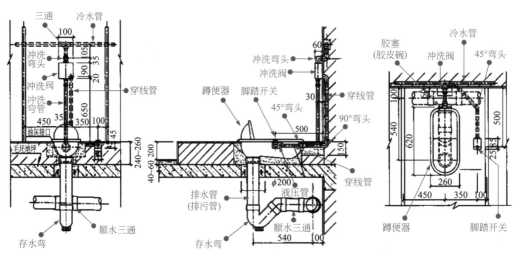

(d) 脚踏冲洗阀式蹲便器(分体式)安装尺寸

图12-1 蹲便器的安装尺寸要求

② 安装前，应检查配套水件，如水箱、连接管、冲洗阀等是否齐全，如图 12-2 所示，有无破损，遗漏等情况。

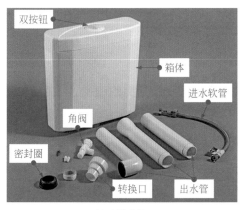

(a) 水箱水件

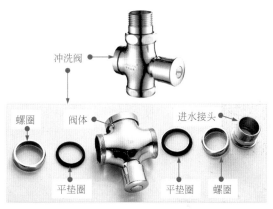

(b) 冲洗阀水件

图12-2　蹲便器安装中常用水件

③ 安装前检查排污管及蹲便器、水件通道内是否有异物。

④ 凡带存水弯的蹲便器，下水管道不应再设置存水弯，否则会影响冲水功能；不带存水弯的蹲便器，则应在管道上设置存水弯（起到隔臭功能）。

⑤ 蹲便器与水管以及其他部件连接部位，必须严格做到密封性完好。

⑥ 安装蹲便器一般在铺砖前，在地面下预留安装蹲便器的凹坑深度大于蹲便器的高度。安装时，应先测量产品尺寸，并按尺寸预留安装位，或根据安装位置选购合适规格的蹲便器。安装位内采用混合砂浆填充，严禁用水泥安装，否则水泥凝结膨胀可能挤破蹲便器。另外，可在蹲便器的安装面涂抹一层黄油或沥青，这样蹲便器与水泥砂浆隔离就会保护产品不被胀裂。

⑦ 一般情况下，蹲便器距后墙的坑距应不小于 300mm，离冲水管不小于 250mm。

⑧ 蹲便器安装完成后，待周边水泥干后，需要进行试水，检查蹲便器是否存在漏水的问题。

⑨ 蹲便器排污口外径应不大于 107mm。

⑩ 冲洗阀式蹲便器进水口内径应为 28mm 或 32mm。

⑪ 蹲便器水封深度要求如图 12-3 所示。

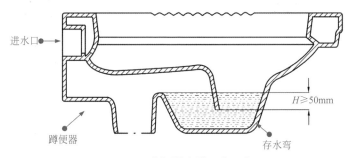

图12-3　蹲便器水封深度要求

12.2 蹲便器的安装方法

安装蹲便器，可根据其安装要求和尺寸要求，对蹲便器及相关配件进行安装。下面以挂箱式蹲便器的安装为例进行介绍。

首先，在地面预留安装蹲便器的凹坑深度大于蹲便器的高度。

将蹲便器的胶塞放入蹲便器的进水口内卡紧，在进水管外边缘涂上一层玻璃胶或油灰，然后将进水管插入卡好胶塞的进水口内，如图 12-4 所示，使其与胶塞密封良好，防止漏水。

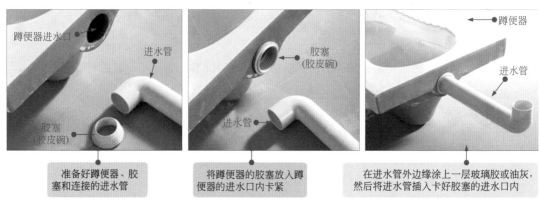

准备好蹲便器、胶塞和连接的进水管

将蹲便器的胶塞放入蹲便器的进水口内卡紧

在进水管外边缘涂上一层玻璃胶或油灰，然后将进水管插入卡好胶塞的进水口内

图12-4 蹲便器与进水管的连接

将蹲便器排污口边缘涂一层玻璃胶或油灰，然后将排污口对准地面上预留好的排水口使其连接紧密无渗漏，然后用白灰膏或其他填充物将蹲便器架设水平，如图 12-5 所示。

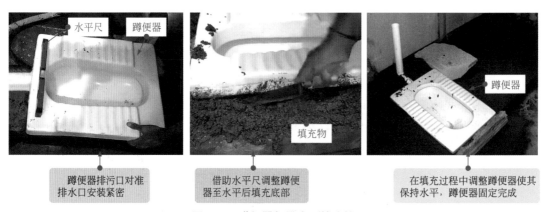

蹲便器排污口对准排水口安装紧密

借助水平尺调整蹲便器至水平后填充底部

在填充过程中调整蹲便器使其保持水平，蹲便器固定完成

图12-5 蹲便器与排水口的连接

安装好蹲便器后，可冲水检查各接合处是否出现漏水情况。若发生漏水，应仔细检查连接处，并排除漏水情况，然后用填充物（水泥砂浆或白灰膏）将蹲便器周围填充完成。注意，可在蹲便器陶瓷面与水泥砂浆接触部位填 10mm 以上的油毡等弹性材料。

待蹲便器固定平稳牢固后，可在水泥面上铺贴地砖。蹲便器与地砖连接处应涂抹一圈防霉硅胶进行密封。等待一段时间后（一般至少 48h），试冲水，若无异常即可使用。

　　若采用挂箱式水件，则还需要将水箱挂装在墙面上，并将其冲洗弯管与蹲便器的进水管连接，如图 12-6 所示。

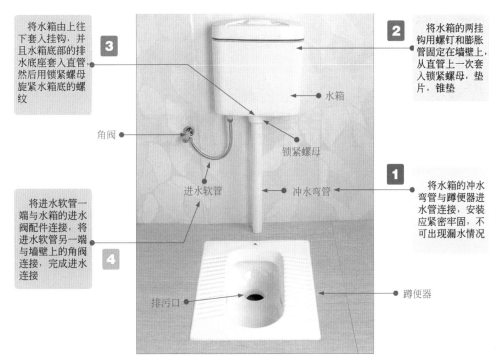

将水箱由上往下套入挂钩，并且水箱底部的排水底座套入直管，然后用锁紧螺母旋紧水箱底的螺纹

3

将水箱的两挂钩用螺钉和膨胀管固定在墙壁上，从直管上一次套入锁紧螺母，垫片，锥垫

2

角阀

水箱

锁紧螺母

进水软管

将进水软管一端与水箱的进水阀配件连接，将进水软管另一端与墙壁上的角阀连接，完成进水连接

4

冲水弯管

1

将水箱的冲水弯管与蹲便器进水管连接，安装应紧密牢固，不可出现漏水情况

排污口

蹲便器

图12-6　挂箱式蹲便器水箱与管路的安装

小便器的施工安装

13.1 小便器的安装要求

（1）小便器的安装要求和注意事项

① 小便器的标准安装高度通过国际建筑给排水及采暖工程施工质量验收规范，在公共建筑物以及居住环境中的小便器安装高度一般都是 60cm，在幼儿园中的小便器安装高度为45cm。另外，在幼儿所使用的小便器高度设计要以舒适度为主，一般 30cm 左右较好。

② 冲洗阀式小便器进水口内径为 13mm、19mm、32mm、38mm。

③ 若采用感应式冲水阀，在安装前，应注意先将管道内泥沙及杂质冲洗干净，防止杂质进入电磁阀内部。

④ 落地式小便器一定要在做管道时就要安装，首先确定排水管到墙砖位置的安装和精确尺寸。通过计算，确认小便器的后部安装位置，并打孔且用专用配件固定牢。

⑤ 挂式小便器有地排水和墙排水两类。地排水小便器安装需要注意排水口的高度；墙排水小便器应注意排水口的高度，且应在做墙砖之前按照准备安装的小便器尺寸预留进出水口。

（2）小便器的安装规则及尺寸

小便器的安装需要遵循一定的规则和尺寸，这样安装好的小便器才能符合标准，能够正常使用。比如小便器的安装高度要考虑人体身高、冲洗方式方便等。下面分别对几种小便器的安装规则及尺寸进行介绍。

卫生间内的小便器有多种安装方式，不同安装方式有各自不同的安装尺寸，并且根据小便器大小、安装环境以及用户需求的不同，具体安装尺寸也会略有差异，这里以典型小便器的安装规则及尺寸为例进行介绍。图 13-1 为小便器的安装尺寸。

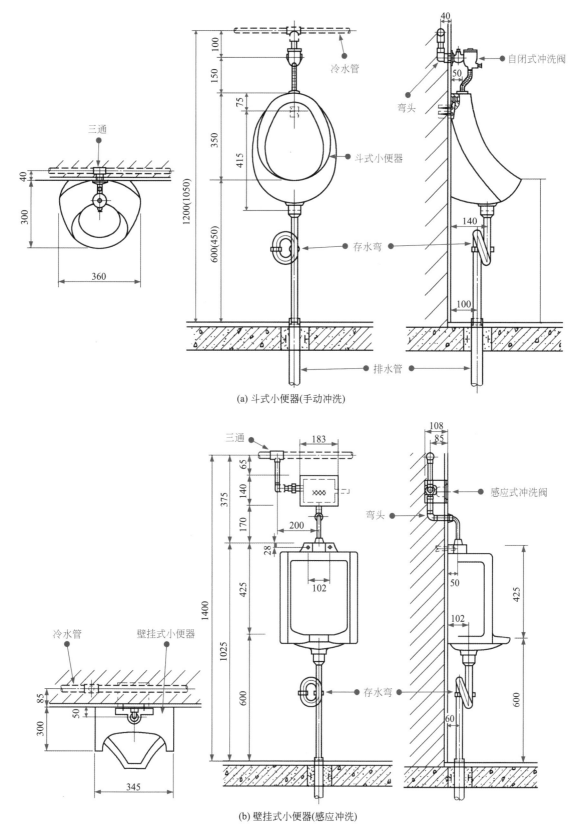

(a) 斗式小便器(手动冲洗)

(b) 壁挂式小便器(感应冲洗)

图13-1

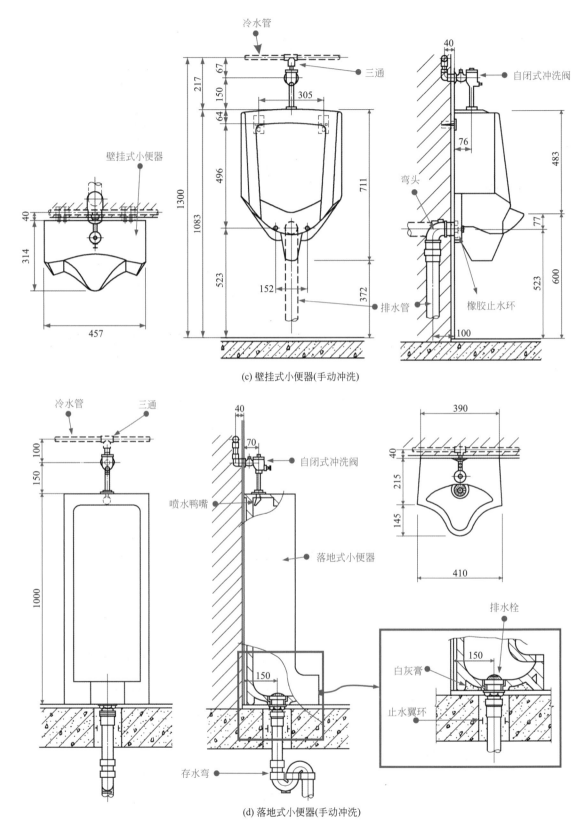

(c) 壁挂式小便器(手动冲洗)

(d) 落地式小便器(手动冲洗)

图13-1　小便器的安装尺寸

【相关资料】

小便器安装无明确要求时，具体安装高度、连接的排水管规格以及给水配件的高度要求参见表13-1所列。

表13-1 小便器的安装高度、排水管管径及最小坡度和给水配件的高度　　　　单位：mm

卫浴器具	安装高度	排水管管径	管道最小坡度	给水配件高度
落地式小便器	—	40~50	0.02	1150
壁挂式小便器	600	40~50	0.02	900~1100

13.2 小便器的安装方法

小便器的安装大体可分为安装连接小便斗冲水器、安装小便斗和安装小便斗下水器三部分。

（1）安装连接小便斗冲水器

图13-2为典型小便斗冲水器的安装示意图。小便斗冲水器主要是由进水端口、冲水阀、连接水管和安装时将小便斗冲水器的进水口端与卫生间预留的进水口相连，排水口端则直接安装连接到小便斗冲水口端。

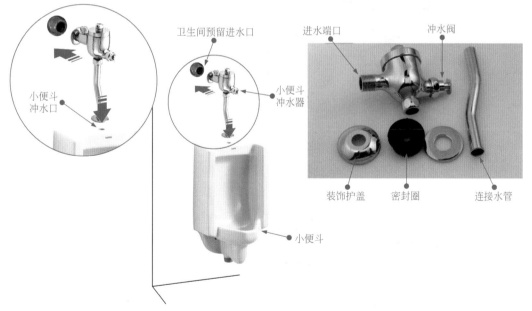

图13-2 典型小便斗冲水器的安装

另外，目前许多小便器都采用了自动感应冲水设计。图13-3为自动感应冲水器的结构。这种冲水器主要是由电池、感应器和电磁阀构成。

如图13-4所示，如果是整体式自动感应冲水式小便器，自动感应冲水器已经安装到小便器内。只需将冲水器电磁阀的进水口端与卫生间预留的进水口相连即可。

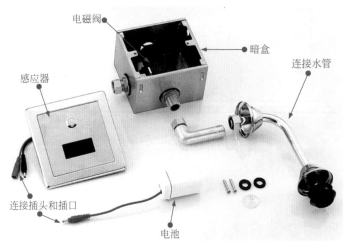

图13-3　自动感应冲水器的结构

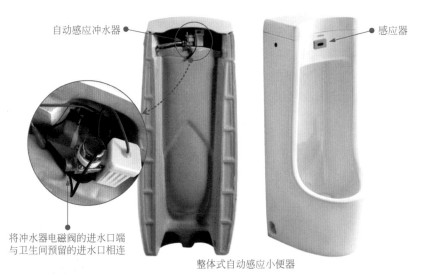

整体式自动感应小便器

图13-4　整体式自动感应冲水式小便器的安装

如果是外接式自动感应冲水器，则主要有明装和暗装两种方式，如图 13-5 所示。

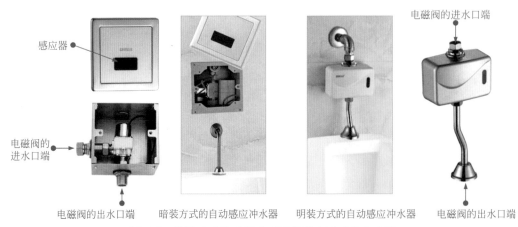

图13-5　明装方式和暗装方式的外接自动感应冲水器

116

无论是哪种安装方式，其安装流程基本一致。以典型自动感应冲水器为例，如图 13-6 所示，首先将电池的两根供电引线分别与电磁阀和感应器相连。通常电源供电引线的接头和电磁阀、感应器的接口采用不同颜色进行标识，根据对应的颜色插接即可。

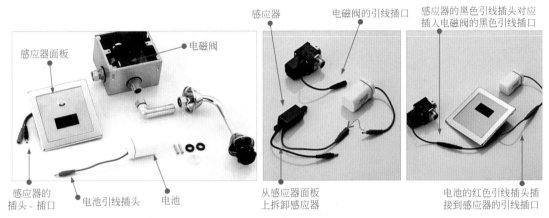

图13-6 连接自动感应冲水器内部引线

引线连接好后，接下来将电磁阀的进水口与卫生间预留的进水口连接，将电磁阀的出水口通过管路与小便斗的冲水口连接即可。

（2）安装小便斗

图 13-7 为小便斗的安装操作。小便斗主要分为壁挂式和落地式两种，安装壁挂式小便斗时，需要根据小便斗尺寸确定安装高度和位置。然后使用冲击钻钻空，安装胀管，并用固定螺钉紧固小便斗挂钩。安装好后，便可将小便斗放置于挂钩之上。如果是落地式小便斗，则通常根据小便斗尺寸，使用固定螺钉将小便斗紧固在地面或直接采用密封胶固定在墙上即可。

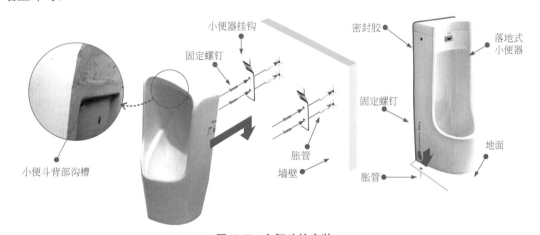

图13-7 小便斗的安装

（3）安装小便斗下水器

图 13-8 为典型小便斗下水器的实物外形。一般来说，小便斗下水器主要是由下水口密封圈、下水管进水端口、下水管、下水管排水端口及排水口密封圈和防臭密封护罩构成。

安装时，如图 13-9 所示，首先将防臭挡板安装到下水管进水端口内，然后再将下水口密封圈安置于下水端口处拧紧。

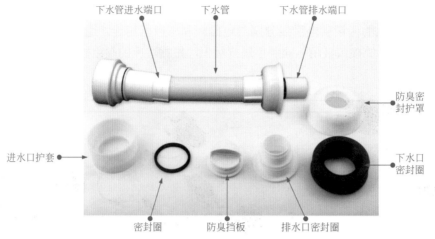

图13-8　典型小便斗下水器的实物外形

图中标注：下水管进水端口、下水管、下水管排水端口、防臭密封护罩、进水口护套、下水口密封圈、密封圈、防臭挡板、排水口密封圈

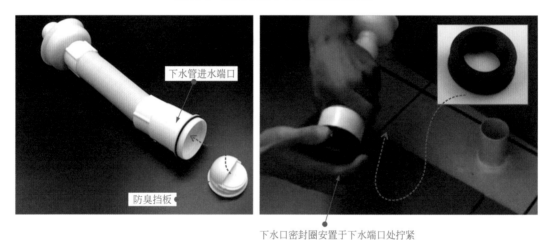

图13-9　安装防臭挡板和下水口密封圈

图中标注：下水管进水端口、防臭挡板、下水口密封圈安置于下水端口处拧紧

　　通常，质量优良的下水口密封圈的接触面会涂有密封胶，以确保与小便斗排污口密封连接。按图 13-10 所示，待下水口密封圈与下水管端口紧密连接后，将密封圈直接插接到小便斗排污口上，拧紧即可。

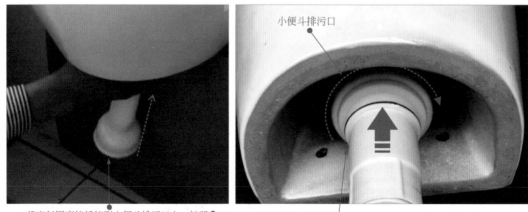

图中标注：小便斗排污口、将密封圈直接插接到小便斗排污口上，拧紧

图13-10　安装连接下水口密封圈

接下来，如图 13-11 所示，将排水口密封圈安插到卫生间预留的排污口处。

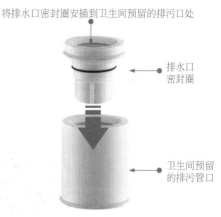

将排水口密封圈安插到卫生间预留的排污口处

排水口
密封圈

卫生间预留
的排污管口

图13-11　安插排水口密封圈

安插好排水口密封圈后，按图 13-12 所示，将防臭密封护罩套入下水管，套入后，将下水管排水端口紧密插入排水口密封圈中，插紧、插牢。

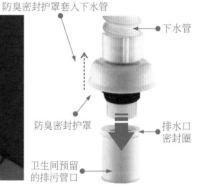

水管排水端口

排水口
密封圈

卫生间预留
的排污管口

防臭密封护罩套入下水管

下水管

防臭密封护罩

排水口
密封圈

卫生间预留
的排污管口

图13-12　安插下水管排水端口

最后，按图 13-13 所示，将防臭密封护罩放下，扣在卫生间预留排污口处。这样，既可以防止异味外泄，又可以增添美观的效果。

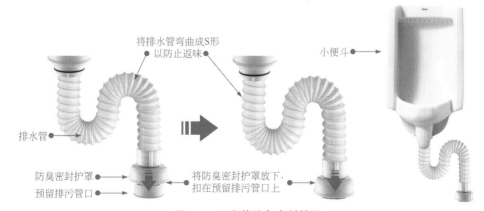

将排水管弯曲成S形
以防止返味

小便斗

排水管

防臭密封护罩

预留排污口

将防臭密封护罩放下，
扣在预留排污管口上

图13-13　安装防臭密封护罩

至此，小便器的安装就完成了。

【提示说明】

　　有些小便斗采用墙排式设计，在安装下水器时，直接将墙排密封圈安装到小便斗的排污口上，然后再与预留的排污口连接即可，如图 13-14 所示。

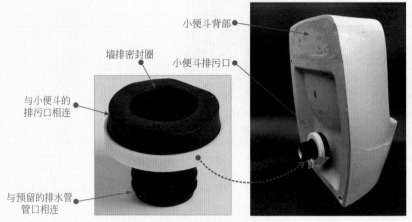

图13-14　墙排式下水口的处理

第 14 章

浴缸的施工安装

14.1 浴缸的安装要求

① 安装浴缸前先要了解浴缸的安装形式。目前，浴缸多采用独立式和嵌入式安装形式，如图 14-1 所示。独立式是指将浴缸直接放置在浴室地面上，这种方式施工方便，后期检修维护方便；嵌入式是指将浴缸全部或部分嵌入到浴室台面中，通过裙边支撑。

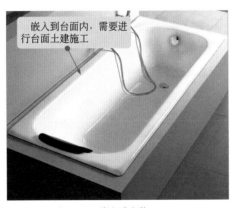

嵌入式安装 　　　　　　　　　　　　　　　　独立式安装

图14-1　浴缸的常见安装形式

② 安装独立式浴缸时，需要重点注意进出水口的位置。出水口必须与下水管紧密连接，并进行注水测试，确定出水口无渗漏。

③ 安装嵌入式浴缸时，需要重点做好开槽部分的防水操作。安装高度一般为 60cm 以内，如浴缸侧边砌裙墙，应在浴缸排水处设置检修孔或在排水端部墙上开设检修口，如图 14-2 所示。

④ 安装浴缸时应使浴缸一段略高于排水口一端，以保证排水通畅。浴缸上平面应用水平尺校验平整，如图 14-3 所示，不可有倾斜。

⑤ 若安装带裙板的浴缸，其裙板底部应紧贴地面。

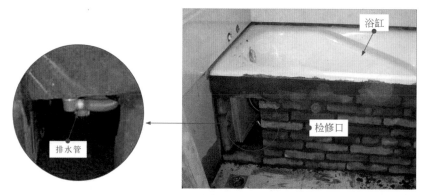

图14-2　浴缸安装高度和开检修口要求

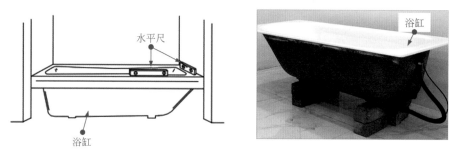

图14-3　浴缸的水平校验

⑥ 各种浴缸冷、热水龙头或混合水龙头其高度应高出浴缸上平面150mm。安装时应不损坏水件的镀铬层。镀铬罩与墙面应紧贴。

⑦ 嵌入式浴缸上平面侧边与墙面结合处应用密封材料密封。

⑧ 浴缸排水管应设存水弯，且排水口与存水弯连接应牢固密实，如图14-4所示，且便于拆卸，连接处不得渗水、漏水。

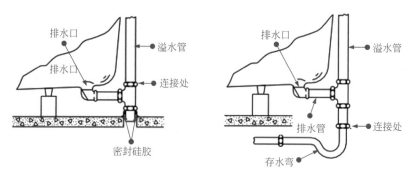

图14-4　浴缸排水口与存水弯连接要求

⑨ 浴缸安装时应对浴缸及下水设施采取防脏、防磕碰、防堵塞的设施，避免对浴缸搪瓷面造成损伤。

⑩ 若安装铸铁搪瓷浴缸，引起自身保温性能较差，应进行添加保温层，如在其四周进行填沙处理，在填沙过程中，注意不能让沙子进入下水管。

⑪ 浴缸安装时，根据安装形式和位置确定支架支撑、地脚支撑、裙边支撑等支撑方式，应注意不可靠浴缸边缘支撑浴缸的重量。

⑫ 浴缸安装完成后，各配合的水件，如水龙头、花洒等，安装时不可磕碰浴缸表面。

配件安装完成后，要进行漏水试验，检查排水速度，排水孔、溢水孔等有无漏水情况。

⑬ 浴缸安装完成后，若室内施工未结束，需要注意保护浴缸，可用较柔软的布或纸箱覆盖浴缸表面，避免硬物掉落损伤浴缸表面。

⑭ 若安装按摩浴缸，则必须安装接地线和漏电保护开关，电气线路连接和线槽必须严格做好防水处理。

⑮ 浴缸安装好后，可以将浴缸注满水，检查浴缸是否出现漏水现象。

14.2 浴缸的安装规则和尺寸

浴缸的安装需要遵循一定的规则和尺寸，这样安装好的浴缸才能符合标准，能够正常使用，比如浴缸的倾斜角度等。这里以典型浴缸的安装规则及尺寸为例进行介绍。图14-5为浴缸的安装尺寸。

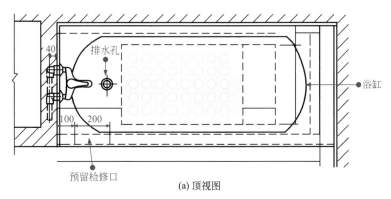

(a) 顶视图

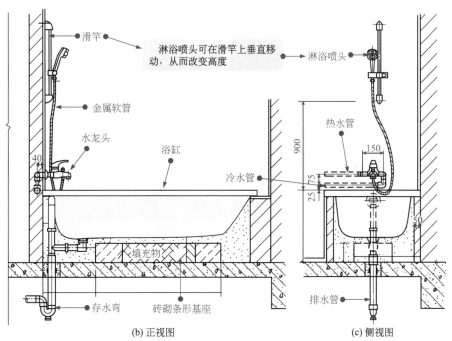

(b) 正视图　　　　(c) 侧视图

图14-5　浴缸的安装尺寸

【相关资料】

浴缸安装无明确要求时，具体安装高度、连接的排水管规格以及给水配件的高度要求参见表 14-1 所列。

表 14-1　浴缸的安装高度、排水管管径及最小坡度和给水配件的高度　　单位：mm

卫浴器具	安装高度	排水管管径	管道最小坡度	给水配件高度	冷热水龙头距离
浴缸	520	50	0.02	670	150

【提示说明】

安装浴缸时，缸底距地面高度约为 140～200mm，且应有一定坡度便于污水排出。以瓷砖装饰的浴缸，应配有通向排水管和水封的检查门（300mm×300mm）。

14.3　浴缸的安装方法

了解浴缸的安装规则及尺寸后，接下来可以对实际的浴缸进行安装，根据浴缸的尺寸规划出安装位置，再按步骤逐一对浴缸及管道进行安装、连接，最终完成浴缸的安装。

安装浴缸之前，安装人员要检查浴缸是否完好、零配件是否齐全，然后根据给水管、排水管的位置以及浴缸的大小规划出参考线，确定安装位置，然后固定浴缸，调整倾斜角度，再连接给水管、排水管、水龙头、淋雨喷头等其他配件。

图 14-6 为浴缸的安装方法。

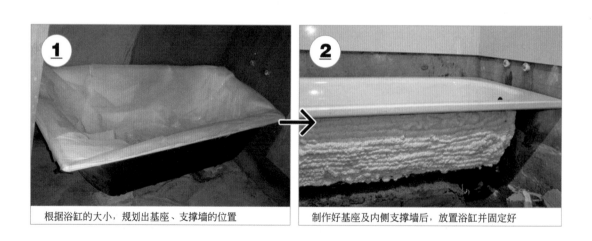

| ① 根据浴缸的大小，规划出基座、支撑墙的位置 | ② 制作好基座及内侧支撑墙后，放置浴缸并固定好 |

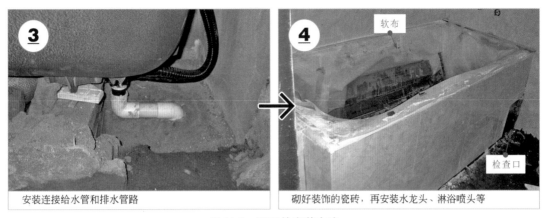

图14-6 浴缸的安装方法

【提示说明】

　　底部承重区用砖垫平，用以支撑浴缸。侧面空隙部分用水泥沙子搅拌均匀填充，安装过程中，必须使得浴缸的整个底部完全与水泥沙子完全紧密结合。排水口和排水管的位置预留一个检修口，便于以后使用过程中维修或更换排水管。

第 **15** 章

淋浴房的施工安装

15.1 淋浴房的安装要求和注意事项

首先，淋浴房种类多样，基本尺寸最好不要小于80cm×80cm，常见尺寸为90cm×90cm。由于通常卫生间吊顶高度普遍在2.4m，因此，考虑到美观和实用性，淋浴房高度大多保持在1.8～2m。

在位置的选择上，淋浴房应综合考虑空间因素及其他卫浴设备的位置。例如，淋浴房旁常会有浴缸、马桶、浴室柜，要留有足够的间距，通常，坐便器地漏与淋浴门底盆之间的距离不要小于500mm，否则会影响使用效果。同时，如图15-1所示，还应考虑淋浴房开门的方向，以方便进出。

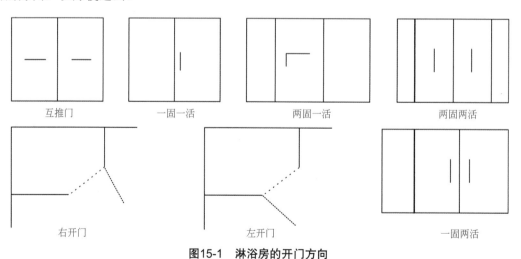

互推门 一固一活 两固一活 两固两活

右开门 左开门 一固两活

图15-1 淋浴房的开门方向

另外，要参考卫生间的房型、空间大小及卫浴设备的布局来合理规划淋浴房的类型。图 15-2 为常见的几种淋浴房布局效果。

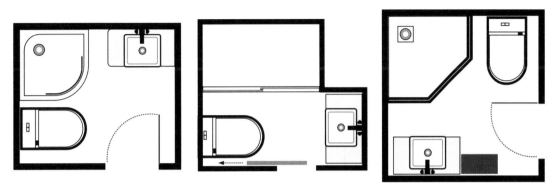

图15-2　常见的几种淋浴房布局效果

值得注意的是，许多家庭为了冬季洗浴舒适，都在卫生间安装有暖风器或浴霸。一定要确保这些取暖设备不要放在淋浴房内或靠近淋浴房的玻璃，以免受潮或由于水雾溅入诱发线路短路或自爆的情况。

如图 15-3 所示，在测量淋浴房宽度时必须上、中、下三次测量，即在石基的上面测量得到下尺寸，在大约 100cm 高度测得中尺寸，在 190cm 处测得上尺寸。尺寸测量一定要精确到毫米单位。

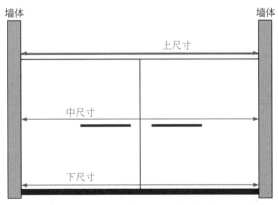

图15-3　淋浴房尺寸测量

【提示说明】

通常，卫生间会因装修以及其他原因出现倾斜或者下沉的情况，因此，在选择尺寸宽度时会选择最小的一个尺寸数据来定制淋浴房。

图 15-4 为常见淋浴房的尺寸测量。如果淋浴房一侧墙边有窗户，要考虑窗户距地面的距离，是否需要枕位或用方通来增加淋浴门的密封性及稳定性。

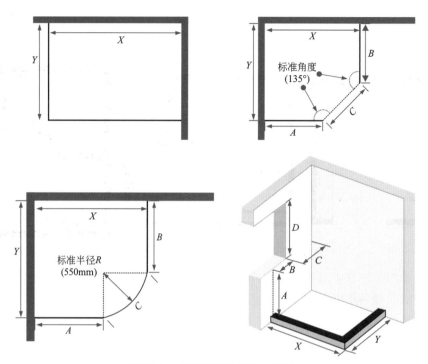

图15-4　常见淋浴房的尺寸测量

15.2　淋浴房的安装方法

安装淋浴房前，首先检查安装工具是否齐全。如图15-5所示，淋浴房的安装工具主要包括卷尺、铅笔、冲击钻及冲击钻头（直径ϕ6mm）、手锤、螺钉旋具、玻璃胶及玻璃胶枪、水平尺、钢丝钳等。

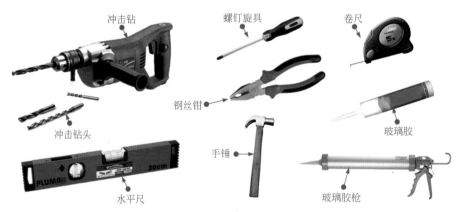

图15-5　淋浴房的安装工具

工具准备好后，依据淋浴房配件清单核查安装用到的材料、边框、钢化玻璃、拉手、滑轮、螺钉等配件。

（1）安装底盆

按图15-6所示，安装底盆下水器，并将底盆的各个零部件组装好。

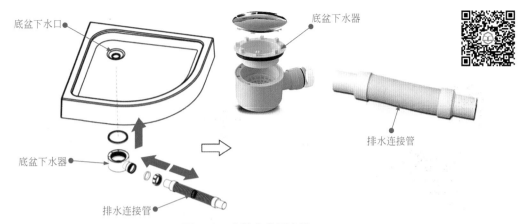

图15-6　安装底盆下水器

如图 15-7 所示，根据下水管道位置，调节底盆下水器排水连接管的长度。然后，将水盆放置到事先确定的安装位置，并将排水连接管的排水端口与下水管道地漏固定好。

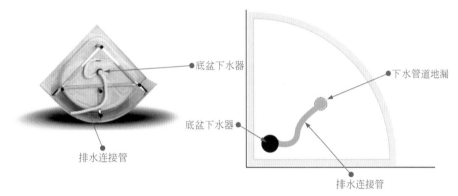

图15-7　调整安装排水管

接下来，按图 15-8 所示，使用水平尺调整底盆的水平，若底盆不平或不稳，可对底盆支撑脚进行调整，调整好后，进行试水。

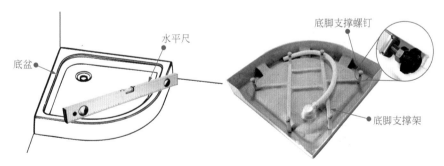

图15-8　调节底盆水平

值得注意的是，底盆安装到位后，最好采用纸板覆盖保护，防止在安装其他配件时损伤底盆表面。

（2）安装框架

底盆安装好后，开始安装淋浴房框架。通常，淋浴房框架主要是由贴墙铝材和上、下轨道组成。

安装时，首先整体了解清楚淋浴房的隐蔽管线情况，结合贴墙铝材定位孔的尺寸确定墙壁钻孔位置。可选择用铅笔和水平尺精确定位，定位之后使用冲击钻钻孔，通常选用直径 6mm 的冲击钻钻头。钻孔时要确保打孔位置准确。操作如图 15-9 所示。

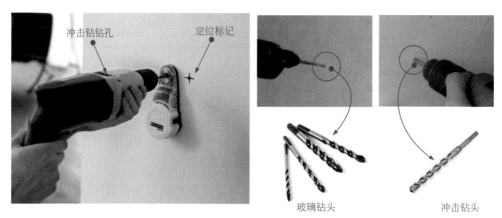

图15-9　墙壁钻孔

【提示说明】

　　如果需要在瓷砖上打孔，为有效保护瓷砖，可先使用玻璃钻头开孔，然后再使用冲击钻钻头打孔。由于墙砖质地比较坚硬，可在打孔时向钻孔处泼水，这样可以确保钻孔的质量。

钻孔完毕，使用手锤向钻孔内打入膨胀胶粒（胀管）。按图 15-10 所示，将贴墙框架紧贴于墙壁上，用固定螺钉安装固定。在安装过程中要注意不断调整，以确保贴墙铝材与地面垂直。

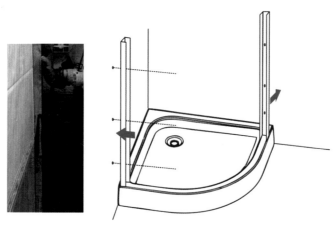

图15-10　安装固定贴墙框架

（3）安装固定钢化玻璃和顶部框架

通常，很多淋浴房的钢化玻璃事先就与贴墙框架安装固定好了，如果钢化玻璃与框架没有事先固定，那么在固定住贴墙边框后，接下来就是安装固定淋浴房钢化玻璃。钢化玻璃的固定需要细致，将钢化玻璃小心妥善地放入框架凹槽中，并使用卡子上下卡紧，用固定螺钉固定即可。

然后，就可以安装固定顶部框架了。如图 15-11 所示，将顶部框架安装到位并用固定螺钉与贴墙框架固定。

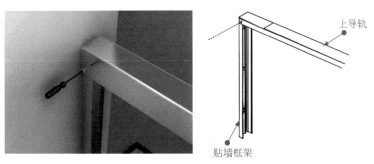

图15-11　安装顶部框架

（4）安装移门

淋浴房的移门主要有两种，一种是开合式的，另一种是推拉式的。

图 15-12 为开合式移门的安装方法。这种移门通常是采用合页（玻璃门夹）固定。安装比较简单，用合页前后两片夹住玻璃移门，然后，将固定螺钉穿过合页后盖和玻璃移门上的定位孔后，拧紧到合页前片上。

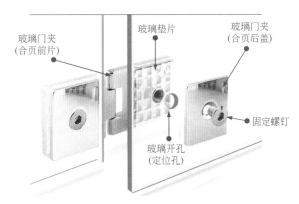

图15-12　开合式移门的安装

如果是推拉式的移门，主要是通过安装在移门上下两端的轴承滑轮来实现移门的移动。如图 15-13 所示，将轴承滑轮分别安装在移门上方和下方，然后使用螺丝刀紧固。

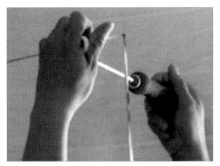

图15-13　轴承滑轮的安装

一般来说，移门上方预留了安装轴承滑轮的孔。移门需要的轴承滑轮用以支持悬挂，可以在推拉状态下确保移门在上轨道顺畅滑动。下方的轴承滑轮主要用以定位，确保移门不会在推拉过程中脱离轨道。因此，固定好上下方的轴承滑轮，小心地将移门挂入上、下框架的导轨中就可以了，如图 15-14 所示。

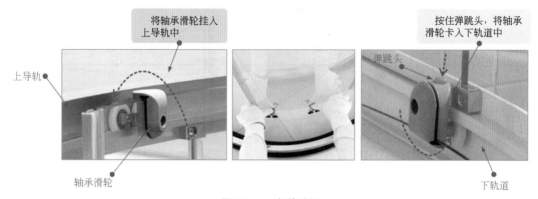

将轴承滑轮挂入上导轨中

按住弹跳头，将轴承滑轮卡入下轨道中

上导轨

弹跳头

轴承滑轮

下轨道

图15-14　安装移门

最后，如图 15-15 所示，在上下框架上可以找到滑轮定位防撞块的安装孔，将滑轮定位防撞块固定好，这样就可以保证移门推入的距离，且不易造成脱轨。

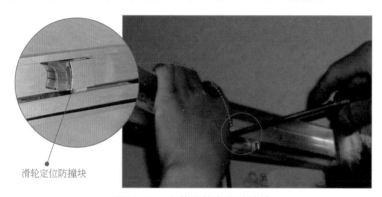

滑轮定位防撞块

图15-15　安装滑轮定位防撞块

（5）安装附件

接下来，安装移门把手及置物架等附件，这些操作比较简单，按照要求操作固定即可。

最后，如图 15-16 所示，使用玻璃胶枪在框架与墙体、钢化玻璃与石基等缝隙处涂抹玻璃胶，确保有效防水防霉，淋浴房安装就完成了。

贴墙框架与墙壁间的缝隙处

钢化玻璃与石基之间

图15-16　涂抹玻璃胶

【提示说明】

玻璃胶填缝密封后，玻璃胶完全固化大约需要 24h，固化期间禁止使用，待玻璃胶完全固化后方可使用。若在涂抹期间不慎将玻璃胶涂到底盆或洁具表面，切不可使用化学制剂擦拭，否则会破坏底盆的保护层。可待其稍微硬化一些后轻轻揭去即可。

安装完毕，还需要对最终安装效果进行核查检验。首先核查水平，底座及框架的水平误差要控制在 2mm 以内。然后检查淋浴房的垂直度，淋浴房两侧上顶点到下顶点误差不应超过 10mm。水平和垂直符合要求后，检查移门的推拉或开合效果，移门推拉或开合要顺畅、灵活、无杂音，磁性门吸间距均匀，移门闭合后应无缝隙。最后，检查玻璃胶的涂抹是否有遗漏，涂抹效果应以薄、均匀、美观为原则。

第16章

散热器的施工安装

16.1　散热器的安装要求和尺寸

　　散热器的安装需要遵循一定的要求和尺寸，这样安装好的散热器既能符合标准，又能满足用户需求，比如散热器的安装高度，散热器距窗户、门的距离等等。

　　不同大小的散热器其安装尺寸不同，根据安装环境以及串、并联方式，具体安装尺寸也会略有差异，这里以典型散热器的安装规则及尺寸为例进行介绍。图16-1所示为散热器的安装尺寸。

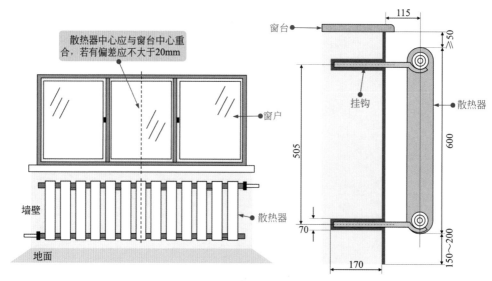

图16-1　散热器的安装尺寸

【提示说明】

　　值得注意的是散热器安装时顶端保持水平，各组散热器应在同一水平线上且垂直于地面。挂钩数量及位置应根据散热器的片数进行设置，具体参见图16-2及表16-1所列。

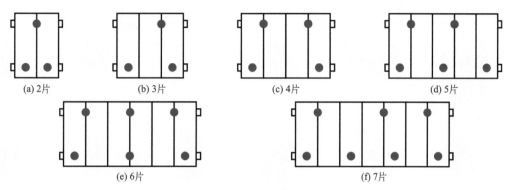

图16-2 挂钩数量及位置

表 16-1 各类型散热器对应的挂钩数量及位置

类型	每组片数 / 片	上部挂钩数 / 个	下部挂钩数 / 个	总计 / 个
柱型	3～8	1	2	3
	9～12	1	3	4
	13～16	2	4	6
	17～20	2	5	7
	21～24	2	6	8
扁管、板式	1	2	2	4
串片型	每根长度小于 1.4m			2
	长度在 1.6～2.4m，多根串联时挂钩间距不大于 1m			3

16.2 散热器的安装连接

了解了散热器的安装规则及尺寸后，根据其尺寸在墙上标注准确的安装位置。用钻头打孔，并用膨胀螺栓将散热器挂钩固定在墙上，如图 16-3 所示。

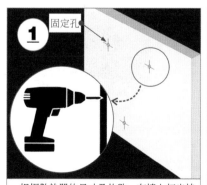

根据散热器的尺寸及片数，在墙上打出挂钩的安装孔

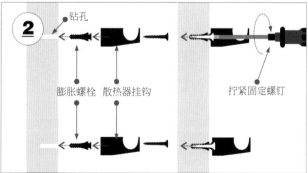

在钻孔处放入胀管，然后将散热器挂钩安装到位，并用固定螺钉紧固

图16-3 安装散热器挂钩

散热器挂钩固定到位后，安装固定散热器。安装效果如图16-4所示。

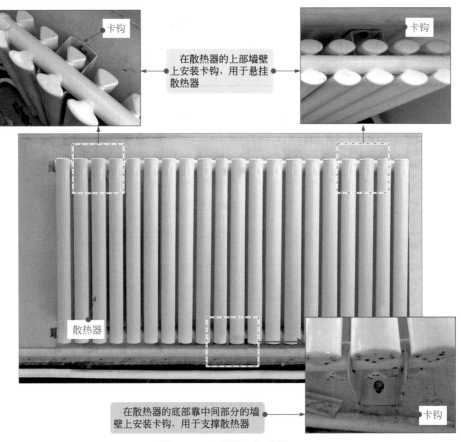

图16-4　安装固定散热器

接下来，按图16-5所示，在预留的进、出水管口安装控制阀门。安装好后，确认散热器的放气阀和螺塞安装到散热器上，拧紧。

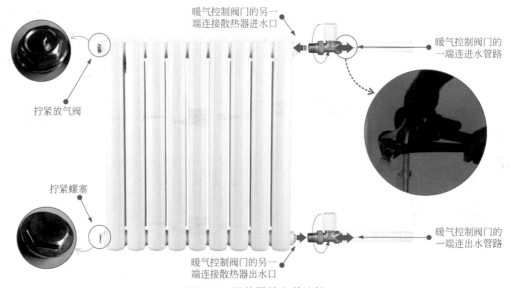

图16-5　散热器的安装连接

【相关资料】

如图16-6所示，通常，散热器的控制阀门多采用球阀或温控阀。

图16-6 散热器的控制阀门

【提示说明】

如图16-7所示，散热器根据进出水方式的不同，可以分为异侧上进下出、同侧上进下出、下进下出和底进底出四种，安装时要根据预留进出管的位置选择相应的散热器。

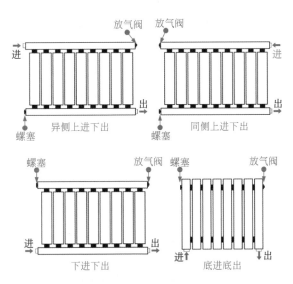

图16-7 不同进出水方式的散热器

第 17 章

地暖的施工安装

17.1 地暖的安装要求

地暖安装施工应符合 JGJ 142—2012《辐射供暖供冷技术规程》中的要求和规定。

① 为减少辐射地面的热损失，直接与室外空气接触的楼板、与不供暖房间相邻的地板，必须设置保温层（绝热层）。

② 保温层施工的基本要求：整板放在四周，切割板放在中间；平整度、高差不允许超过 ±5mm；缝隙不大于 5mm。

③ 采用预制沟槽保温板或供暖板时，与供暖房间相邻的楼板，可不设置保温层。其他部位保温层的设置应符合下列规定：

a. 土壤上部的保温层宜采用发泡水泥；

b. 直接与室外空气或不供暖房间相邻的地板，保温层宜设在楼板下，保温层材料宜采用泡沫塑料保温板（绝热板）；

c. 保温层厚度不应小于表 17-1 的数值（选自 JGJ 142—2012《辐射供暖供冷技术规程》）。

表 17-1　预制沟槽保温板和供暖板供暖地面的绝热层厚度

保温层位置	保温层材料		厚度 /mm
与土壤接触的底层地板上	发泡水泥	干体积密度 /（kg/m³）	
		350	35
		400	40
		450	45
与室外空气相邻的地板下	模塑聚苯乙烯泡沫塑料		40
与不供暖房间相邻的地板下	模塑聚苯乙烯泡沫塑料		30

④ 保温层材料应采用热导率小，难燃或不燃，具有足够承载能力的材料，且不应含有殖菌源，不得有散发异味及可能危害健康的挥发物。

⑤ 保温层材料宜采用高发泡聚乙烯泡沫塑料，且厚度不宜小于 10mm；应采用搭接方

式连接，搭接宽度不应小于 10mm。保温层材料也可采用密度不小于 20kg/m³ 的模塑聚苯乙烯泡沫塑料板，其厚度应为 20mm，聚苯乙烯泡沫塑料板接头处应采用搭接方式连接；侧面保温层应从辐射面保温层的上边缘做到填充层的上边缘；交接部位应有可靠的固定措施，侧面保温层与辐射面保温层应连接严密。

⑥ 钢丝网要求：钢丝网必须铺设在反射层上，一般采用 10cm×10cm 的钢丝网；钢丝网片应用卡钉固定在保温层和反射膜上；卡钉位置钉于钢丝网片四角与中间位置，每片钢丝网片卡钉数量不得少于 8 个；不得出现钢丝网片翘起现象。

⑦ 潮湿房间如卫生间的混凝土回填层与装饰地板层之间应设置隔离层。

⑧ 地暖管道敷设应尽量横平竖直，管道拐弯时，圆弧的顶部应用管卡进行固定，不能出现硬折痕。塑料管弯曲半径不应小于管道外径的 8 倍，铝塑复合管的弯曲半径不应小于管道外径的 6 倍，铜管的弯曲半径不应小于管道外径的 5 倍；最大弯曲半径不得大于管道外径的 11 倍；管道安装时应防止管道扭曲。

⑨ 埋设于填充层内的加热供冷管及输配管不应有接头。在铺设过程中管材出现损坏、渗漏等现象时，应当整根更换，不应拼接使用。

⑩ 地暖管道的布管方式如图 17-1 所示。其中，目前以回折型应用最为广泛。

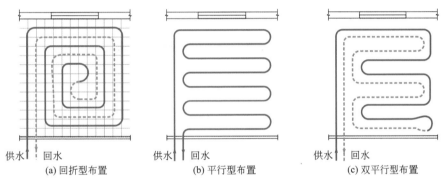

图17-1　地暖管道的布管方式

⑪ 加热供冷管直管段固定点间距宜为 500～700mm，弯曲管段固定点间距宜为 200～300mm。加热供冷管或输配管穿墙时应设硬质套管。

⑫ 混凝土填充式辐射供暖地面的加热部件，其填充层和地板装饰层构造应符合下列规定（选自 JGJ 142—2012《辐射供暖供冷技术规程》）：

a. 填充层材料及其厚度宜按表 17-2 选择确定；

表 17-2　混凝土填充式辐射供暖地面填充层材料和厚度

保温层材料		填充层材料	最小填充层厚度 /mm
泡沫塑料板	加热管	豆石混凝土	50
	加热电缆		40
发泡水泥	加热管	水泥砂浆	40
	加热电缆		35

b. 加热电缆应敷设于填充层中间，不应与绝热层直接接触；

c. 豆石混凝土填充层上部应根据地板装饰层的需要铺设找平层；

d. 没有防水要求的房间，水泥砂浆回填层可同时作为地板装饰层找平层。

⑬ 铺设于水泥填充层中的管道不能有接头。另外，在地暖施工过程中，要注意保护管材，避免踩踏或其他外力破坏。

⑭ 地暖管的铺设也要求地暖管必须均匀分布在地面上，直径为16mm的地暖管，则管道之间的间隙为15cm，直径为20mm的地暖管，管道之间的间隙为20cm；管道与墙体之间距离在100~150mm，并且回路与回路之间管长相距不能超过20m。

⑮ 靠近外墙、外窗处以及楼层挑空等耗热量较大区域的管路要加密，并用塑料卡钉将管材固定于复合保温板及反射膜上。

⑯ 当地面面积超过30m²或边长超过6m时，应按不大于6m间距设置伸缩缝，如图17-2所示。伸缩缝宽度不应小于8mm；伸缩缝宜采用高发泡聚乙烯泡沫塑料板，或预设木板条待填充层施工完毕后取出，缝槽内填满弹性膨胀膏；伸缩缝宜从绝热层的上边缘做到填充层的上边缘。

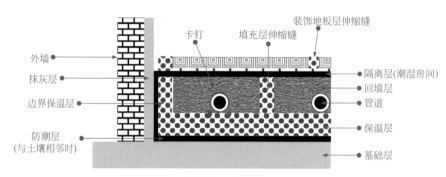

图17-2 伸缩缝

⑰ 地暖系统需要在墙体、柱、过门等与地面垂直交接处敷设伸缩缝，伸缩缝宽度不应小于10mm；伸缩缝在混凝土填充层施工前已铺设完毕，混凝土填充层施工时，应注意保护伸缩缝不被破坏。

⑱ 在地板装饰层施工，必须在填充层达到要求强度后才能进行；不可对混凝土回填层进行剔、凿、割、钻和钉操作，不可向填充层内楔入任何物件；地板装饰层（石材、面砖）与内外墙、柱等交接处，应留8mm宽伸缩缝（最后以踢脚遮挡）；木地板铺设时，应留≥14mm伸缩缝。

⑲ 将分水器、集水器按预先划定的位置靠墙体安装，安装做到平直、牢固。地暖分水器、集水器应该遵守如下要求。

a. 为保证将来维修，分水器所在位置必须保证分水器可整体拆卸。

b. 分水器安装时上沿高度不低于600mm。

c. 分水器、集水器路数应该与设计相符合。

d. 分水器、集水器附近留有一个三空插座。

e. 分水器、集水器的进回水两端应安装压力表、自动排气阀。

f. 分水器、集水器固定好之后连接壁挂炉给回水主管道。

⑳ 每户的分水器、集水器，以及必要时设置的热交换器或混水装置等入户装置宜设置在户内，并应远离卧室等主要功能房间。

㉑ 加热供冷管或输配管出地面至分水器、集水器连接处，弯管部分不宜露出面层。加热供冷管或供暖板输配管出地面至分水器、集水器下部阀门接口之间的明装管段，外部应

加装塑料套管或波纹管套管，套管应高出面层150～200mm。

㉒ 辐射供暖用加热电缆产品必须有接地屏蔽层。

㉓ 加热电缆冷、热线的接头应采用专用设备和工艺连接，不应在现场简单连接；接头应可靠、密封，并保持接地的连续性。

㉔ 施工过程中，加热电缆间有搭接时，严禁电缆通电。

㉕ 加热电缆出厂后严禁剪裁和拼接，有外伤或破损的加热电缆严禁敷设。

17.2 地暖的安装施工

不同类型的地暖，具体的安装方式不同，以下以湿式水电暖为例。

湿式水地暖安装包括构建层处理、管道的敷设与安装和热源及控制部件安装等环节。在施工安装前必须根据实际采暖面积合理设计和确定施工细节，如地暖施工间隙、每一路管道长度、不同房间不同采暖需求、不同保温要求等，做好施工前的规划和准备。

（1）清理并找平地面

管道敷设与安装包括地面各构建层处理、管道敷设与固定等环节。首先，清理并平整地面，如图17-3所示，保证地面平整，墙、柱脚与地面呈90°直角。

图17-3　地面的清理与平整

（2）安装分水器、集水器

分水器、集水器按施工设计图水平固定在墙面上，安装要平直、牢固（分水器、集水器用于控制各个房间的水路温度），如图17-4所示。

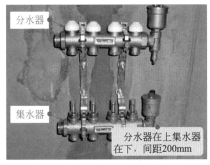

图17-4　安装分水器、集水器

（3）敷设保温层

在找平的地面敷设保温板，在墙面底部敷设边界保温条。敷设时，根据实际尺寸裁切保温板，进行铺设，保温板与保温板之间用胶粘贴牢固，如图17-5所示。

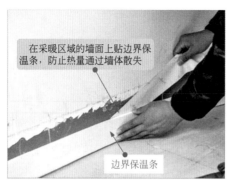

在采暖区域的墙面上贴边界保温条，防止热量通过墙体散失

边界保温条

保温板

缝隙

将保温板平整铺开，并在板与板之间的缝隙粘贴铝箔胶带

图17-5 保温层的敷设

（4）敷设反射膜和钢丝网

紧贴保温层上敷设一层铝箔纸反射膜形成反射层，用于防止热量向下流失，把温度向上辐射，然后在反射膜上敷设一层钢丝网，用于固定管材，增加管材的承重，有效防止地板开裂，如图17-6所示。

紧贴保温层敷设一层铝箔反射层

钢丝网

在敷设好反射层后，将钢丝网平整铺贴在反射层上，固定

图17-6 铝箔纸反射膜和钢丝网的敷设

反射膜铺贴在保温板上，一定要平整，不得有褶皱，并且要遮盖严密，不得有漏保温板或地面现象。

（5）敷设管道

敷设管道是地暖施工中的重要环节，为保证后期使用时地暖散热均匀，地暖管道必须按照施工图纸设计回路敷设，均匀分布在地面上，且根据地暖管道的管径大小，按要求设计管道之间的间距，并用塑料卡钉或扎带将管材固定在保温板和钢丝网上，如图17-7所示。安装过程中要注意不要污染管道。

地暖管道

根据设计要求选定管道敷设方式进行敷设固定

卡钉

沿管道将卡钉垂直插入保温层，注意卡钉数量和位置

图17-7 管道的敷设与固定

【相关资料】

不同地暖形式，管道敷设方式不同，干式地暖一般采用已经连接好的片状模块，安装时只需要将一片片的模块按照设计好的图纸线路和地暖盘管的走向拼好，模块上设有倒 Ω 形管槽，将盘管直接按入地暖盘管槽内，如图17-8所示，敷设方便快捷。

图17-8 地暖管道的其他敷设方式

管道敷设完成后，将进、出水口分别按照设计回路与分水器、集水器连接，如图17-9所示。

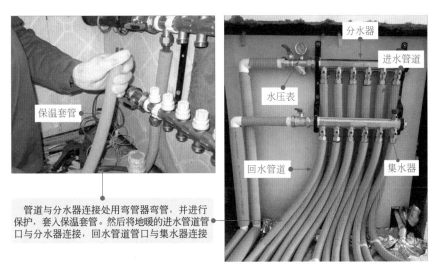

图17-9 地暖管道与地暖分水器的连接

连接地暖管与地暖分水器，检查管路是否有损伤，并对系统进行水压试验。在检查铺设的管路无损伤且管间距符合设计要求后，先对系统进行冲洗，再进行水压试验。

【提示说明】

当地暖管施工完成后，进行打压试验。打开地暖分水器排气阀后，向铺设好的管道内注入冷水，直到地暖分水器排气阀有水均匀流出，表明管道内已经注满水。此时关闭排气阀，使用打压泵向地暖管道内打入 8～10kgf（1kgf=9.8N）的压力。然后关闭阀门确保管路处于密封状态。首先检查管路及各连接处有无渗水现象，如无，密封 24h 后检查管道压力，压力值应无明显下降，表明管路系统密封性能良好。

（6）回填混凝土层

在敷设的地暖管道上回填混凝土（一般采用水泥、沙子、豆石比例为 1：2：3 的豆石混凝土回填），如图 17-10 所示，回填混凝土层对整个地暖系统起到保护作用，可以固定水管，保护水管以免由于热胀冷缩挤压变形，同时可以让热量分布更均匀，用户感觉更舒适。

按比例混合的豆石混凝土

水平尺

找平后的地面

回填混凝土，并进行地面找平

地暖管道

图17-10　回填混凝土层

【提示说明】

地暖管道安装完毕且水压试验合格后 48h 内完成混凝土回填施工。

回填混凝土层前，需要先检查分水器上的压力表，测试压力一般为 0.8MPa 左右，若低于 0.4MPa，必须检查管路敷设情况。

回填混凝土层时，在地漏、过道、门口等地方一定要做好标记，以防后期施工中不当行为破坏地暖管道。施工操作中，严禁使用机械振捣设备。

回填混凝土层后，必须进行地面找平，确保整个采暖地面的水平线在同一个高度。地面找平时一定要注意保护好管道，注意地暖压力表的压力。

（7）敷设地板装饰层和热源安装

地暖施工后期，如图 17-11 所示，按规范要求敷设地面装饰层。最后，完成热源（壁炉）的安装连接即可。

安装地板

铺设地砖

图17-11　地面装饰层施工

第3篇

电工施工篇

第 18 章

电路施工常用材料与配件

电路施工是家装施工中很重要的一部分，涉及强电和弱电。本章主要对家装强电和弱电线材、线管和线槽的规格、结构特点及应用进行介绍。为方便读者学习，本章内容做成电子版，读者可用手机扫描二维码进行学习，拓展自己的专业技能。

第 18 章　电路施工
常用材料与配件

电子版内容目录如下：

图 18-1　电线的
种类特点视频讲解

第 **19** 章

电线的加工技能

19.1 电气线路的加工技能

19.1.1 塑料硬导线绝缘层的剥削（单芯）

塑料硬导线是装修电工最常使用的线缆之一，对硬导线的加工主要是对绝缘层的剥削，在实际操作时，又可根据线芯的粗细、加工工具类型等不同采用不同的方法。

（1）线径小于 2.25mm（横截面积为 4mm² ）硬导线绝缘层的剥削

线径小于 2.25mm 的塑料硬导线一般借助钢丝钳剥除绝缘层，如图 19-1 所示。

用左手握住导线的一端，用右手持钢丝钳绕导线旋转一周

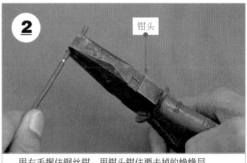
用右手握住钢丝钳，用钳头钳住要去掉的绝缘层

用左手握住导线的一端，用右手持钢丝钳绕导线旋转一周

使用钢丝钳向外用力剥去塑料绝缘层

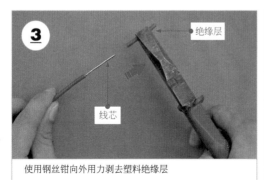
在剥去绝缘层时，不可在钢丝钳刀口处加剪切力，否则会切伤线芯。剥削出的线芯应保持完整无损，如有损伤，应重新剥削

图19-1 线径小于2.25mm硬导线绝缘层的剥削

（2）线径大于 2.25mm（横截面积为 4mm²）硬导线绝缘层的剥削

线径大于 2.25mm 的塑料硬导线可借助电工刀剥除绝缘层，如图 19-2 所示。

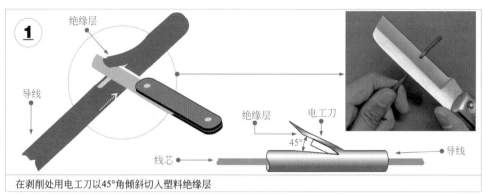

在剥削处用电工刀以45°角倾斜切入塑料绝缘层

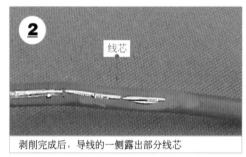

剥削完成后，导线的一侧露出部分线芯

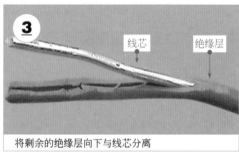

将剩余的绝缘层向下与线芯分离

将多余的绝缘层向后扳翻

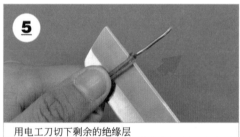

用电工刀切下剩余的绝缘层

图19-2　线径大于2.25mm硬导线绝缘层的剥削

线径大于 2.25mm 的塑料硬导线还可借助剥线钳剥除绝缘层，如图 19-3 所示。

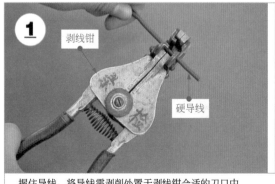

握住导线，将导线需剥削处置于剥线钳合适的刀口中

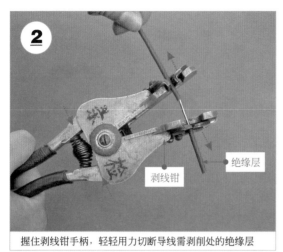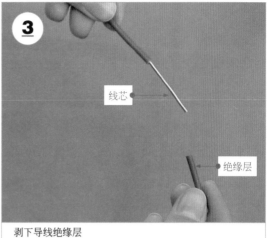

握住剥线钳手柄，轻轻用力切断导线需剥削处的绝缘层

剥下导线绝缘层

图19-3　使用剥线钳剥削线径大于2.25mm硬导线的绝缘层

【提示说明】

横截面积为 4mm² 及以下塑料硬导线的绝缘层一般用剥线钳、钢丝钳或斜口钳剥削；横截面积为 4mm² 以上的塑料硬导线通常用电工刀或剥线钳剥削。在剥削绝缘层时，一定不能损伤线芯，并且根据实际应用决定剥削线头的长度，如图 19-4 所示。

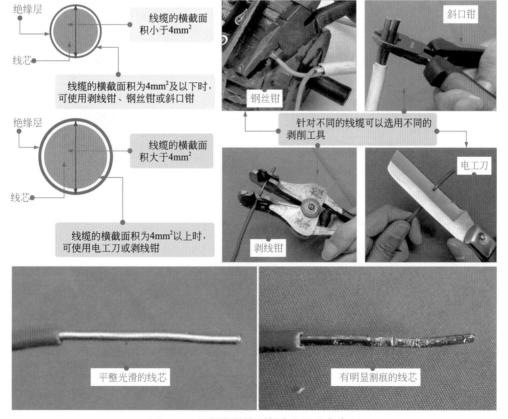

图19-4　塑料硬导线剥削方法及注意事项

19.1.2 塑料硬导线的封端处理（单芯）

在线缆的加工连接中，加工处理线缆连接头也是电工操作中十分重要的一项技能。线缆连接头的加工根据线缆类型分为塑料硬导线连接头的加工和塑料软导线连接头的加工。

塑料硬导线一般可以直接连接，需要平接时，就要提前加工连接头，即需要将塑料硬导线的线芯加工为大小合适的连接环，具体加工方法如图 19-5 所示。

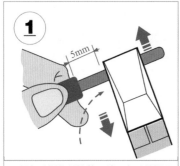

用左手握住导线的一端，右手持钢丝钳在距绝缘层5mm处夹紧并弯折

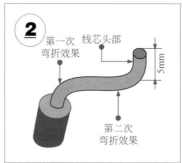

使用钢丝钳在距线芯头部5mm处将线芯头部弯折成直角，弯折方向与之前弯折方向相反

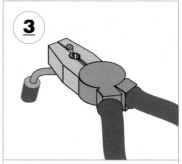

使用钢丝钳钳住线芯头部弯折的部分朝最初弯折的方向扭动，使线芯弯折成圆形

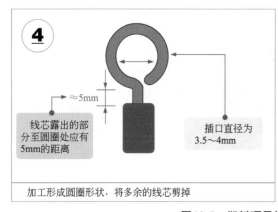

加工形成圆圈形状，将多余的线芯剪掉

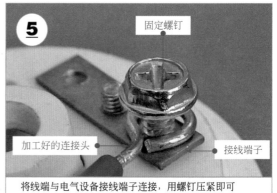

将线端与电气设备接线端子连接，用螺钉压紧即可

图19-5　塑料硬导线连接头的加工方法

【提示说明】

加工操作塑料硬导线加工头时应当注意，若尺寸不规范或弯折不规范，都会影响接线质量。在实际操作过程中，若出现不合规范的加工头，需要剪掉，重新加工，如图 19-6 所示。

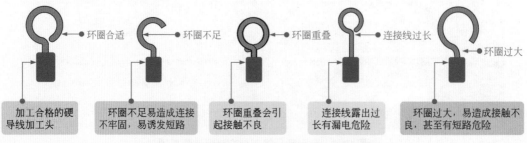

图19-6　塑料硬导线加工头合格与不合格的情况

19.1.3 塑料硬导线接线盒内的封端处理（单芯）

在电工线路施工操作中，当采用单芯塑料硬导线敷设，导线线长不够时，需要接线并延长导线，接线处应设接线盒，并将接线盒内塑料硬导线进行连接和封端处理。

在水暖电工操作中，单芯塑料硬导线在接线盒内的封端处理，如图 19-7 所示。

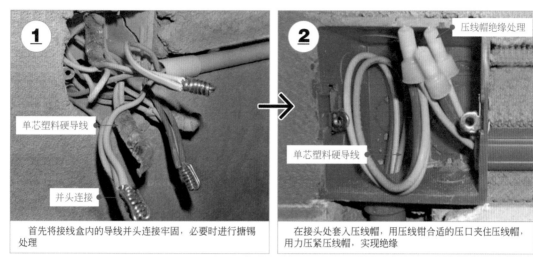

图19-7　塑料硬导线在接线盒内的封端处理

【提示说明】

单芯塑料硬导线连接时，铜与铜连接，在室外、高温且潮湿的室内连接时，搭接面要搪锡，在干燥的室内可不搪锡，所有接头相互缠绕必须在 5 圈以上，保证连接紧密，连接后，接头处需要借助并头帽进行绝缘处理。

19.1.4 塑料软导线绝缘层的剥削（多芯）

塑料软导线的线芯多是由多股铜（铝）丝组成的，不适宜用电工刀剥削绝缘层，在实际操作中，多使用剥线钳和斜口钳剥削，具体操作方法如图 19-8 所示。

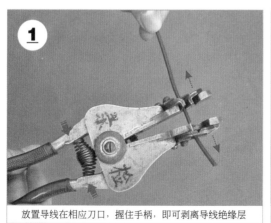
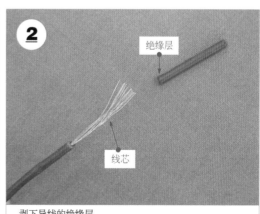

图19-8　塑料软导线绝缘层的剥削方法

【提示说明】

在使用剥线钳剥离软导线绝缘层时，切不可选择小于剥离线缆外径尺寸的刀口，否则会导致软导线多根线芯与绝缘层一同被剥落，如图19-9所示。

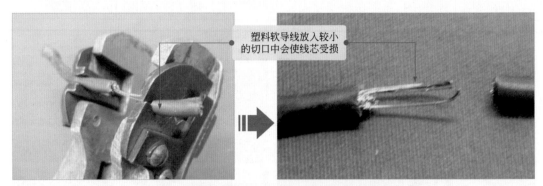

塑料软导线放入较小的切口中会使线芯受损

图19-9　塑料软导线剥除绝缘层时的错误操作

19.1.5　塑料软导线的封端处理

塑料软导线在连接使用时，应用环境不同，加工的具体方法也不同，常见的有绞绕式连接头的加工、缠绕式连接头的加工及环形连接头的加工三种形式。

（1）绞绕式连接头的加工

绞绕式连接头的加工是用一只手握住线缆绝缘层处，另一只手捻住线芯，向一个方向旋转，使线芯紧固整齐即可完成连接头的加工，如图19-10所示。

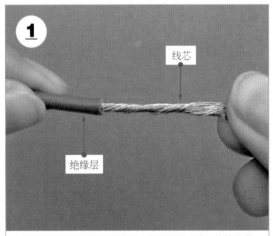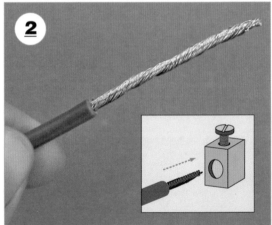

线芯

绝缘层

将塑料软导线绝缘层剥除后，握住导线一端，旋转线芯。绞绕软导线可以使导线连接时不松散

旋转线芯至一根整体为止，完成绞绕。绞绕好的软导线通常与压接螺钉连接

图19-10　绞绕式连接头的加工

（2）缠绕式连接头的加工

当塑料软导线插入连接孔时，由于多股软线缆的线芯过细，无法插入，因此需要在绞绕的基础上，将其中一根线芯沿一个方向由绝缘层处开始向上缠绕，直至缠绕到顶端，完成缠绕式加工，如图19-11所示。

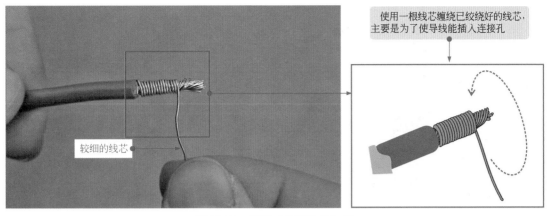

使用一根线芯缠绕已绞绕好的线芯，主要是为了使导线能插入连接孔

较细的线芯

图19-11 缠绕式连接头的加工

（3）环形连接头的加工

要将塑料软导线的线芯加工为环形，首先将离绝缘层根部 1/2 处的线芯绞绕紧，然后弯折，并将弯折的线芯与线缆并紧，将弯折线芯的 1/3 拉起，环绕其余的线芯与线缆，如图 19-12 所示。

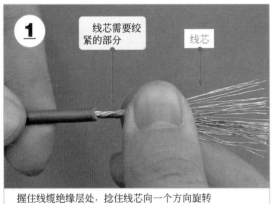

线芯需要绞紧的部分   线芯

握住线缆绝缘层处，捻住线芯向一个方向旋转

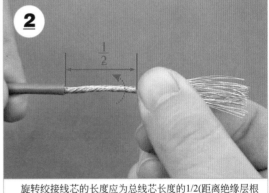

旋转绞接线芯的长度应为总线芯长度的1/2(距离绝缘层根部1/2处)，绞接应紧固整齐

将线芯弯折为环形，并将线芯并紧

在1/3处向外折角后弯曲成圆弧

图19-12

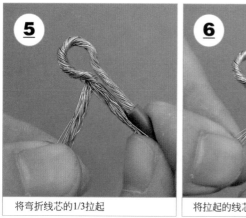

将弯折线芯的1/3拉起

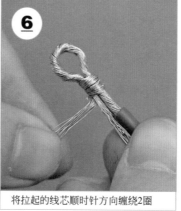

将拉起的线芯顺时针方向缠绕2圈

剪掉多余线芯，完成连接头的加工

图19-12　环形连接头的加工

19.1.6　塑料护套线绝缘层的剥削

　　塑料护套线是将两根带有绝缘层的导线用护套层包裹在一起。剥削时，要先剥削护套层，再分别剥削里面两根导线的绝缘层，具体操作方法如图 19-13 所示。

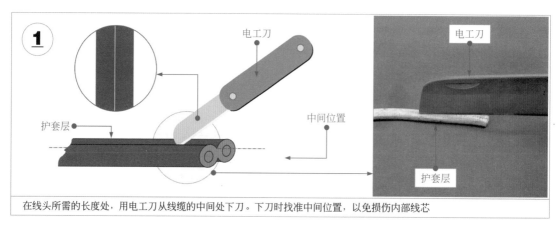

在线头所需的长度处，用电工刀从线缆的中间处下刀。下刀时找准中间位置，以免损伤内部线芯

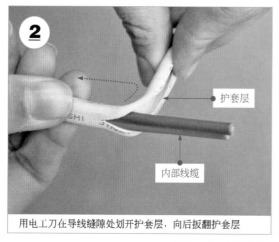

用电工刀在导线缝隙处划开护套层，向后扳翻护套层

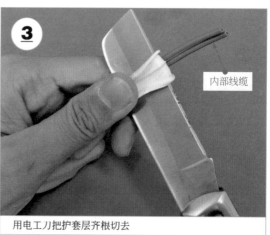

用电工刀把护套层齐根切去

图19-13　塑料护套线绝缘层的剥削方法

塑料护套线的内线缆一般为塑料软导线，可借助钢丝钳或剥线钳剥削绝缘层，如图 19-14 所示。

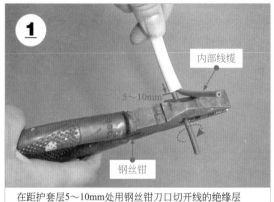

在距护套层5～10mm处用钢丝钳刀口切开线的绝缘层

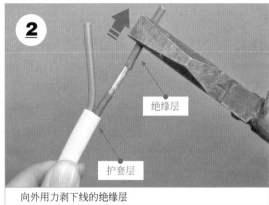

向外用力剥下线的绝缘层

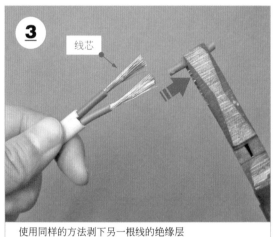

使用同样的方法剥下另一根线的绝缘层

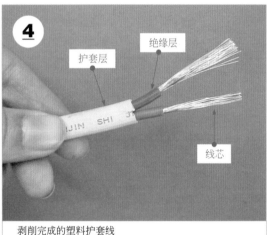

剥削完成的塑料护套线

图19-14　塑料护套线内软导线绝缘层的剥削

19.2　电气线路的连接技能

19.2.1　两根塑料硬导线的并头连接

在水暖电工操作中，线缆的连接大都要求采用并头连接的方法，如常见照明控制开关中零线的连接、电源插座内同相导线的连接等。

并头连接是指将需要连接的导线线芯部分并排摆放，然后用其中一根导线线芯绕接在其余线芯上的一种连接方法。

两根塑料硬导线（单股铜芯硬导线）并头连接时，先将两根导线线芯并排合拢，然后在距离绝缘层 15mm 处，将两根线芯捻绞 3 圈后，留适当长度，剪掉多余线芯，并将余线折回压紧，如图 19-15 所示。

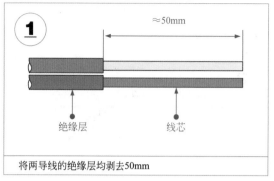 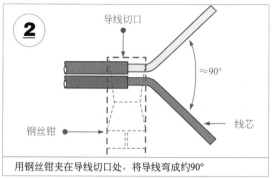

将两导线的绝缘层均剥去50mm

用钢丝钳夹在导线切口处，将导线弯成约90°

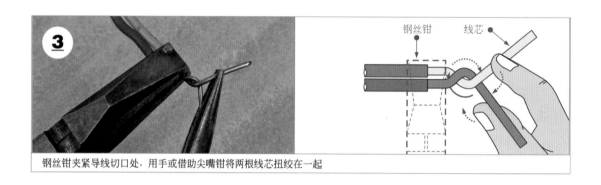

钢丝钳夹紧导线切口处，用手或借助尖嘴钳将两根线芯扭绞在一起

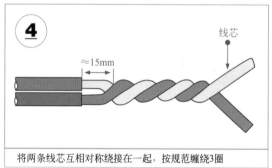 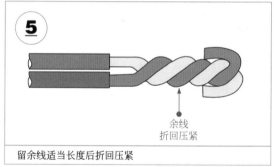

将两条线芯互相对称绕接在一起，按规范缠绕3圈

留余线适当长度后折回压紧

图19-15 两根塑料硬导线的并头连接方法

19.2.2 三根塑料硬导线的并头连接

三根及以上导线并头连接时，将连接导线绝缘层并齐合拢，在距离绝缘层约15mm处，将其中一根线芯（绕线线芯剥除绝缘层长度是被缠绕线芯的3倍以上）缠绕其他线芯至少5圈后剪断，把其他线芯的余头并齐折回压紧在缠绕线上。

图19-16为三根塑料硬导线的并头连接方法。

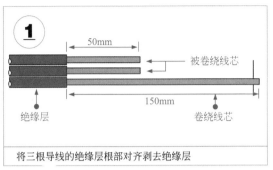

将三根导线的绝缘层根部对齐剥去绝缘层

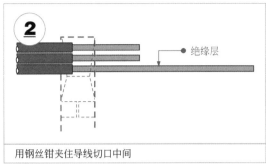

用钢丝钳夹住导线切口中间

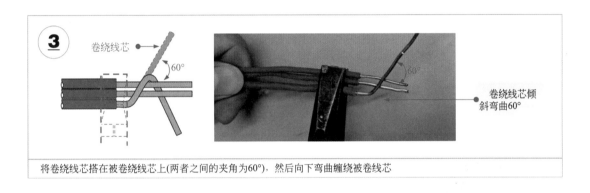

将卷绕线芯搭在被卷绕线芯上(两者之间的夹角为60°)，然后向下弯曲缠绕被卷线芯

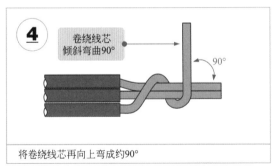

将卷绕线芯再向上弯成约90°

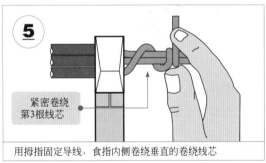

用拇指固定导线，食指内侧卷绕垂直的卷绕线芯

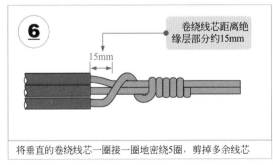

将垂直的卷绕线芯一圈接一圈地密绕5圈，剪掉多余线芯

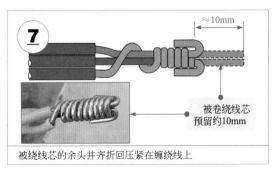

被绕线芯的余头并齐折回压紧在缠绕线上

图19-16　三根塑料硬导线的并头连接方法

19.2.3 塑料硬导线的 X 形连接

连接两根横截面积较小的单股铜芯硬导线可采用 X 形连接（绞接）方法，如图 19-17 所示。

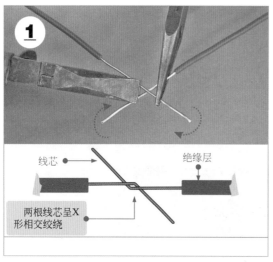

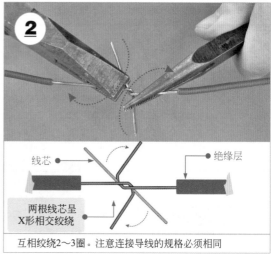

互相绞绕2～3圈。注意连接导线的规格必须相同

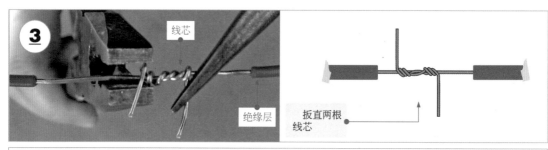

扳直两根线芯，固定一端线芯，将另一端线芯贴绕6圈左右

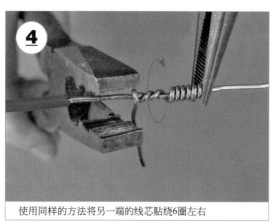

使用同样的方法将另一端的线芯贴绕6圈左右

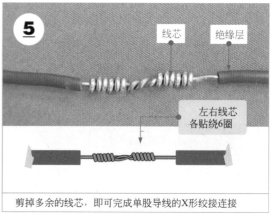

剪掉多余的线芯，即可完成单股导线的X形绞接连接

图19-17　塑料硬导线的X形连接

19.2.4　塑料硬导线的 T 形连接

将一根塑料硬导线作为支路与一根主路塑料硬导线连接时，通常采用 T 形连接方法，如图 19-18 所示。

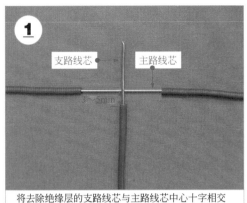

将去除绝缘层的支路线芯与主路线芯中心十字相交

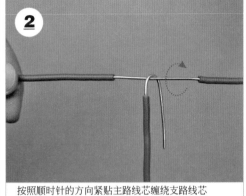

按照顺时针的方向紧贴主路线芯缠绕支路线芯

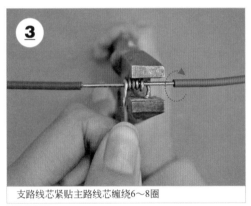

支路线芯紧贴主路线芯缠绕6～8圈

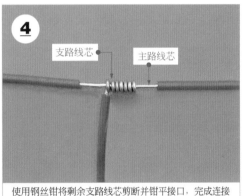

使用钢丝钳将剩余支路线芯剪断并钳平接口，完成连接

图19-18　塑料硬导线的T形连接

【提示说明】

对于横截面积较小的单股塑料硬导线，可以将支路线芯在主路线芯上环绕扣结，然后沿主路线芯顺时针贴绕，如图 19-19 所示。

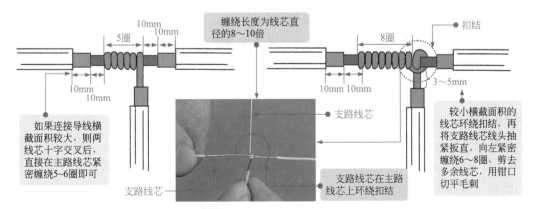

图19-19　横截面积较小的单股塑料硬导线的T形连接

19.2.5 塑料硬导线的线夹连接

在装修电工线缆的连接中，常用线夹连接硬导线，操作简单，安装牢固可靠，操作方法如图19-20所示。

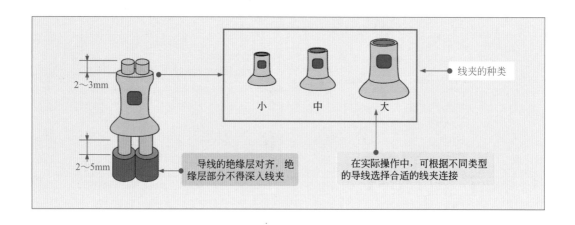

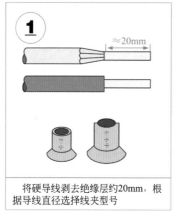

将硬导线剥去绝缘层约20mm，根据导线直径选择线夹型号

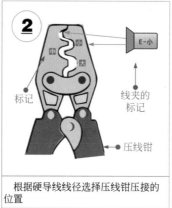

根据硬导线线径选择压线钳压接的位置

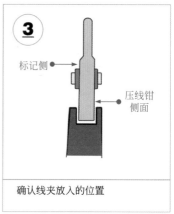

确认线夹放入的位置

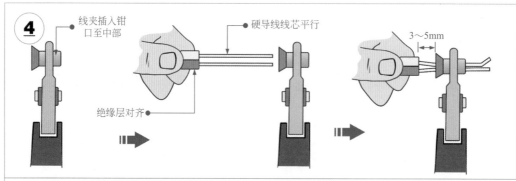

将线夹放入压线钳中，先轻轻夹持确认具体操作位置，然后将硬导线的线芯平行插入线夹中，要求线夹与硬导线绝缘层的间距为3～5mm，然后用力夹紧，使线夹牢固压接在硬导线线芯上

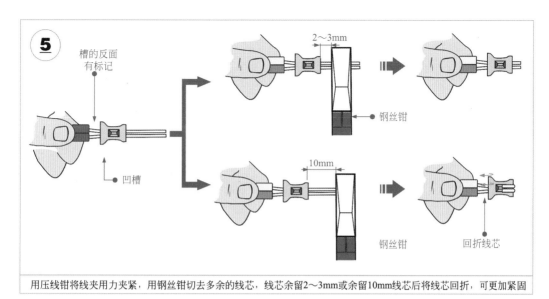

用压线钳将线夹用力夹紧，用钢丝钳切去多余的线芯，线芯余留2～3mm或余留10mm线芯后将线芯回折，可更加紧固

图19-20　塑料硬导线的线夹连接

【提示说明】

　　在实际的导线连接操作过程中，只有各个操作步骤规范才能保证线头的连接质量。若连接时线夹连接不规范、不合格，则需要剪掉线夹重新连接，以免因连接不良出现导线接触不良、漏电等情况，如图19-21所示。

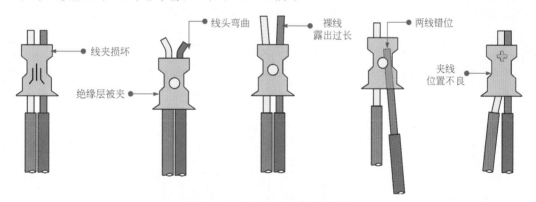

图19-21　不合格线夹的连接情况

19.2.6　塑料硬导线的连接器连接

　　在装修电工导线连接中，常用导线连接器连接导线，操作也比较简单、方便，即通过连接器将硬导线线芯连接在一起，如图19-22所示。

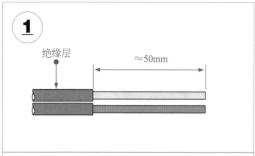

绝缘层

≈50mm

剥除待连接硬导线线端的绝缘层，露出内部的线芯部分(约为50mm)，准备连接

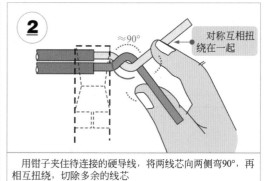

≈90°

对称互相扭绕在一起

用钳子夹住待连接的硬导线，将两线芯向两侧弯90°，再相互扭绕，切除多余的线芯

3

连接器

≈10mm

螺纹部分

切点

扭接好的线芯长度应小于连接器的长度，将多余的线芯剪掉

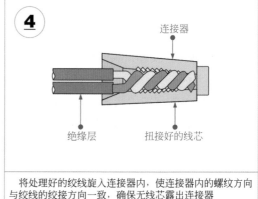

连接器

绝缘层

扭接好的线芯

将处理好的绞线旋入连接器内，使连接器内的螺纹方向与绞线的绞接方向一致，确保无线芯露出连接器

图19-22　使用连接器连接硬导线

【提示说明】

　　使用连接器连接硬导线时，连接完成后，必须检查硬导线与连接器内螺纹是否扣合，若导线连接不合格，则需要剪断线芯，重新连接。

　　例如，使用连接器连接导线的线芯部分不能裸露太多、线芯绕向与连接器内部螺纹方向必须一致等，避免影响电气连接性能。图19-23为不合格连接器的安装情况。

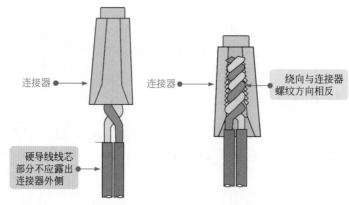

连接器

硬导线线芯部分不应露出连接器外侧

连接器

绕向与连接器螺纹方向相反

图19-23　不合格连接器的安装情况

19.2.7　塑料硬导线的缠绕式对接

当连接两根较粗的单股塑料硬导线时，可以采用缠绕式对接方法，即另外借助一根较细同类型的导线将对接的两根粗导线缠绕对接，并确保连接牢固可靠，具体操作如图 19-24 所示。

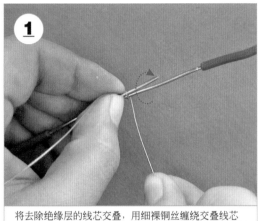

将去除绝缘层的线芯交叠，用细裸铜丝缠绕交叠线芯

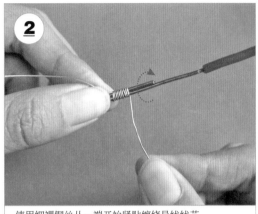

使用细裸铜丝从一端开始紧贴缠绕导线线芯

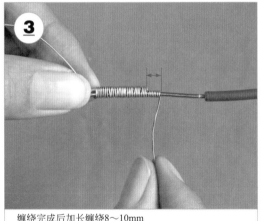

缠绕完成后加长缠绕8～10mm

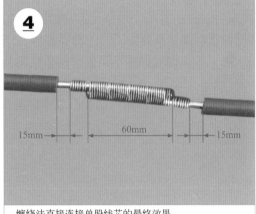

缠绕法直接连接单股线芯的最终效果

图19-24　单股导线的缠绕式对接

【提示说明】

值得注意的是，若连接导线的直径为 5mm，则缠绕长度应为 60mm；若导线直径大于 5mm，则缠绕长度应为 90mm。将导线缠绕好后，还要在两端的导线上各自再缠绕 8～10mm（5 圈）的长度。

19.2.8　塑料软导线的缠绕式连接

当连接两根多股塑料软导线时，一般采用缠绕对接的方法，即将剥除绝缘层的导线线芯按照一定规律和要求互相缠绕连接，具体操作如图 19-25 所示。注意，必须确保连接牢固可靠。

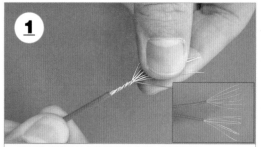

将两根多股导线的线芯散开拉直，绞紧线芯

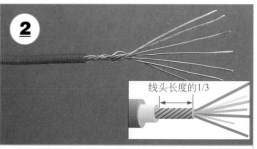

靠近绝缘层1/3处绞紧线芯，余下2/3线芯分散成伞状

线头长度的1/3

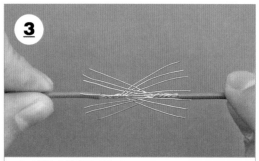

交叉部分为线芯长度的1/3

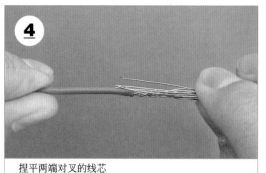

捏平两端对叉的线芯

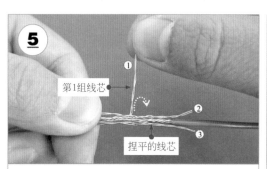

第1组线芯

捏平的线芯

将一端线芯平均分成3组，将第1组扳起垂直于线芯，按顺时针方向紧压扳平的线芯缠绕两圈，并将余下的线芯与其他线芯沿平行方向扳平

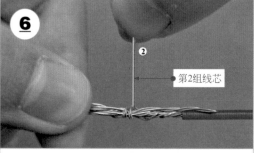

第2组线芯

同样，将第2、3组线芯依次扳成与线芯垂直，然后按顺时针方向紧压扳平的线芯缠绕3圈

多余的线芯从线芯的根部切除，钳平线端

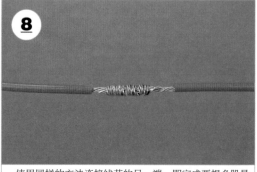

使用同样的方法连接线芯的另一端，即完成两根多股导线的缠绕式对接

图19-25　两根多股导线的缠绕式对接

19.2.9　塑料软导线的 T 形连接

当连接一根支路软导线（多股线芯）与一根主路软导线（多股线芯）时，通常采用缠绕式 T 形连接方法，如图 19-26 所示。

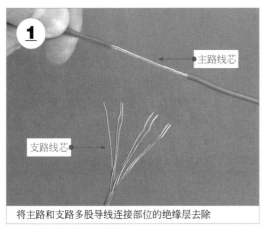

将主路和支路多股导线连接部位的绝缘层去除

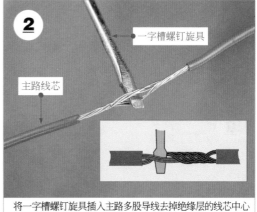

将一字槽螺钉旋具插入主路多股导线去掉绝缘层的线芯中心

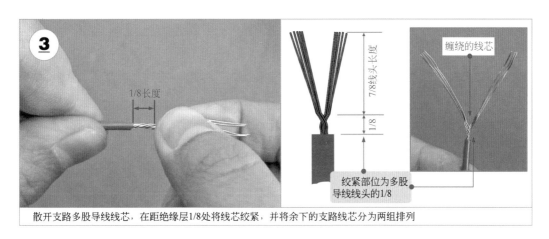

散开支路多股导线线芯，在距绝缘层1/8处将线芯绞紧，并将余下的支路线芯分为两组排列

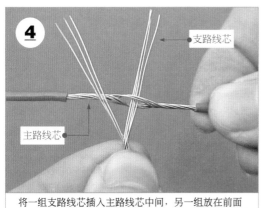

将一组支路线芯插入主路线芯中间，另一组放在前面

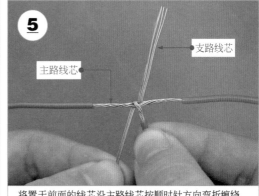

将置于前面的线芯沿主路线芯按顺时针方向弯折缠绕

图19-26

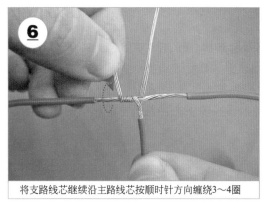

将支路线芯继续沿主路线芯按顺时针方向缠绕3~4圈

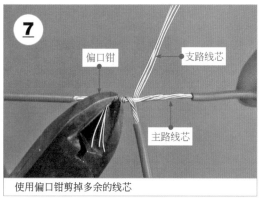

使用偏口钳剪掉多余的线芯

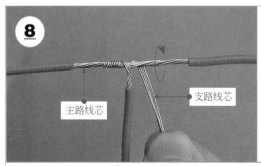

使用同样的方法将另一组支路线芯沿主路线芯按顺时针方向弯折缠绕

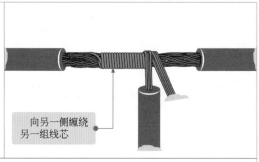

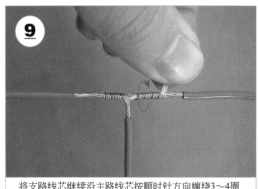

将支路线芯继续沿主路线芯按顺时针方向缠绕3~4圈

使用偏口钳剪掉多余的线芯

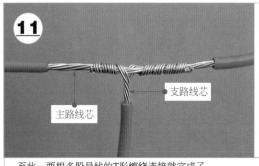

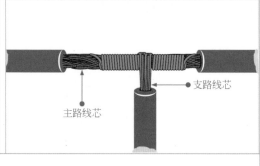

至此，两根多股导线的T形缠绕连接就完成了

图19-26　两根多股导线的缠绕式T形连接

19.2.10 单芯导线与多芯导线的连接

单芯导线与多芯导线连接时，应先将多芯导线的线芯拧紧，然后将拧紧的线芯在单芯导线上缠绕 7~8 圈，再将单芯导线弯折压紧到缠绕的多芯导线上，如图 19-27 所示。

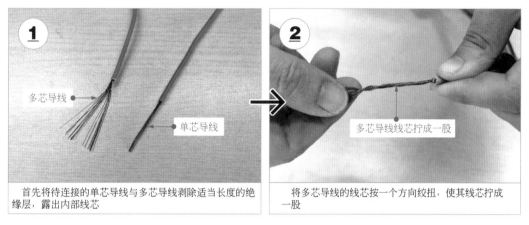

① 首先将待连接的单芯导线与多芯导线剥除适当长度的绝缘层，露出内部线芯

② 将多芯导线的线芯按一个方向绞扭，使其线芯拧成一股

③④⑤ 将多芯导线沿着单芯导线线芯缠绕7~8圈

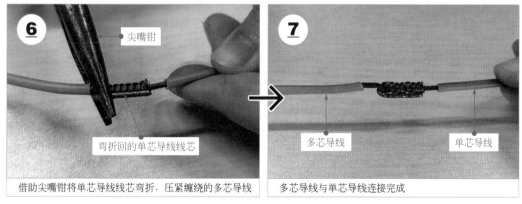

⑥ 借助尖嘴钳将单芯导线线芯弯折，压紧缠绕的多芯导线

⑦ 多芯导线与单芯导线连接完成

图19-27 单芯导线与多芯导线的连接

19.2.11 多芯护套线的连接

多芯护套线连接与多芯软导线的连接方法相似，首先剥除护套层、内部线芯的绝缘层，露出适当长度的线芯，将每股线芯进行缠绕式对接，如图 19-28 所示。需要注意的是，为了更好地防止线间漏电或短路，多芯护套线连接时，各线芯的连接点互相错开位置。

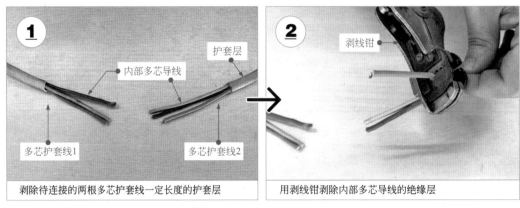

① 剥除待连接的两根多芯护套线一定长度的护套层

② 用剥线钳剥除内部多芯导线的绝缘层

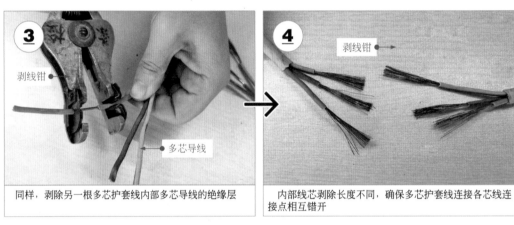

③ 同样，剥除另一根多芯护套线内部多芯导线的绝缘层

④ 内部线芯剥除长度不同，确保多芯护套线连接各芯线连接点相互错开

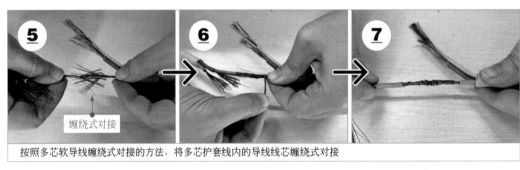

⑤ **⑥** **⑦** 按照多芯软导线缠绕式对接的方法，将多芯护套线内的导线线芯缠绕式对接

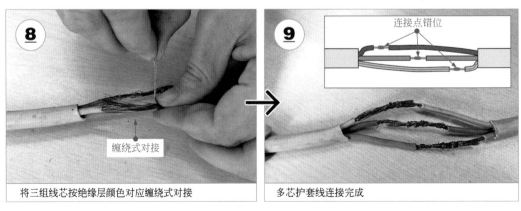

⑧ 将三组线芯按绝缘层颜色对应缠绕式对接

⑨ 多芯护套线连接完成

图19-28　多芯护套线的连接

19.2.12　电气线路的焊接

电气线路的焊接是指将两段及以上待连接的线缆通过焊接的方式连接在一起。焊接时，需要对线缆的连接处上锡，再用电烙铁加热将线芯焊接在一起，完成线缆的焊接，具体操作方法如图 19-29 所示。

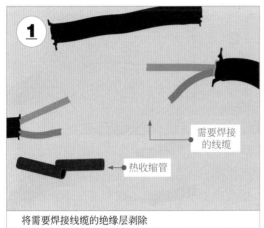

需要焊接的线缆

热收缩管

将需要焊接线缆的绝缘层剥除

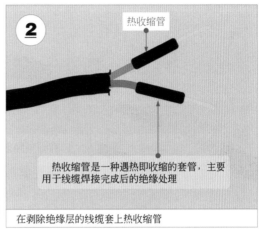

热收缩管

热收缩管是一种遇热即收缩的套管，主要用于线缆焊接完成后的绝缘处理

在剥除绝缘层的线缆套上热收缩管

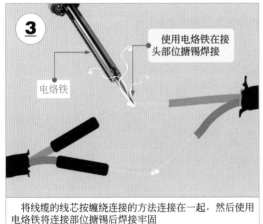

使用电烙铁在接头部位搪锡焊接

电烙铁

将线缆的线芯按缠绕连接的方法连接在一起，然后使用电烙铁将连接部位搪锡后焊接牢固

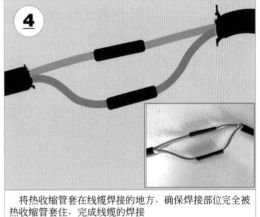

将热收缩管套在线缆焊接的地方，确保焊接部位完全被热收缩管套住，完成线缆的焊接

图19-29　线缆的焊接

【提示说明】

线缆的焊接除了使用绕焊外，还有钩焊、搭焊。其中，钩焊是将导线弯成钩形勾在接线端子上，用钳子夹紧后再焊接，这种方法的强度低于绕焊，操作简便；搭焊是用焊锡将导线搭到接线端子上直接焊接，仅用在临时连接或不便于缠、勾的地方及某些接插件上，这种连接最方便，但强度及可靠性最差。

19.2.13　电气线路绝缘层的恢复

线缆连接或绝缘层遭到破坏后，必须恢复绝缘性能才可以正常使用，并且恢复后，强度应不低于原有绝缘层。

常用的绝缘层恢复方法有两种：一种是使用热收缩管恢复绝缘层；另一种是使用绝缘材料包缠法。

（1）使用热收缩管恢复线缆的绝缘层

使用热收缩管恢复线缆的绝缘层是一种简便、高效的操作方法，可以有效地保护连接处，避免受潮、污垢和腐蚀，具体操作方法如图19-30所示。

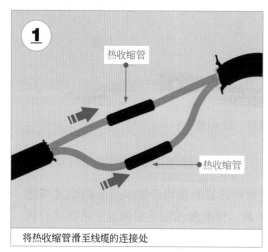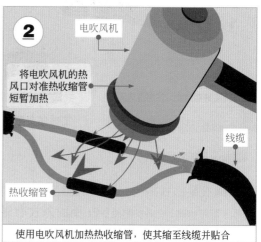

图19-30 使用热收缩管恢复线缆的绝缘层

（2）使用包缠法恢复线缆的绝缘层

包缠法是指使用绝缘材料（黄蜡带、涤纶膜带、胶带）缠绕线缆线芯，起到绝缘作用，恢复绝缘功能。以常见的胶带恢复导线绝缘层为例，如图19-31所示。

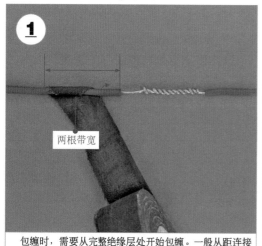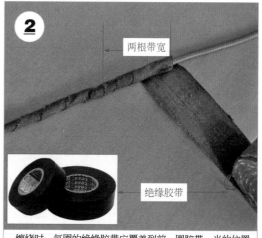

图19-31 使用包缠法恢复线缆的绝缘层

【提示说明】

在一般情况下，220V线路恢复导线绝缘时，应先包缠一层黄蜡带（或涤纶薄膜带），再包缠一层绝缘胶带；380V线路恢复绝缘时，先包缠二三层黄蜡带（或涤纶薄膜带），再包缠两层绝缘胶带，同时，应严格按照规范缠绕，如图 19-32 所示。

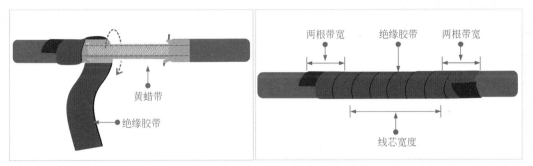

图19-32　220V和380V线路绝缘层的恢复

导线绝缘层的恢复是较为普通和常见的，在实际操作中还会遇到分支导线连接点绝缘层的恢复，需要用胶带从距分支连接点两根带宽的位置开始包裹，具体操作方法如图 19-33 所示。

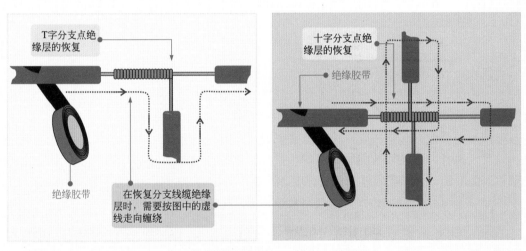

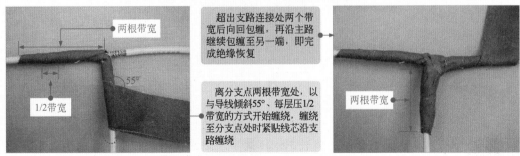

图19-33　分支线缆连接点绝缘层的恢复

【提示说明】

在包缠线缆时，间距应为 1/2 带宽，当胶带包至分支点处时，应紧贴线芯沿支路包缠，超出连接处两个带宽后向回包缠，再沿干线继续包缠至另一端。

第20章

电线的敷设

20.1 电线的明敷

电气线路的明敷是将穿好线路的线槽按照敷设标准安装在室内墙体表面，如沿着墙壁、天花板、桁架、柱子等。这种敷设操作一般是在土建抹灰后或房子装修完成后，需要增设电气线路或更改电气线路或维修电气线路替换暗敷线路时采用的一种敷设方式。

电线采用明敷方式安装时，用户直接就可以观察到线路的走向。这种敷设操作施工难度小，易于执行，而且后期的线路维护、检修、调整和修改都非常方便。但由于线槽直接在墙体表面安装，会影响装修的美观程度。

图 20-1 所示为采用明敷操作的线路敷设效果。

图20-1　采用明敷操作的线路敷设效果

在电气线路明敷操作前，需要先了解明敷的基本操作规范和要求。由于室内线缆的明敷操作是在土建抹灰以后进行的，因此为使线路安装得整齐、美观，应尽量沿房屋的线脚、横梁、墙角等处敷设。

电气线路明敷操作相对简单，对线路的走向、线槽间距、高度和线槽固定点间距有一定要求，如图 20-2 所示。

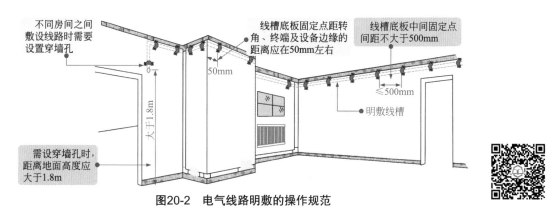

图20-2　电气线路明敷的操作规范

接下来，按照基本的敷设步骤进行实际操作，包括定位画线、选择线槽和附件、加工线槽、钻孔安装固定线槽、敷设线缆、安装附件等环节。

20.1.1　定位画线

定位画线是指根据室内电气线路布线图或根据增设线路的实际需求规划好布线的位置，并借助尺子画出线缆走线的路径及开关、灯具、插座的固定点，在固定中心画出"×"标记，如图 20-3 所示。

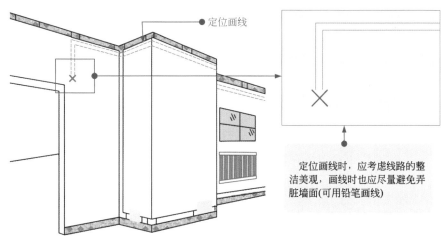

图20-3　室内电气线路敷设定位画线示意图

20.1.2　选择线槽和附件

室内线缆采用明敷方式敷设时，主要借助线槽及附件实现走线，起到固定、防护作用，并保证整体布线美观。目前，家装明敷中采用的线槽多为 PVC 塑料线槽。选配时，应根据规划线路路径选择相应长度、宽度的线槽，并选配相关的附件，如角弯、分支三通、阳转角、阴转角和直转角等。附件的类型和数量根据实际敷设时的需求进行选用，如图 20-4 所示。

20.1.3　加工线槽

塑料线槽选择好后，需要根据定位画线位置剪裁线槽长度，并对连接处、转角、分路等位置进行加工，使线路符合安装走向，如图 20-5 所示。

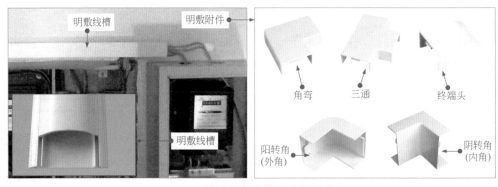

图20-4　线缆明敷线槽及附件的选用

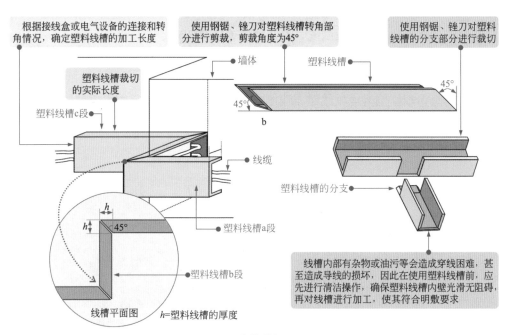

图20-5　线槽的加工处理

20.1.4　钻孔安装固定线槽

塑料线槽加工完成后,将其放到画线位置,借助电钻在固定位置钻孔,并在钻孔处安装固定螺钉实现固定,如图 20-6 所示。

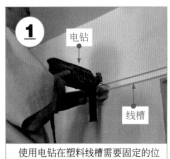
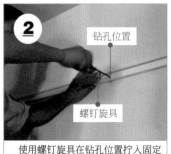
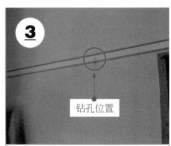

图20-6　线槽的安装固定

根据规划线路，沿画好的定位线将线槽逐段固定在墙壁上，如图 20-7 所示。

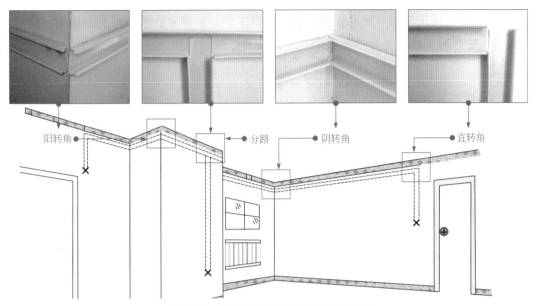

图20-7　根据规划线路固定好所有线槽

20.1.5　布线

明敷线槽采用直接布线方式。塑料线槽固定完成后，将线缆沿线槽内壁逐段敷设。在敷设完成的位置扣好线槽盖板即可，如图 20-8 所示。

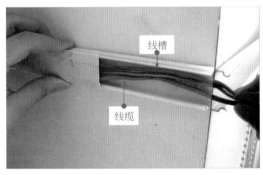
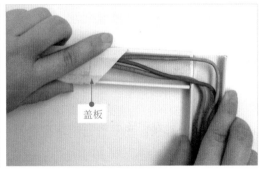
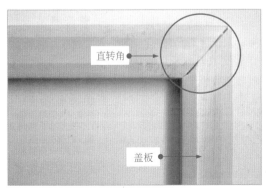
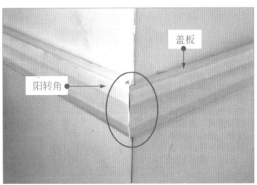

图20-8

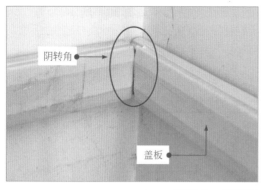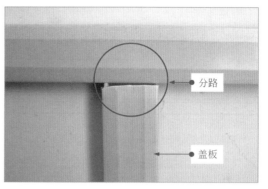

图20-8　线缆在线槽中的敷设操作

线缆敷设完成，安装好盖板后，安装线槽转角及分支部分的配套附件，确保安装牢固可靠，如图 20-9 所示。

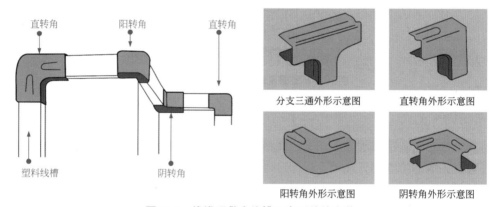

图20-9　线缆明敷中线槽配套附件的安装

至此，线缆的明敷操作完成。

20.1.6　导线的敷设检验

明敷操作过程中，需要贯穿着测量检验：一方面是导线的质量，是否有断路情况，绝缘电阻是否符合要求；另一方面则是在安装完成后，其功能是否能实现。

导线质量检测操作见图 20-10。

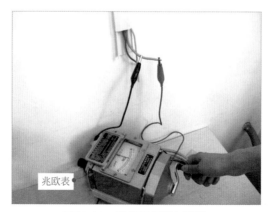

图20-10　导线质量检测操作

切断电源，用兆欧表对各回路进行绝缘电阻测试。

220V 回路，火线、零线与地线之间绝缘电阻应达到 5MΩ 以上为合格；

380V 回路，各相线、零线与地线之间绝缘电阻应达到 5MΩ 以上为合格；

单根导线，线芯和绝缘层之间绝缘阻值应为无穷大。

20.2 电线的暗敷

电气线路的暗敷是指将室内线路埋设在墙内、顶棚内或地板下的敷设方式，也是目前普遍采用的一种敷设方式。线缆暗敷通常在土建抹灰之前操作。

20.2.1 定位画线

定位画线是指根据室内电气线路布线图或施工图规划好布线的位置，确定线缆的敷设路径，并在墙壁或地面、屋顶上画出线缆的敷设路径及开关、灯具、插座的固定点，在固定中心画出"×"标记，如图 20-11 所示。

图20-11　室内线缆暗敷操作定位画线效果图

室内线缆采用暗敷方式敷设时，主要借助线管实现走线，起到固定、防护作用。目前，家装暗敷中采用的线管多为阻燃 PVC 线管。

20.2.2 开槽

室内线缆采用暗敷方式敷设时，主要借助线管及附件实现走线，起到固定、防护作用。目前，家装暗敷中采用的线管多为阻燃 PVC 线管。选配时，根据施工图要求，确定线管的长度、所需配套附件的类型和数量等，如图 20-12 所示。

图20-12

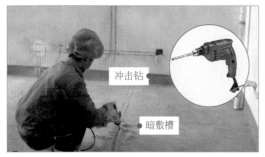

图20-12　室内线缆暗敷的开槽方法

20.2.3　裁管、弯管

开槽完成后，根据开槽的位置、长度等加工线管，为布管和埋盒操作做好准备。线管的加工操作主要包括线管的清洁、裁切及弯曲等操作，如图 20-13 所示。

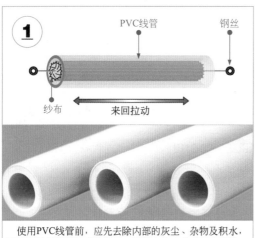

使用PVC线管前，应先去除内部的灰尘、杂物及积水，可来回拉动绑着纱布的钢丝，将管内的水分或灰尘擦净，也可以使用压缩空气吹入塑料线管内进行清洁

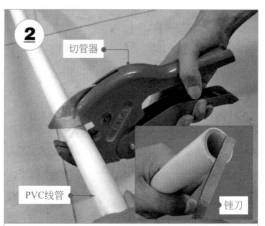

根据开槽位置的实际长度确定线管长度，使用钢锯裁切塑料线管。使用锉刀处理塑料线管的裁切面，使线管的切割面平整、光滑

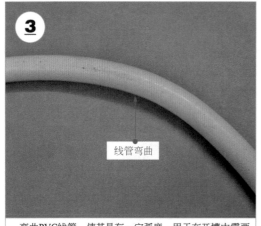

弯曲PVC线管，使其具有一定弧度，用于在开槽中需要转弯的部位

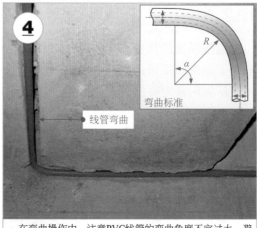

在弯曲操作中，注意PVC线管的弯曲角度不宜过大，避免穿线困难

图20-13　室内线缆暗敷线管的加工

20.2.4 固定线管和接线盒

线管加工完成后，将线管和接线盒敷设到开凿好的暗敷槽中，使用固定件安装固定，如图 20-14 所示。

将线管敷设在开凿的暗敷槽中。该操作在土建施工前将线管固定牢靠

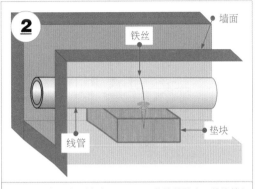

使用垫块(一般厚度为10~15mm)将线管垫高，使线管与开槽的内壁保持一定的距离，再将线管固定在土建结构上

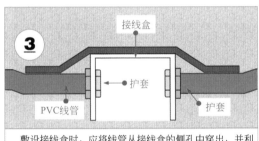

敷设接线盒时，应将线管从接线盒的侧孔中穿出，并利用螺母和护套固定

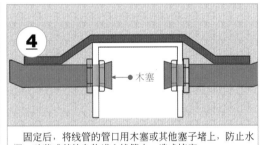

固定后，将线管的管口用木塞或其他塞子堵上，防止水泥、砂浆或其他杂物进入线管内，造成堵塞

图20-14 室内线缆暗敷中线管和接线盒的安装固定

图 20-15 为布管埋盒的实际案例。

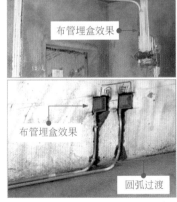

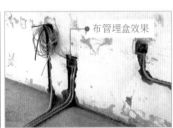
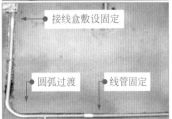

图20-15 布管埋盒的实际案例

20.2.5 穿管布线

穿线是室内线路暗敷操作中最为关键的步骤之一，必须在暗敷线管完成后进行。实施穿线操作可借助穿管弹簧、钢丝等，将线缆从线管一端引至接线盒中，如图 20-16 所示。

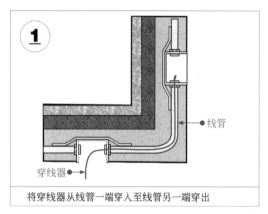

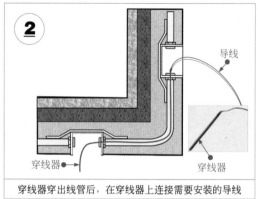

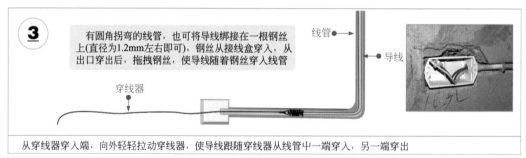

图20-16 室内线缆暗敷时的穿线操作

穿管完成后，需要进行导线暗敷质量的检验，检测方法与明敷操作的测量检测要求和方法相同，这里就不再赘述了。但这一步骤非常重要，不可省略。

第 **21** 章

供配电系统的规划与施工要求

21.1 家庭供配电线路的规划设计

家庭供配电线路的规划设计要根据室内的具体情况而定，对各种家电设备、强电端口、弱电端口的安装位置以及数量等进行规划设计，规划设计时要充分从实用的角度出发，确保家庭供配电线路符合家庭生活的实际需要。尽可能地做到科学、合理和安全。

21.1.1 家庭供配电线路的规划设计要考虑全面

家庭供电用电的分配通常需要考虑到用户的需要以及每个房间内设有的电器部件数量等，均在方便用户使用的前提下进行选择。因此，合理分配家庭供电用电不仅能够保证用电的安全性，同时也为用户日常使用带来方便。

图 21-1 是典型家庭供电用电的实际规划设计示意图。在进行规划设计时可根据实际供电用电情况，按功能或区域对各供配电线路进行划分。

【提示说明】

照明：照明支路主要包括卧室中的顶灯，客厅中的吊灯，卫生间、厨房及阳台的普通节能灯等。每一个控制开关均设在进门口的墙面上，用户打开房间门时，即可控制照明灯点亮，方便用户使用。

厨房：厨房支路中大多数为插座支路，如抽油烟机插座、换气扇插座、电饭煲插座、电水壶插座等。根据不同的需要，将插座设置在不同的位置。在厨房中设计插座时要考虑用电设备的功率，以保证厨房用电的安全性。

卫生间：卫生间支路的电力分配同厨房支路相同，应多预留些插座来保证电热水器、洗衣机、浴霸等的连接。

卧室：卧室内主要包括空调、床头灯、电脑等相关设备的用电，在对其进行规划

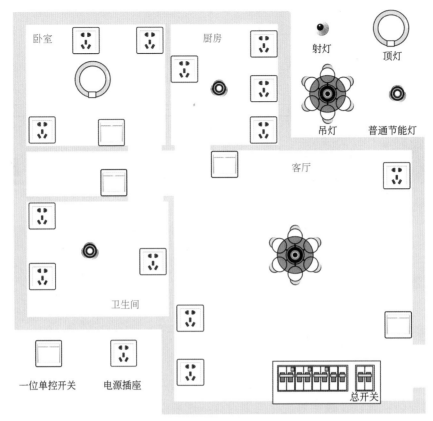

图21-1 典型家庭供电用电的实际规划设计示意图

设计时，应将这些设备的连接插座预留出来。

客厅：客厅中需要预留2～4个普通的电源插座，主要是用于连接电视机、音响等常用的家电设备。客厅要预留柜式空调器的供电专用插座（16A）。

在规划设计家庭供电用电线路时，除了对照明及插座的合理规划设计外，还需要对弱电线路及设备进行合理规划设计，如有线电视接口、电话线接口、网络接口等。通常在客厅及主卧室会预留有线电视接口，用于连接有线电视；在主、次卧室预留网络接口，用于连接电脑；在客厅及主卧室可以预留电话接口，用于连接电话，方便接听电话。

强电是指家庭供电线路中通过配电盘分出的电能，如照明灯、插座等的电气设备用电；弱电是指家庭供电线路中的有线电视接口、电话线接口以及网络接口等提供的电视电话信号或网络数据信号。图21-2为典型家庭弱电供电的实际规划设计示意图。

21.1.2 家庭供配电线路的规划设计要确保安全

除了全面规划设计和合理布局外，在家庭供电用电线路的规划设计时，要特别注意其安全性，保证设备安全以及用户的使用安全。

首先，在规划设计家庭配电线路时，家用电器的总用电量不应超过配电箱内总断路器和总电度表的负荷，同时每一条支路的总用电量也不应超过支路断路器的负荷，以免出现频繁掉闸、烧坏配电器件等事故。

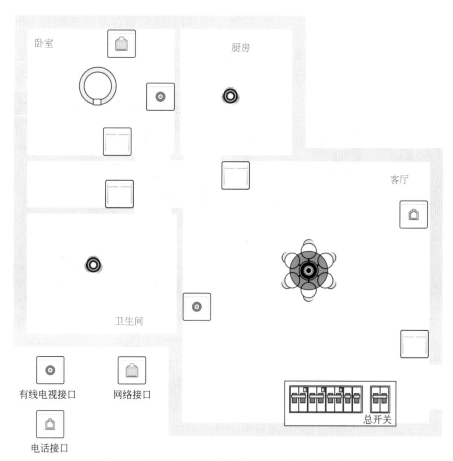

图21-2　典型家庭弱电供电的实际规划设计示意图

其次，在进行线路器件的安装时，插座、开关等也要满足用电的需求，若选择的器件额定电流过小，使用时会烧坏器件。

在进行家庭配电线路的安装连接时，应根据安装原则进行正确的安装和连接，同时应注意配电箱和配电盘内的导线不能外露，以免造成触电事故。

选配的电度表、断路器和导线应满足用电需求，防止掉闸、损坏器件或家用电器等事故的出现。

在线路的连接过程中，应注意对电源线进行分色，不能将所有的电源线只用一种颜色，以免对检修造成不便。按照规定火线通常使用红色线，零线通常使用蓝色或黑色线，接地线通常使用黄色或绿色线。

通常，由户外引入的供电线路要通过配电箱连入到室内的配电盘，然后再由室内的配电盘向各房间引线，以实现用户的用电需求。

（1）配电箱

配电箱内主要包括电度表、总断路器这些基本配件，并且必须安装在一起，进行用电量的控制和漏电保护。

电度表要安装于总断路器的上端，接线时需根据电度表接线端子上的标识进行连接，将其引出的导线连接到总断路器上。总断路器位于主干供电线路上，对主干供电线路上的电力进行控制、保护，也可称之为总开关。

如图 21-3 所示，连接电度表和断路器时，之间的导线应留有适当的长度，并将多根导线规整地捆扎在一起，在相应的位置引入或引出。

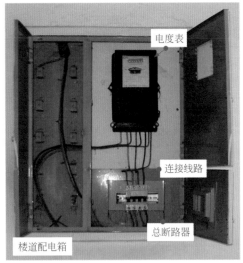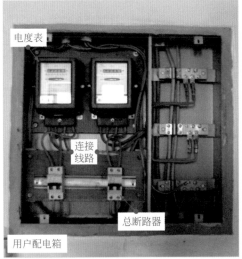

图21-3　配电箱内部器件的安装及连接

（2）配电盘

配电盘主要是由各种功能的断路器组合而成的，由此将导线引入各房间内，进行供电。

配电盘中各个支路断路器和总断路器（有些配电盘内不带有总断路器）都安装在配电盘的断路器支架上，引入或引出的线路规整地捆扎在一起，在相应的位置引入或引出导线，确保连接可靠，如图 21-4 所示。配电盘安装完成后，需安装绝缘面板进行防护，保证用户操作安全。

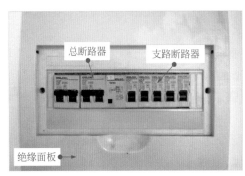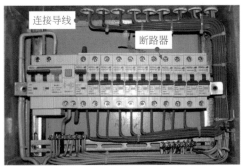

图21-4　配电盘的基本配件

21.1.3　家庭供配电线路的规划设计要注重科学

在规划设计家庭供电用电线路的分布时，要首先考虑其科学性，遵循一定的科学规划设计原则，使家庭供电用电的线路更加合理、安全。

在规划设计家庭供配电线路时，设备的选用及线路的分配均取决于家用电器的用电量，因此，科学的计量和估算家用电器的用电量是十分重要的。

图 21-5 为典型家庭供电用电线路的分布。考虑到家庭用户的家用电器较多，厨房，卫生间内的电器及空调器的用电量都较大，因此根据不同家用电器的用电量并结合使用环境，

将室内配电规划设计分为 6 个支路，分别为照明支路、插座支路、厨房支路、卫生间支路、空调器支路、柜式空调器支路。

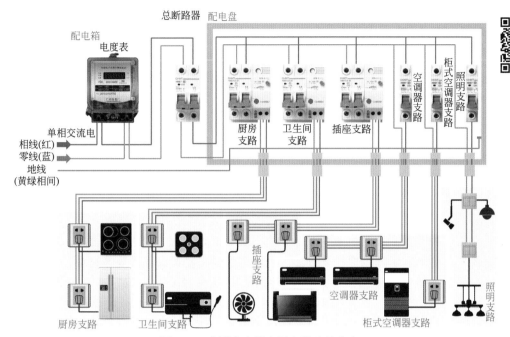

图21-5　典型家庭供电用电线路的分布

【相关资料】

表 21-1 为典型家庭供电用电线路支路的用电量，将支路中所有家用电器的功率相加即可得到支路全部用电设备在使用状态下的实际功率值。根据计算公式计算出支路用电量，即可对支路断路器进行选配。根据计算公式计算出该用户的总用电量，即可对总断路器进行选配。

表 21-1　典型家庭供电用电线路支路的用电量

支路	总功率 /W	支路	总功率 /W	支路	总功率 /W
照明支路	2200	厨房支路	4400	空调器支路	2000
插座支路	3520	卫生间支路	3520	柜式空调器支路	3500

【提示说明】

通常家庭中的电器设备不可能同时使用，因此用电量不能取所有设备耗电量的总和，通常最大用电约为 60%～70%，此外家庭用电也应考虑节能。

由以上可知，科学计量用电设备的用电量，会使配电线路的分配、配电设备的选配更加科学、合理和安全。

家庭供电用电的各个接线端子的分布规划完成后，则需要从强电配电箱和弱电线盒引出各个供电线路进行合理地布线，规划布线时，要求符合布线的规划设计原则，布线要做到安全、合理且节省导线材料。

（1）家庭照明线路的分布

家庭照明线路主要包括客厅、厨房、卧室以及卫生间各支路的照明，例如吊灯、普通节能灯、射灯等。

（2）家庭供电线路中插座支路的分布

家庭供电线路中的插座支路主要是为室内提供电能的支路。插座分布于客厅、厨房、卧室以及卫生间，主要用来连接日常生活中的家用电器，如电视机、电脑、风扇以及各种数码产品的充电器等。

【提示说明】

在进行电力分配时，应充分考虑该支路的用电量，若该支路的用电量过大，可将其分成两个支路进行供电。根据家庭中所使用的电气设备功率的不同，可以分为小功率供电支路和大功率供电支路两大类。小功率供电支路和大功率供电支路没有明确的区分界限，通常情况下，将功率在1000W以上的电器所使用的电路称为大功率供电支路，1000W以下的电器所使用的电路称为小功率供电支路。如图21-6所示，为家庭供电线路中大功率插座的分布图，主要用来连接空调以及浴霸等设备。

常用插座的规格按电流来划分有6A、10A、16A、32A、40A等几种，插座在外形上有两芯和三芯之分，两芯插座只能用于16A以下的电气设备，三芯插座16A以下的外形尺寸相同，32A以上的三芯插座的外形尺寸较大，必须用相同规格的插头才能配插。

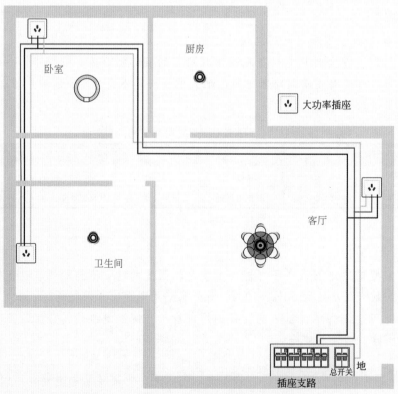

图21-6　家庭供电线路中大功率插座的分布

（3）家庭弱电线路的分布

家庭弱电线路主要分为有线电视线路、网络线路以及电话线路。该线路主要包括客厅和卧室的有线电视、客厅和卧室的电话以及卧室的网络等。

21.2 家庭供配电线路的施工要求

在家庭供配电线路的设计施工中，对线路的选材、敷设以及设备的选用、安装等都有明确的要求，这些都是确保家庭供电用电安全的先决条件，家装电工从业人员必须严格遵守。

21.2.1 家庭供配电设备的施工要求

在家庭供配电线路的施工中，对配电箱、配电盘的设计、安装有明确的规定。

（1）配电箱的施工要求

配电箱的安装环境及高度应根据家庭供电用电线路的规划原则进行，不可以随意安装，以免对用电造成影响或危害人身安全。

如图 21-7 所示，配电箱应安装在干燥、无振动和无腐蚀气体的场所（如楼道），配电箱的下沿和地面之间的距离应不小于 1.3m，大容量的配电箱和地面之间的距离允许为 1～1.2m。若需要安装多只电度表，两只电度表间的距离应不小于 0.02m。

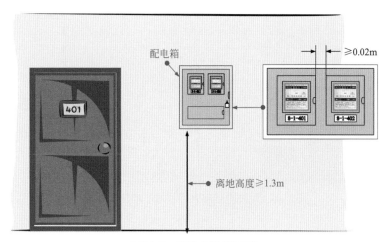

图21-7 配电箱安装标准

（2）配电盘的施工要求

配电盘在安装时与配电箱相似，对周围环境的要求也是应在干燥、无振动和无腐蚀气体的环境中（如客厅）。

图 21-8 为配电盘安装标准。安装配电盘时，其外壳的下沿距离地面的高度一般不能小于 1.3m。

21.2.2 家庭供配电线路敷设的施工要求

家庭供配电线路敷设施工时，应符合相关的设计规范，不可在任意的高度或环境下进行导线的敷设。

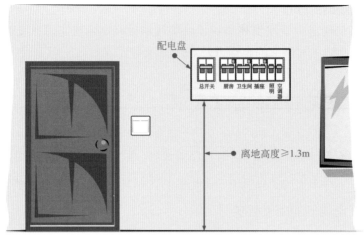

图21-8　配电盘安装标准

（1）家庭供配电线路中各接线端子的施工要求

供电线路中各接线端子安装时要满足施工布线的规范性。

图21-9为供配电线路各接线端子的施工要求。

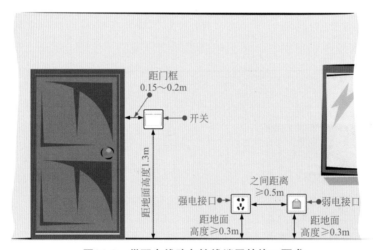

图21-9　供配电线路各接线端子的施工要求

【提示说明】

　　其中，照明灯要安装在房间的中间位置，使整个房间的亮度相同；控制开关的安装位置距地面的高度应为1.3m左右，距门框的距离应为0.15～0.2m；强电接口的安装位置距地面的高度应不小于0.3m；弱电接口的安装位置距地面的高度应不小于0.3m，同时与强电接口之间的距离也应不小于0.5m。

（2）家庭供配电线路敷设高度的施工要求

　　家庭供配电线路在进行敷设时应当要与墙面保持水平和垂直，敷设时导线至地面的距离也有一定的要求，应严格按照其设计规范进行敷设。

　　图21-10为家庭供配电线路敷设高度的施工要求。供电线路在进行垂直敷设时，应与地面保持垂直，当供电线路进行垂直敷设并进行穿墙操作时，距地面的高度应大于1.8m；

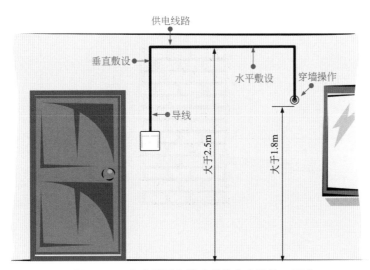

图21-10　家庭供配电线路敷设高度的施工要求

导线在进行水平敷设时，导线应与地面保持平行，且距地面的高度应大于 2.5m。

（3）家庭供配电线路间敷设距离的施工要求

在敷设供电线路时，供电线路至建筑物间的最小距离要符合相关的施工要求。

图 21-11 为家庭供配电线路间敷设距离的施工要求。窗户上端的导线和窗口间的距离应大于 0.3m，窗户下端的导线和窗口间的距离应大于 0.8m，窗户侧端的导线和窗口间的距离应大于 0.6m。

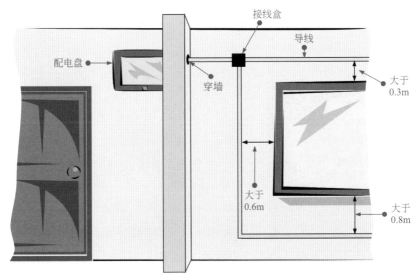

图21-11　家庭供配电线路间敷设距离的施工要求

【相关资料】

在敷设供配电线路时，家庭供电线路在阳台或是平台上应按照相关的施工要求执行。当供配电线路水平敷设在阳台或平台上时，该线路和地面间的距离应大于2.5m，图 21-12 为导线在阳台上敷设的示意图。

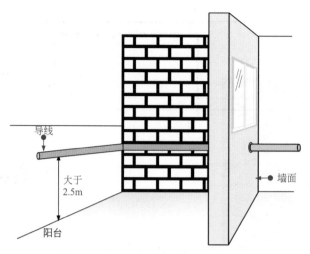

图21-12　导线在阳台上敷设的示意图

（4）家庭供配电线路穿越楼板的施工要求

当供配电线路需要穿越楼板时，应将导线穿入钢管或硬塑料管内进行敷设，对其实施保护措施，同时钢管或硬塑料管的敷设高度应满足设计规范。

如图21-13所示，线缆穿越楼板时，需将导线穿入钢管或硬塑料管内进行敷设，这样可以对供电线路起到保护的作用。敷设时钢管或硬塑料管上端口和地面间的距离应不小于1.8m，钢管或硬塑料管的下端口到楼板下为止。

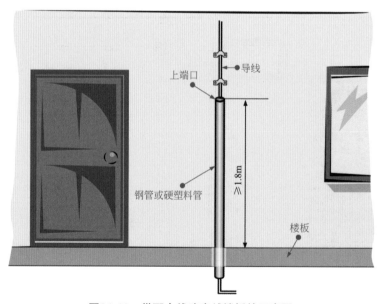

图21-13　供配电线路穿越楼板的示意图

（5）家庭供配电线路敷设时的开槽要求

① 在家庭供配电线路布线中，线槽是线路暗敷方式中的重要部分，开凿线槽是一个关键环节。规范要求切割线槽的深度应能够容纳线管或线盒，一般深度为线管埋入墙体后，抹灰层的厚度为15mm，如图21-14所示。

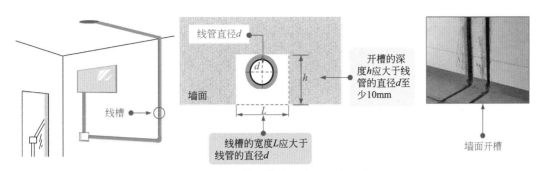

图21-14　线槽开槽的深度和宽度要求

② 在承重墙上敷设线路开槽时，应尽量不开横槽和斜槽，避免影响承重墙的承受力，如图 21-15 所示。

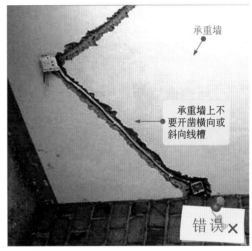

图21-15　在承重墙上敷设线路开槽注意事项

③ 在家庭供配电线路暗敷操作中，电线一般采用线管穿线布线。采用线管及其附件实现走线，起到固定、防护等作用。目前，家装暗敷中采用的线管多为阻燃 PVC 线管。选配时，根据施工图的要求，确定线管的长度、所需配套附件的类型和数量等。

（6）家庭供配电线路穿线管要求

① PVC 线管根据管壁厚度不同，可分为三种：轻型管，主要用于挂顶；中型管，主要用于明敷和暗敷线路；重型管，主要用于埋藏于混凝土中。

② 线管内电线总截面面积要小于线管管截面面积的 40%。

③ PVC 线管根据直径的不同可以分为四分、六分和八分等规格。其中，四分规格的 PVC 线管直径 16mm，最多可以穿 3 根横截面积为 1.5mm² 的电线；六分 PVC 线管直径 20mm，可以同时穿 3 根横截面积为 2.5mm² 的电线；八分 PVC 线管直径 25mm，可以同时穿 4 根横截面积为 4mm² 的电线。如图 21-16 所示。

【提示说明】

　　线管应根据管径、质量、长度、使用环境等参数进行选择，应符合室内线路暗敷操作的要求。

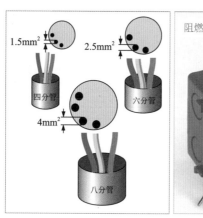

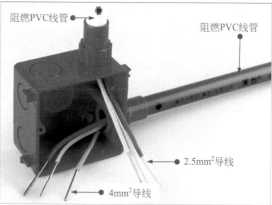

图21-16　PVC线管规格

线管管径的要求：管内绝缘导线或电缆的总横截面积（包括绝缘层）不应超过线管横截面积的 **40%**。

不同规格导线与不同种类穿线管可穿入根数的关系见表 21-2。

表 21-2　不同规格导线与不同种类穿线管可穿入根数的关系

导线横截面积 /mm²	镀锌钢管穿入导线根数				PVC 线管穿入导线根数				硬塑料管穿入导线根数		
	2	3	4	5	2	3	4	5	2	3	4
	穿线管直径 /mm										
1.5	15	15	15	20	20	20	20	20	15	15	15
2.5	15	15	20	20	20	20	25	20	15	15	20
4	15	20	20	20	20	20	25	20	15	20	25
6	20	20	20	25	20	25	25	25	20	20	25
10	20	25	25	32	25	32	32	32	25	25	32
16	25	25	32	32	32	32	40	40	25	32	32
25	32	32	40	40	32	40	—	—	32	40	40

④ 采用线管布线时，线管颜色可用于区分内部穿线类型。一般常见的红色线管用于强电线路穿线；蓝色线管用于弱电线路穿线；有些场合必须要单独设置地线时，采用黄色或绿色线管。如图 21-17 所示。

图21-17　家装电工布线操作中不同颜色的线管

【提示说明】

家装电工布线操作中，强、弱电禁止在同一管路中穿线布线，因此对穿线用的线管区分颜色更有利于在安装、维修操作中明确掌握线管内线路的类型。

目前，市场上白色 PVC 线管较多，价格也相对便宜。若使用白色 PVC 线管布线应严格明确线管内的电线类型，避免强弱电线路混淆。

（7）家庭供配电线路线管布线时的转弯要求

① 采用线管布线时，当线管长度超过 15m 或有两个直角弯时，应增设拉线盒。

② 采用线管布线时，能弧不角（圆弧过渡，横平大弯原则）：穿线管在布线的时候，如果碰到需要转弯的地方弧度尽量大于 90°，且弯曲处不应有褶皱、凹陷和裂痕，以保证穿线为活线，避免死角或者直角，便于后期维护。

一般暗敷线路时，要求线管弯曲半径不应小于线管直径的 6 倍，以保证穿线通畅，不出现卡线、死线等情况，如图 21-18 所示。严禁使用三通、直角弯头走管，否则后期将无法维护、换线。

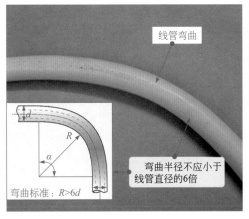

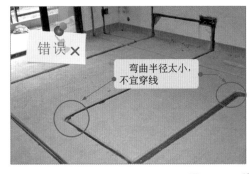

图21-18　线管弯曲要求

【提示说明】

电线线管弯曲半径的规定如表 21-3 所示。

水电工施工 *从入门到精通*

表 21-3　电线线管弯曲半径的规定

明敷	暗敷
一般情况下，弯曲半径不小于线管外径的 6 倍	一般情况下，弯曲半径不小于线管外径的 6 倍
当两个接线盒间只有一个弯曲时，其弯曲半径不小于线管外径的 4 倍	当管路埋入地下或混凝土时，弯曲半径不小于线管外径的 10 倍

③ 采用线管布线时，能压不绕：当布线的时候出现交叉的情况，让其中一根线向下压线，不要因为交叉而导致绕线，如图 21-19 所示。

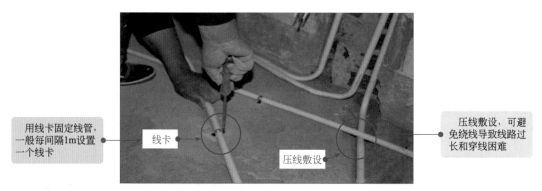

用线卡固定线管，一般每间隔1m设置一个线卡

线卡

压线敷设

压线敷设，可避免绕线导致线路过长和穿线困难

图21-19　线管布线时的压线方式

④ 采用线管布线时，应遵循两点之间直线最短的原则，如图 21-20 所示。

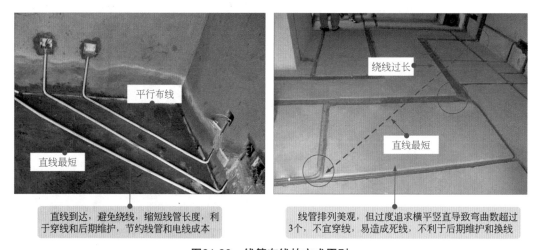

平行布线

直线最短

直线到达，避免绕线，缩短线管长度，利于穿线和后期维护，节约线管和电线成本

绕线过长

直线最短

线管排列美观，但过度追求横平竖直导致弯曲数超过3个，不宜穿线，易造成死线，不利于后期维护和换线

图21-20　线管布线的方式原则

⑤ 预埋线管和穿线必须分开进行。先埋管后穿线，穿线必须保证电路是活线，即线管内的电线可以随意抽动，不会折死、卡住等。

（8）家庭供配电线路布线原则

家装供配电线路布线一般应遵循"先顶后墙再地"的原则。即电线布线应尽量在屋顶布线，屋顶无法布线时考虑在墙面布线，墙面也无法布线时，最后才考虑在地面布线，如图 21-21 所示。

图21-21　家装布线位置原则

电线布线时走顶，就能很好地躲开地上的水管、地暖等，水电分离则会更加安全，不管是对日后的使用，还是日后的维修，都非常方便。

（9）家庭供配电线路与热水管、蒸汽管同时布线的施工要求

① 导线管与热水管的敷设要求　导线管与热水管在同侧敷设时，宜敷设在热水管的下面。当有困难时，也可敷设在上面，相互间的净距离应符合规定。当导线管平行敷设在热水管下面时，之间的净距不宜小于 200mm；当导线管敷设在热水管上面时，之间的净距离不宜小于 300mm；交叉敷设时，净距不宜小于 100mm。

② 导线管与蒸汽管的敷设要求　导线管与蒸汽管在同侧敷设时，宜敷设在蒸汽管的下面。当有困难时，也可敷设在上面，相互间的净距离应符合规定。当导线管敷设在蒸汽管下面时，净距不宜小于 500mm；当导线管敷设在蒸汽管上面时，净距不宜小于 1000mm；交叉敷设时，净距不宜小于 300mm。

【相关资料】

导线管与其他管道（不包括可燃气体及易燃、可燃液体管道）的平行净距不应小于100mm，当与水管同侧敷设时，宜敷设在水管的上面。

（10）家庭供配电线路穿越墙体的施工要求

供配电线路在穿越墙体时，应加装保护管（瓷管、塑料管、钢管）对其进行保护，保护管伸出墙面的长度应符合施工要求。

如图 21-22 所示，导线穿越墙体时使用保护管进行敷设，保护管伸出墙面的长度不应小于 10mm，并保持一定的倾斜度。

（11）家庭供配电线路与其他线路同时敷设的施工要求

供电线路中的电话线、电脑网络线、有线电视信号线和音响线等属于弱电线类，由于其信号电压低，如果与电源线并行布线，易受 220V 电源线的电压干扰。因此，弱电线的走线必须避开电源线。

如图 21-23 所示，电源线与弱电线之间的距离应在 200mm 以上，它们的插座之间也应相距 200mm 以上，插座下边线距地面约 300mm。

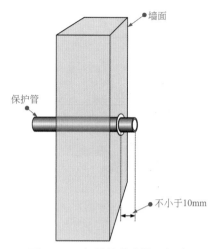

图21-22　保护管伸出墙面长度

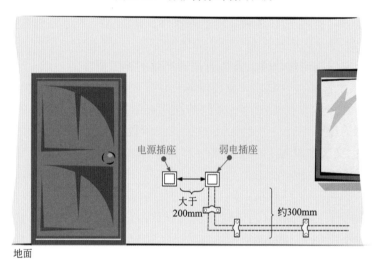

图21-23　弱电线和插座布线

　　一般来说，弱电线路应布置在房顶、墙壁或地板下。在地板下布线时，为了防止湿气和其他环境因素的影响，在线缆的外面都要加上牢固的无接头套管。如有接头，则必须进行密封处理。

　　（12）家庭供配电线路明敷时的施工要求

　　使用明线进行敷设时也应符合设计规范，具体要求可参见表21-4。

表 21-4　明线敷设的距离要求

固定方式	导线截面积 /mm²	固定点最大距离 /m	线间最小距离 / mm	与地面最小距离 /m	
				水平布线	垂直布线
槽板	≤ 4	0.05	—	2	1.3
卡钉	≤ 10	0.20	—	2	1.3
夹板	≤ 10	0.80	25	2	1.3
绝缘子（瓷柱）	≤ 16	3.0	50	2	1.3（2.7）
绝缘子（瓷瓶）	16～25	3.0	100	2.5	1.8（2.7）

　　注：括号内数值为室外敷设要求。

（13）其他要求

① 3 根及以上绝缘导线穿于同一根管时，总横截面积（包括外护层）不应超过管内横截面积的 40%；2 根绝缘导线穿于同一根管时，管内径不应小于 2 根导线外径和的 1.35 倍（立管可取 1.25 倍）。

② 穿管时，应将同一回路的所有相线和中性线（如果有中性线时）穿于同一根管内。除特殊情况（电压为 50V 及以下的回路，同一设备或同一联动系统设备的电力回路，无干扰防护要求的控制回路，同一照明灯的几个回路）外，不同回路的线路不应穿于同一根管内。

③ 敷设供配电线路时，不可将线路直接埋入线槽内，既不利于以后线路的更换，也极不安全。

④ 敷设线管一般选用 PVC 硬管，槽两侧做 45°水泥护坡，防止管上负载过大，压扁 PVC 管，造成隐患。

⑤ 在敷设线路时，应沿最近的路线敷设，敷设导线时，要保证横平竖直，管的弯曲处不应有折扁、凹陷和裂缝等现象，避免在穿线时损坏导线的绝缘层。

⑥ 在弱电线路上加上牢固的无接头套管时，应检查导线是否断路，保证安全敷设。

⑦ 强、弱线不得穿于同一根管内。弱电线路预埋部位必须使用整线，接头部位留检修孔。

⑧ 同一路径无电磁兼容要求的配电线路可敷设于同一线槽内，线槽内电线或电缆的总横截面积不超过线槽内横截面积的 20%。控制和信号电线或电缆的总横截面积不应超过线槽内横截面积的 50%。有电磁兼容要求的线路与其他线路敷设于同一线槽内时，应用隔板隔离或采用屏蔽电线、电缆。

⑨ 在家庭供配电线路明敷操作时，线缆在线槽内部不能出现接头，如果导线的长度不够，则将不够的导线拉出，重新使用足够长的导线敷设。

第22章

配电箱与配电盘的安装

22.1 配电箱的选配与安装技能

配电箱是单元住户用于计量和控制家庭住宅中各个支路的配电设备,可将住宅中的用电分配成不同的去路,并分路计量用电量,主要目的是为了便于用电管理、日常使用和电力维护等。

22.1.1 配电箱的选配

图 22-1 为典型配电箱的结构组成。可以看到,配电箱中有电度表、断路器(空气开关)等基本配件,并且使用电线将这些器件安装连接在一起。

(1)电度表的选配

电度表是用于计量用电量的器件。在家庭供配电线路中常用的电度表为单相电度表。

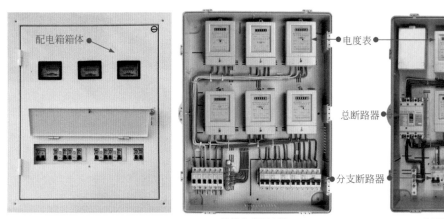

单相六表配电箱　　　　　　　　　单相四表配电箱

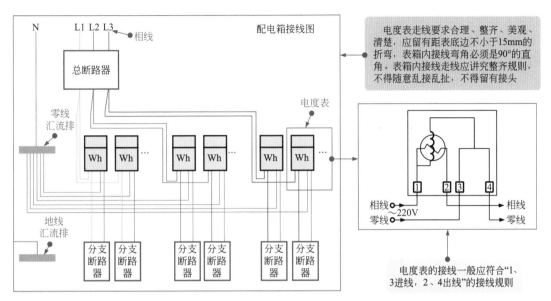

图22-1　典型配电箱的结构组成

单相电度表根据原理不同主要有感应式和电子式两种；根据功能不同主要有普通单相电度表和预付费单相电度表两种。目前，根据国家电力改造要求，家庭用电度表多为电子式预付费电度表，图 22-2 为常见单相电度表的实物外形。

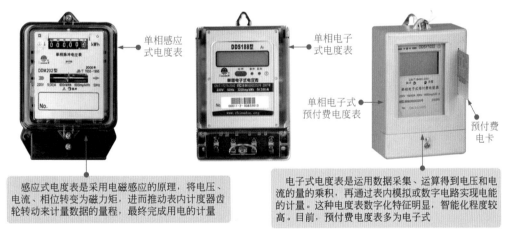

图22-2　常见单相电度表的实物外形

【提示说明】

作为装饰装修电工人员，选配配电箱中的电度表时需要注意，电度表的容量应满足用户用电量的需要，配电箱中断路器的额定电流要小于电度表的最大额定电流。电度表的额定电流有许多等级，如 5～20A、10～30A、10～40A、20～40A、20～80A 等，如果使用的家用电器比较多，低额定电流的电度表将无法满足工作要求。此时，可根据使用的家用电器的功率总和（$P=UI$），计算出实际需要的电度表的额定电流的大小，再去选择相应的电度表。

（2）总断路器的选配

总断路器是室内供配电系统的控制部件，用于控制室内所有供配电线路能够接通室外供配电系统。为避免误动作一般选择不带漏电保护功能的、额定电流较大的双进双出断路器。图22-3为不带漏电保护功能的双进双出断路器。

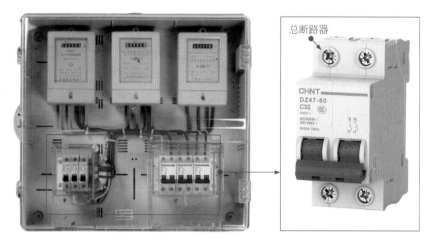

图22-3　不带漏电保护功能的双进双出断路器

【提示说明】

家用电气设备的耗电量较大，在使用过程中电流也比较大，选配断路器时也应根据使用的家用电器的功率，按照功率计算公式 $P=UI$，计算出实际需要的断路器额定电流的大小，断路器的额定电流要稍大于总电流，以免造成空气开关的损坏。例如家庭通过220V进行供电，一个热水器的功率为1500W，根据公式可以算出，电流 $I=P/U=1500W/220V≈6.8A$，因此应选择稍大点的C10型断路器，即起跳额定电流为10A的断路器。

断路器是用来保护电线及防止相灾的设备，因此还应根据电线的大小去选配，若断路器选用的额定电流过大，就无法保护电线，当电线超载时断路器仍不会动作，为家庭带来安全隐患。所以在对断路器进行选配时，应先检查电线的大小，在电线额定电流允许的情况下可以换额定电流大一点的断路器。通常情况下，1.5mm² 选用C10的断路器，2.5mm² 选用C16或C20的断路器，4mm² 选用C25的断路器，6mm² 选用C32的断路器。

（3）线材的选配

配电箱中使用的线材多为铜芯绝缘线，并采用不同的颜色进行标识，通常相线的绝缘电线多采用黄色线、红色线或绿色线，零线一般采用淡蓝色线，地线一般采用黄绿相间的双色线，如图 22-4 所示。

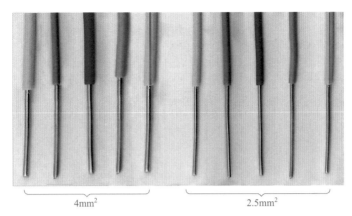

$4mm^2$　　　　$2.5mm^2$

图22-4　室内供配电设备的连接线材

【提示说明】

电线的主要规格参数有横截面积和安全载流量等，通常情况下电线的横截面积越大，其安全载流量也就越大，下面列举几种常用硬铜芯绝缘导线的横截面积与安全载流量间的对应关系。

$2.5mm^2$ 铜芯绝缘导线的安全载流量为 28A；

$4mm^2$ 铜芯绝缘导线的安全载流量为 35A；

$6mm^2$ 铜芯绝缘导线的安全载流量为 48A；

$10mm^2$ 铜芯绝缘导线的安全载流量为 65A；

$16mm^2$ 铜芯绝缘导线的安全载流量为 91A；

$25mm^2$ 铜芯绝缘导线的安全载流量为 120A。

需要输送的电力经过电度表、总断路器到达室内的配电盘，这一过程中所使用的电线可称之为进户线。家庭供电用的进户线采用暗敷方式，因此根据电线安全载流量的规定以及敷设导管的选用规定，可以选择横截面积为 $6mm^2$ 或 $10mm^2$ 的绝缘线（硬铜线）。

22.1.2　配电箱的安装

（1）配电箱的安装方式

如图 22-5 所示，根据预留位置及敷设导线的不同，配电箱主要有两种安装方式，即暗装和明装。

（2）配电箱内的布线和断路器的安装

安装配电箱时，一般可先将总断路器、分支断路器安装到配电箱内的指定位置，然后根据接线原则布线，预留出电度表接线端子后，装入电度表并与预留接线端子连接，如图 22-6 所示。

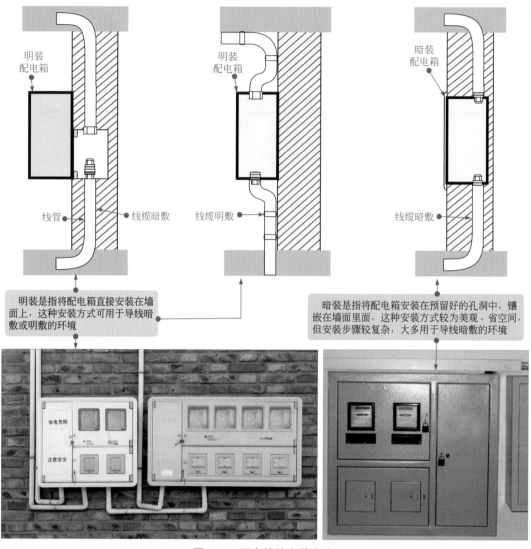

图22-5 配电箱的安装方式

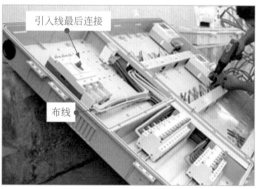

图22-6 配电箱内的布线和断路器的安装

（3）电度表的安装方法

图 22-7 为待安装电度表的实物外形。根据电度表上的标识，确认电度表参数符合安装要求；明确电度表的接线端子功能，为接线做好准备。

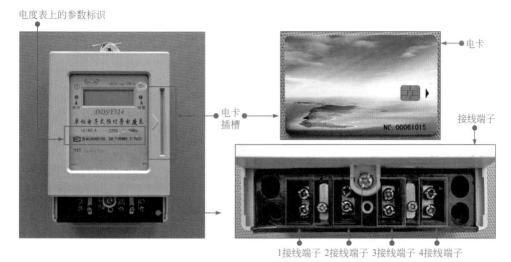

图22-7　待安装电度表的实物外形（单相电子式预付费电度表）

① 电度表安装绝缘底板的处理　电度表一般安装在配电箱中的绝缘底板上。安装前，首先检查配电箱内的绝缘底板是否符合安装要求，如图 22-8 所示。

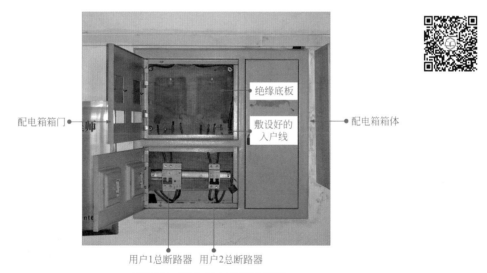

图22-8　配电箱中的绝缘底板

由于待安装电度表为单相电子式预付费电度表，为了方便用户插卡操作，需要确保电度表卡槽靠近配电箱箱门的观察窗附近，这里通过比较配电箱深度和电度表厚度，需要适当增加底板厚度，一般可在底板上加装木条，如图 22-9 所示。

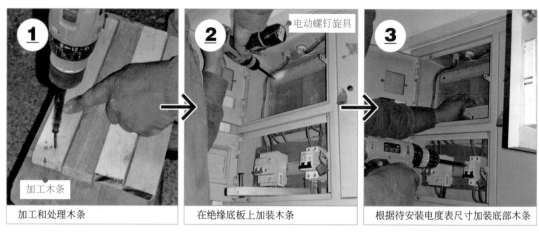

1 加工和处理木条	**2** 在绝缘底板上加装木条	**3** 根据待安装电度表尺寸加装底部木条

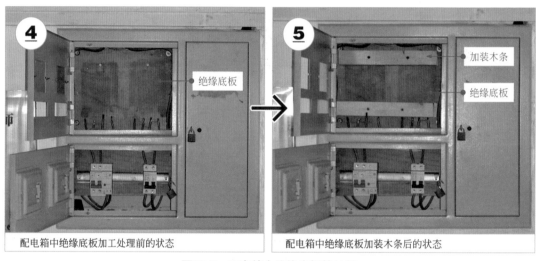

4 配电箱中绝缘底板加工处理前的状态	**5** 配电箱中绝缘底板加装木条后的状态

图22-9 配电箱中绝缘底板的处理

② 电度表的安装 配电箱中绝缘底板处理完成后，将电度表放到绝缘底板上，关闭配电箱箱门，确定电度表插卡槽位置可方便插拔电卡后，固定电度表，如图 22-10 所示。

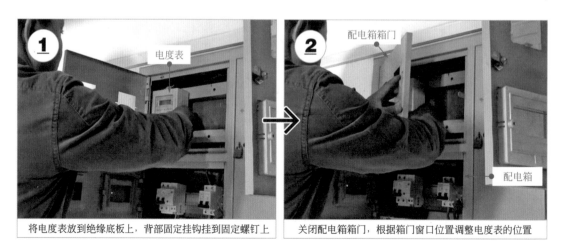

1 将电度表放到绝缘底板上，背部固定挂钩挂到固定螺钉上	**2** 关闭配电箱箱门，根据箱门窗口位置调整电度表的位置

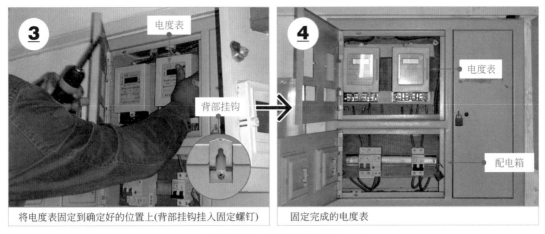

将电度表固定到确定好的位置上(背部挂钩挂入固定螺钉)　固定完成的电度表

图22-10　电度表的安装

③ 电度表的接线　电度表固定好后，接下来需要将电度表与用户总断路器连接。按照"1、3 进线，2、4 出线"的接线原则，将电度表第 1、3 接线端子分别连接入户线的相线和零线；将第 2、4 接线端子分别连接总断路器的相线和零线，如图 22-11 所示。

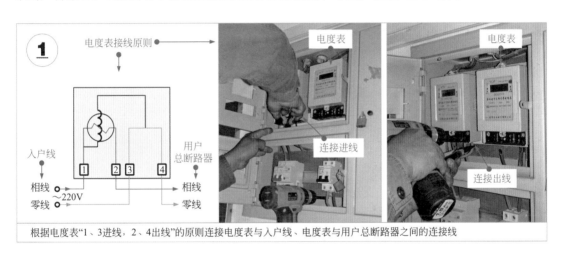

根据电度表"1、3进线，2、4出线"的原则连接电度表与入户线、电度表与用户总断路器之间的连接线

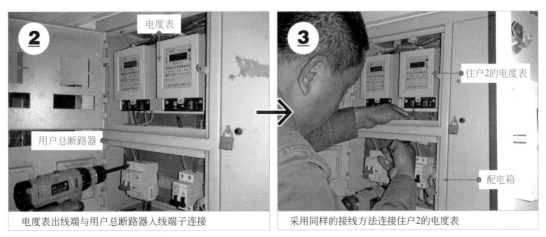

电度表出线端与用户总断路器入线端子连接　采用同样的接线方法连接住户2的电度表

图22-11

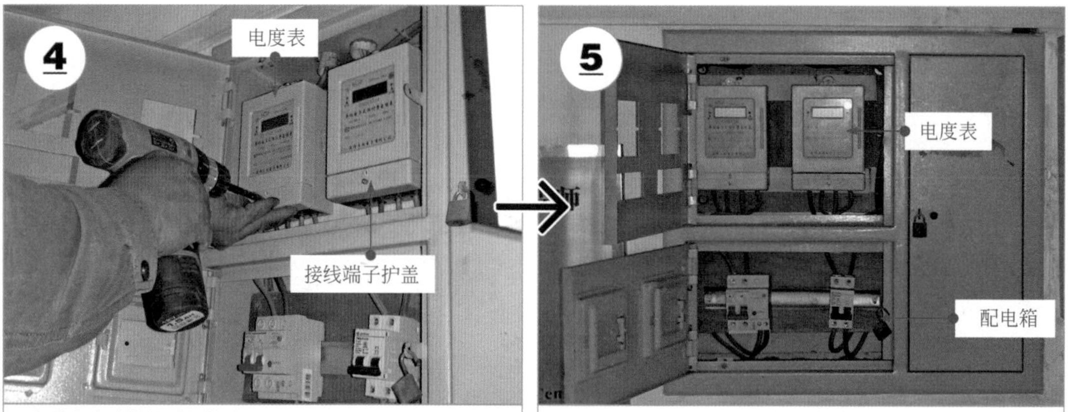

安装电度表接线端子护盖　　接线完成的电度表

图22-11　电度表的接线

接线完成后，检查接线位置确保接线无误，检查电度表固定牢固可靠，关闭配电箱箱门，在符合安全送电的前提下，送电检查电度表工作状态是否正常，至此，电度表安装完成，如图 22-12 所示。

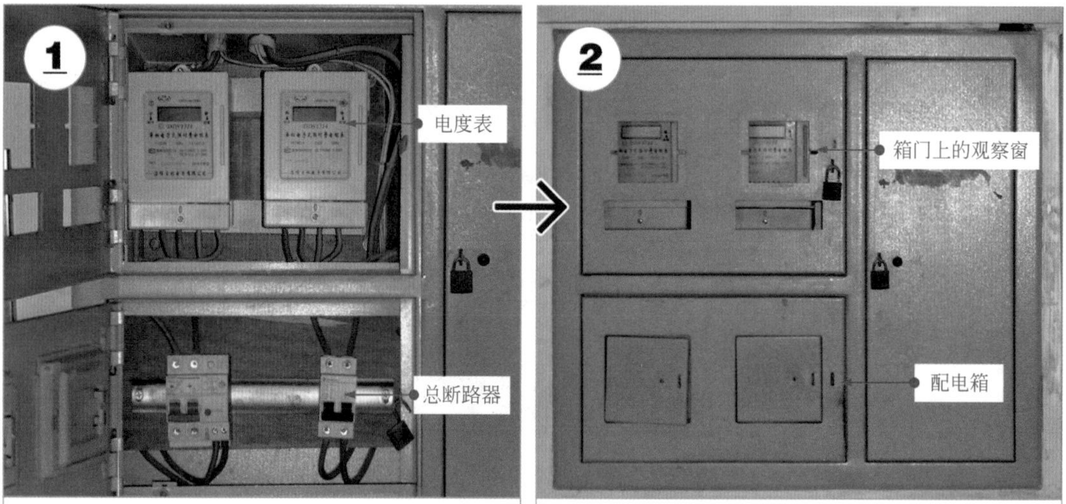

检查接线位置确保接线无误，检查电度表固定牢固可靠　　关闭配电箱箱门，检查电度表工作状态是否正常，至此电度表安装完成

图22-12　电度表安装后的检查和送电检验

【提示说明】

在配电箱的安装连接过程中应注意以下几点。

① 将电度表的输入相线和零线与楼道的相线和零线接线端连接。连接时，将接线端上的固定螺钉拧松，再将相线、零线、接地线的线头弯成 U 形，连接到相应的接线端上，拧紧螺钉。

② 配电箱与进户线接线柱连接时应先连接地线和零线，再连接相线。同时应注意，在线路连接时，不要触及接线柱的触片及导线的裸露处，避免触电。

③ 将进户线送入的或建筑物设定的供配电专用接地线固定在配电箱的外壳上。

22.1.3　配电箱的测试

使用配电箱前，要对配电箱进行测试，若配电箱不符合使用要求（即出现故障），则需重新安装配电箱或更换损坏的元件。对配电箱进行检测可使用钳形表检测。这里以单相电度表的配电箱为例进行检测。

首先将钳形表的量程调至 ACA 1000A 挡，并保持按钮 HOLD 处于放松状态，便于在测量时对该按钮进行操作。

对钳形表进行调整完后，对配电箱的电流进行测试，如图 22-13 所示。

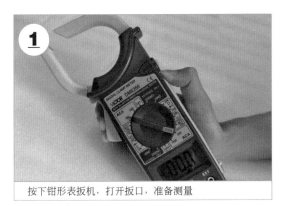

按下钳形表扳机，打开扳口，准备测量　钳住一根待测导线

图22-13　对配电箱的电流进行测试

按下钳形表的扳机并打开钳口，钳住一根待测导线。钳住 2 根或 2 根以上导线为错误操作，无法测量出电流值。

这样就可以读出该配电箱中的电流数值，若操作环境较暗，可通过按下 HOLD 按键进行数据保持。

按下 HOLD 按键并读取测得的数值，如图 22-14 所示。

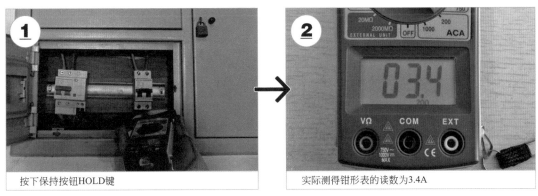

按下保持按钮HOLD键　实际测得钳形表的读数为3.4A

图22-14　按下HOLD按键并读取测得的数值

通过观察，该配电箱中流过的电流为 3.4A，将保持按钮恢复到放松状态，再次检测到配电箱中的电流数值仍为 3.4A，两次测量结果相同，这说明该配电箱中的电流符合要求，该配电箱能够正常使用。

22.2 配电盘的选配与安装技能

22.2.1 配电盘的选配

220V 的交流电进入室外配电箱后接入电度表并对用电量进行计量，通过总断路器对主干供电线路上的电力进行控制，然后将 220V 供电电压送入室内配电盘中，分成各支路经断路器后，传送到各个家用电器中。

配电箱将单相交流电引入家庭住户以后，需要经过配电盘的分配从而使室内用电量更加合理、用户使用更加方便、后期维护更加方便，因此在进行配电盘的安装前，需要对配电盘设备进行选购，图 22-15 为典型配电盘的基本结构。配电盘主要是由各种功能的断路器组成的，在选购配电盘的时候，除了用于传输电力的配件使用金属材质以外，其他配件一般为绝缘材质。

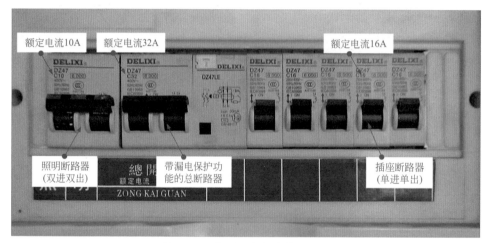

图22-15　典型配电盘的基本结构

（1）断路器的选配

在选购配电盘内的断路器时，总断路器需要选择双进双出断路器；厨房和卫生间等地，最好选择带有漏电保护功能的双进双出的空气开关作为支路断路器；但是照明支路、插座和空调器支路选择单进单出的断路器即可，图 22-16 为配电盘内断路器的选配示意图。

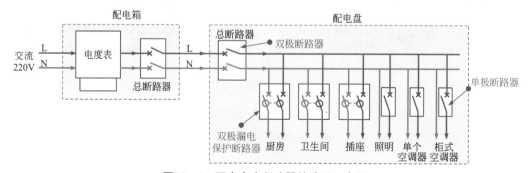

图22-16　配电盘内断路器的选配示意图

【提示说明】

支路断路器的额定电流应选择大于该支路中所有可能会同时使用的家用电器的总的电流值。并且配电盘中设计几个支路，配电盘上就应该有几个控制支路的断路器，也有的配电盘上除了支路断路器以外，还带有一个总断路器。配电盘中的总断路器与配电箱中的总断路器的功能是一样的。

（2）断路器的选购要求

在家装配电盘中，本着安全的原则，总断路器应选择额定电流为 50A 的双极断路器；厨房用电量较大，且环境比较潮湿，易发生触电现象，应选择额定电流为 20A 带漏电保护功能的双极断路器；卫生间和插座同样可以选择额定电流为 20A 的带漏电保护功能的双极断路器；照明支路的用电量不大，并且不在住户经常触摸得到的地方，可以选择额定电流为 16A 的单极断路器；空调器功率较大，因此应选择额定电流为 20A 或 25A 的单极断路器。

22.2.2　配电盘的安装

安装配电盘首先需要明确其基本安装规范，然后按照安装流程，先将配电盘整体安装在对应的槽内（采用嵌入式安装），再安装对应的支路断路器，最后将配电箱送来的线缆与配电盘中的断路器连接，完成配电盘的安装。

（1）配电盘外壳的安装

如图 22-17 所示，将室外线缆送到室内配电盘处，将配电盘外壳放置到预先设计好的安装槽中固定。

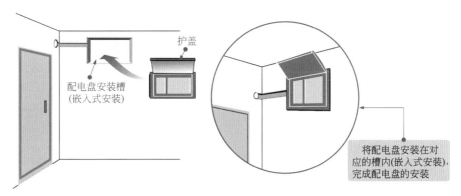

图22-17　配电盘外壳的安装

（2）配电盘内断路器的安装

如图 22-18 所示，配电盘内集中安装室内总断路器和各支路断路器，需要将选配好的断路器固定在配电盘箱体内。

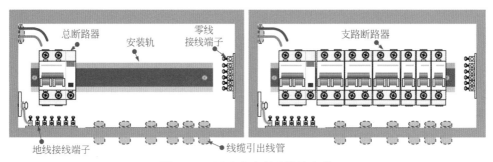

图22-18 配电盘内断路器的安装

（3）配电盘内的接线操作

如图 22-19 所示，断路器固定完成后，将引入的线缆与断路器连接，并选择合适规格的供电线缆从断路器出线端引出，最后引出接地线，分配到室内各分支线路中。

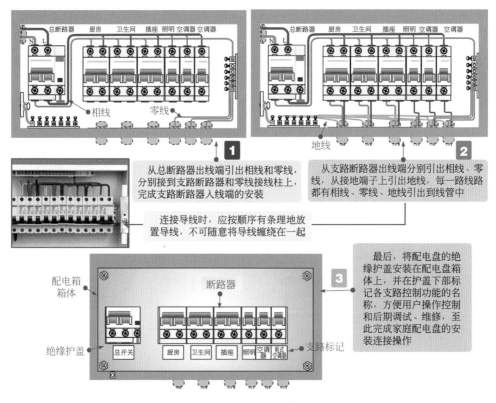

图22-19 配电盘内的接线操作

第 23 章

插座的安装与增设

23.1 室内供电插座的安装与增设

23.1.1 供电插座的安装连接

电源插座的安装是将入户的电线引入接线盒中与电源插座进行连接，并将电源插座固定在接线盒上的安装。电源插座的安装过程可以分为电线的加工、接线盒的加工与安装、电线与电源插座之间的连接、电源插座与接线盒之间固定等环节。

以常见的单相三孔电源插座和单相五孔电源插座为例。

（1）单相三孔电源插座的安装技能

单相三孔插座可分为小功率设备插座和大功率设备插座两种，其安装接线方法基本相同。

小功率供电插座是家庭或办公室中常见的电源插座，这种插座的规格是 250V 10A，台灯、风扇、电脑、音响、电视机的电源都采用这种规格。对其进行安装首先要选择合适的插座类型和连接线，了解供电插座的安装要求，小功率供电插座对安装位置有一定要求，距地面高度不应小于 0.3m，如图 23-1 所示。

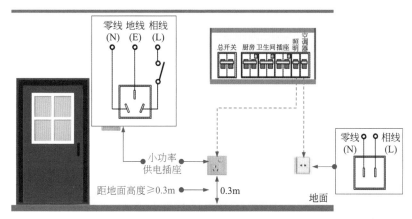

图23-1 小功率供电插座的安装要求

大功率供电插座基本上应用在空调器中，对空调器所用的大功率插座安装时，同样需要注意其安装高度，距地面高度一般为1.8m，图23-2为大功率供电插座安装位置示意图。通常壁挂式空调器的电源插座，其规格为250V 16A。而柜式空调器的电源插座则需要250V 40A，这种通常需要专用的供电方式。

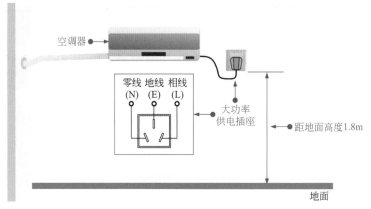

图23-2　大功率供电插座安装位置示意图

下面以大功率设备单相三孔插座的安装为例进行介绍。

① 安装接线盒　首先，将接线盒嵌入到墙体的开槽中，放置好后，按图23-3所示，将导线通过线管穿入接线盒中，使用剥线钳将预留出的导线进行剥线操作，将预留导线端子的绝缘皮剥除。

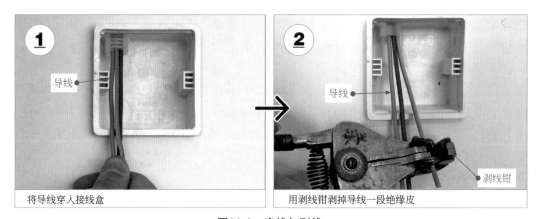

图23-3　穿线与剥线

【提示说明】

　　电源导线必须使用铜芯线。如果是旧房子，一定要把原来的铝线换成铜线。因为铝线极易氧化，接头处容易打相。另外，很多家庭为了美观，会采用开槽埋线、暗管敷设的方式。在布线时一定要遵循"相线进开关，零线进灯头"的原则。

② 连接导线　将预留出的相线（红色）连接端子插入插座的相线插孔中，再拧紧插座相线插孔处的螺钉，固定相线；将零线（蓝色）连接端子穿入插座零线插孔中，再拧紧插座零线插孔处的螺钉，固定零线，如图23-4所示。

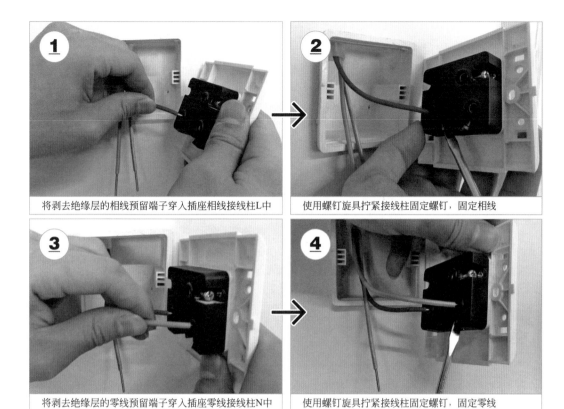

图23-4 连接相线（红色）和零线（蓝色）

最后再将地线（黄绿色）插入插座的地线插孔中，并进行固定，如图 23-5 所示。

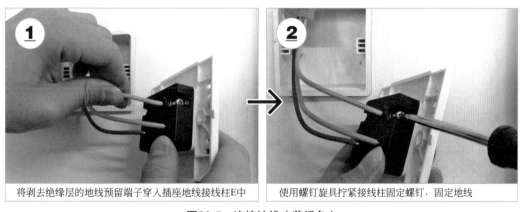

图23-5 连接地线（黄绿色）

【相关资料】

　　一般情况下，相线用红色、黄色和绿色导线，零线用蓝色导线，地线用黄绿色或黑色导线。导线颜色的区分是为了用来区分相线和零线，安装时不要接错，应符合左零右火的规则，即红色相线接标有 L 标识的插孔，蓝色零线接标有 N 标识的插孔，黄绿色接地线接标有 E 标识的插孔。

③ 安装插座外壳　插座导线连接并检查完成后，盘绕多余的导线，并将插座放置到接线盒的位置，拧紧固定螺钉固定插座，再将插座护盖安装到插座上，如图23-6所示，至此，单相三孔插座便安装完成。

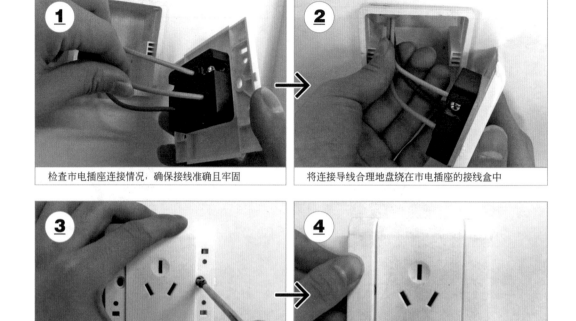

① 检查市电插座连接情况，确保接线准确且牢固

② 将连接导线合理地盘绕在市电插座的接线盒中

③ 将螺钉放入插座与接线盒的固定孔中拧紧，固定插座面板

④ 将插座护板安装到插座面板上，完成市电插座的安装

图23-6　安装插座外壳

（2）单相五孔电源插座的安装技能

单相五孔电源插座是两孔电源插座和三孔电源插座的组合。面板上面为平行设置的两个孔，用于为采用两孔插头电源线的电气设备供电；下面为一个三孔电源插座，用于为采用三孔插头电源线的电气设备供电。图23-7为单相五孔电源插座的功能和连接关系示意图。

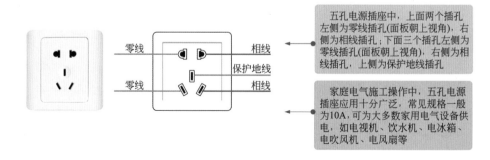

五孔电源插座中，上面两个插孔左侧为零线插孔（面板朝上视角），右侧为相线插孔；下面三个插孔左侧为零线插孔（面板朝上视角），右侧为相线插孔，上侧为保护地线插孔

家庭电气施工操作中，五孔电源插座应用十分广泛，常见规格一般为10A，可为大多数家用电气设备供电，如电视机、饮水机、电冰箱、电吹风机、电风扇等

零线　　相线
　　保护地线
零线　　相线

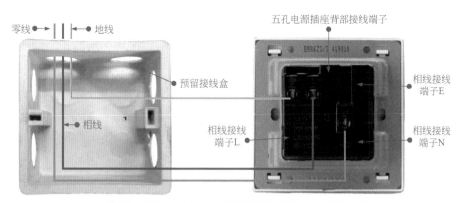

图23-7　单相五孔电源插座的功能和连接关系示意图

【提示说明】

　　目前，单相五孔电源插座面板侧为五个插孔，但背面接线端子侧多为三个插孔，这是因为电源插座生产厂家在生产时已经将五个插座进行相应连接，即两孔中的零线与三孔的零线连接，两孔的相线与三孔的相线连接，只引出三个接线端子即可，如图 23-8 所示。对于未在内部连接的五孔电源插座，实际接线时需要先分别连接后，再与电源供电预留导线连接，注意不能接错。

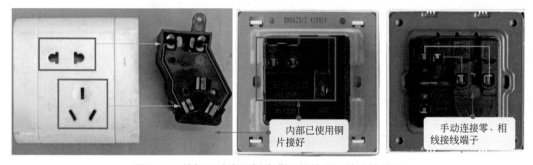

图23-8　单相五孔电源插座背面接线端子的连接关系

　　① 连接导线　如图 23-9 所示，首先区分待安装五孔电源插座接线端子的类型，确保供电线路在断电状态下，将预留接线盒中的相线、零线、保护地线连接到五孔电源插座相应标识的接线端子（L、N、E）内，并用螺钉旋具拧紧固定螺钉。

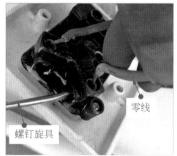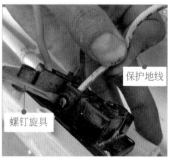

图23-9　五孔电源插座导线的连接

　　② 安装和固定插座　如图 23-10 所示，检查导线与接线端子之间的连接是否牢固，若

有松动，必须重新连接。将接线盒内多余连接线盘绕在线盒内，将五孔电源插座推入接线盒中。借助螺钉旋具将固定螺钉拧入插座固定孔内，使插座与接线盒固定牢固，安装好插座固定螺钉挡片（有些为护板防护需安装护板），安装完成。

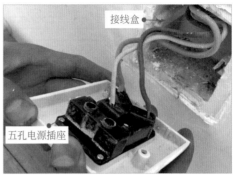

图23-10　安装和固定插座

23.1.2　供电插座的增设

通常，家庭生活中都会在室内不同位置安装供电插座，以方便使用，而且一些改造或二次装修的用户，常常也会提出改装或增设插座的要求。因此对供电插座的增设已成为家庭装修中必要的装修环节之一。

目前，根据实际施工情况，供电插座的增设可划分为增设1个供电插座和增设N个供电插座两种。

图23-11为增设1个供电插座的增设施工图。

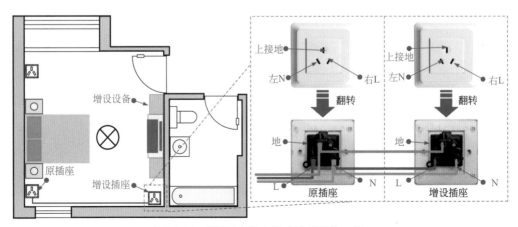

图23-11　增设1个供电插座的增设施工图

根据增设施工图，可采用通过 1 个原有供电插座增设 1 个新的供电插座的方法进行施工。通过原插座增设 1 个新的供电插座的操作见图 23-12。

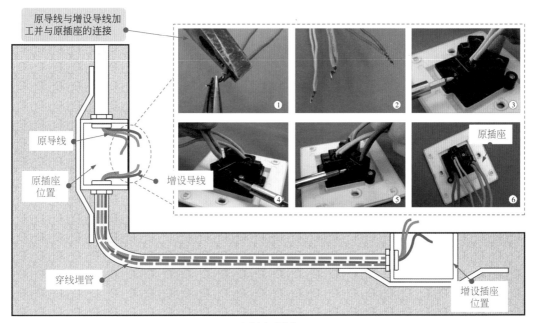

(a) 原插座处的加工

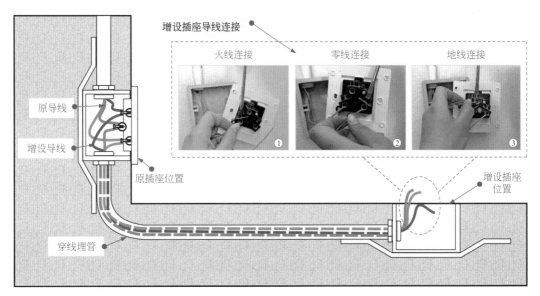

(b) 增设插座处的加工

图23-12　通过原插座增设1个新的供电插座的操作

在原插座位置上进行穿线埋管操作，将增设导线引到增设插座位置处。在原插座处将原导线与增设导线进行扭接，并与原插座接线柱连接。在增设插座处，将增设导线与增设插座的接线柱连接。

23.2　室内网络插座的安装与增设

在家庭装修中，网络插座的安装和增设已经成为水暖电工必备的技能。对于网络插座的安装，大体可以分为网线的加工连接和网络插座的安装与加工两部分内容。

23.2.1　网线的加工连接

当需要使用网络时，通常会需要网络传输线（双绞线）作为媒介进行信号传输。网络传输线（双绞线）的制作流程可以分为网络传输线（双绞线）的加工处理、网络传输线接头（RJ-45 接通）安装以及网络传输线（双绞线）测试这三部分。

（1）网络传输线（双绞线）的加工处理

在对网络传输线（双绞线）进行加工时，需要使用剥线钳将网络传输线（双绞线）两端距端头 2cm 处的绝缘层剥落，如图 23-13 所示。

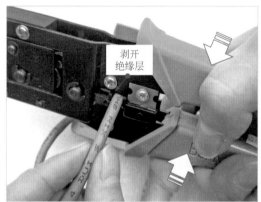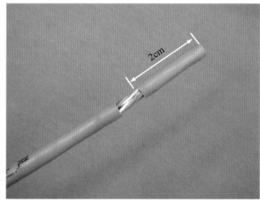

图23-13　网络传输线（双绞线）的加工

当网络传输线（双绞线）的外绝缘层剥落后，按照 T568B 的线序排列，将双线的 4 对线芯按照白橙、橙、白绿、蓝、白蓝、绿、白棕、棕的颜色顺序进行排列，并将每根线芯拉直排列整齐，如图 23-14 所示。

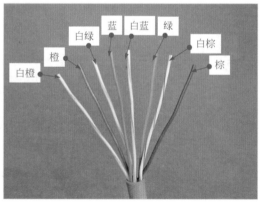

图23-14　网络传输线（双绞线）线芯的排列

网络传输线（双绞线）线芯的排列顺序可以分为 T568A、T568B 这两种，可以按照需要的顺序进行连接，如图 23-15 所示。

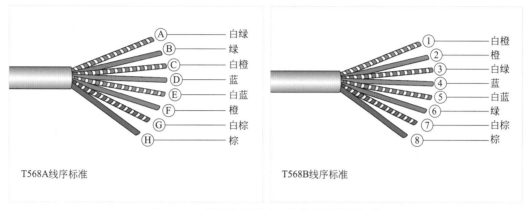

图23-15　网络传输线（双绞线）的线序标准

将按照顺序排列好的网络传输线（双绞线）放入网线的切刀口出，将所有线的头部切割为一条直线，切割后，确保 8 根线的长度不要过长或过短，长度为 1cm 左右，这样便于与水晶头进行连接，不会导致连接后剩余过多的线，也确保线的长度足够触到水晶头的根部，如图 23-16 所示。

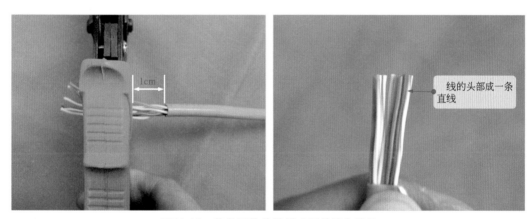

图23-16　修剪网络传输线（双绞线）线芯

（2）网络传输线接头（RJ-45 接通）安装

当网络传输线（双绞线）加工好以后，将其对准水晶头的插孔插入。确定双绞线的线头不要与水晶头脱离或松动，将水晶头放到压线钳的专用压线槽中，用力压下压线钳的手柄，使水晶头压紧网络传输线（双绞线）的线芯，还应当再次检查确保水晶头内部的压线铜片与双绞线的线芯接触良好，如图 23-17 所示。

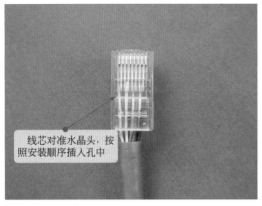

线芯对准水晶头，按照安装顺序插入孔中

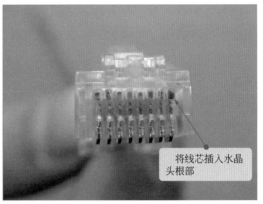

将线芯插入水晶头根部

(a) 将线芯对位插入水晶头

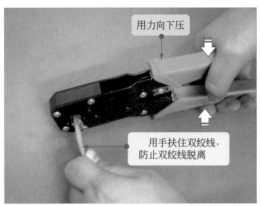

用力向下压

用手扶住双绞线，防止双绞线脱离

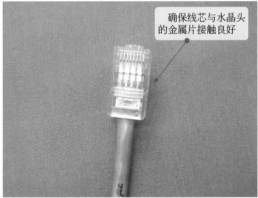

确保线芯与水晶头的金属片接触良好

(b) 使用压线钳压紧水晶头

图23-17 网络传输线接头的安装

【相关资料】

在家中大多使用百兆网线，而现在一些有条件的家庭中也开始采用千兆网线，千兆网线与百兆网线安装水晶头有很大的不同，不再是采用一一对应的方式进行连接，千兆网线水晶头及其连接方式如图23-18所示。

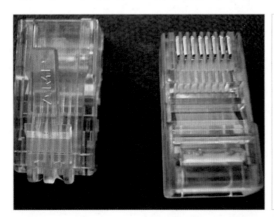

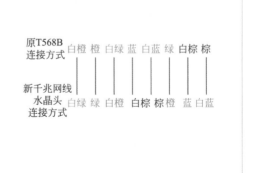

原T568B连接方式　白橙 橙 白绿 蓝 白蓝 绿 白棕 棕

新千兆网线水晶头连接方式　白绿 绿 白橙 白棕 棕 橙 蓝 白蓝

图23-18 千兆网线水晶头及其连接方式

（3）网络传输线（双绞线）测试

当网络传输线（双绞线）两端的水晶头制作完成后，应当使用专用的网络电缆测试仪进行测试，将网络传输线（双绞线）的两端分别插入网络电缆测试仪的测试接口上，然后将测试仪的开关打开，测试仪的指示灯显示出双绞线两端的连接状况，当指示灯同步亮起时，说明网络传输线（双绞线）连接完好，如图 23-19 所示。

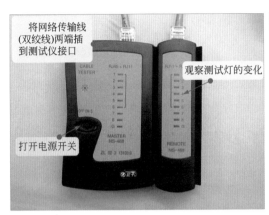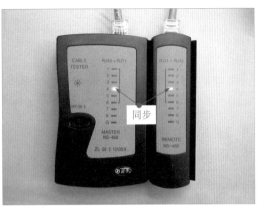

图23-19　网络传输线（双绞线）测试

23.2.2　网络插座的安装与加工

如图 23-20 所示，入户的网络线路需要安装网络插座，用户将网络传输线（双绞线）的一端连接网络插座，另一端插头插接在上网设备的网络端口上，即可实现网络功能。

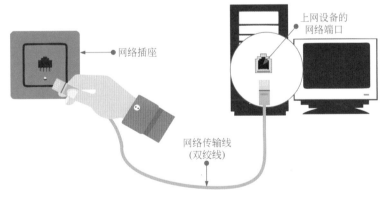

图23-20　网络连接示意图

网络插座又称网络信息模块，在入户线盒安装完成后，将在用户墙体上预留的接线盒处安装网络信息模块，该网络信息模块是网络通信系统与用户计算机连接的端口，图 23-21 为常见的网络信息模块。

规范安装网络插座可分为接线盒中预留网络接线端子的加工处理和网络信息模块的安装连接两个操作环节。

（1）接线盒中预留网络接线端子的加工处理

① 对网络传输线（双绞线）内部的线芯进行处理　使用剥线钳，在距离接口处 2 cm 的地方，剥去安装槽内预留网线的绝缘层，再使用剥线钳将网络传输线（双绞线）内的线

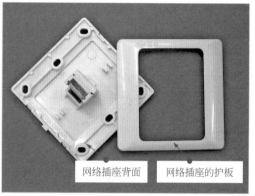

图23-21　常见的网络信息模块

芯剪切整齐，并将其按照网络信息模块上压线板上标识的线序进行排列，便于与网络信息模块的连接，如图 23-22 所示。

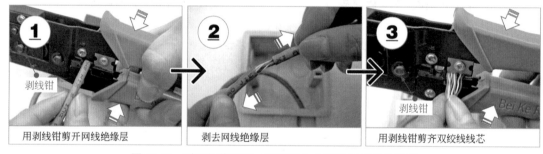

图23-22　对网络传输线（双绞线）内部的线芯进行处理

② 将网络传输线（双绞线）穿过网络信息模块压线板的两层线槽　用手将网络信息模块上的压线板取下，将网络传输线（双绞线）穿过网络信息模块压线板的两层线槽，图 23-23 所示的网络接头采用了 T568A 标准线序。

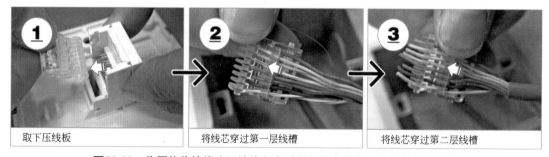

图23-23　将网络传输线（双绞线）穿过网络信息模块压线板的两层线槽

【相关资料】

　　T568A 和 T568B 是网络接头（水晶头）的两个制作标准，如图 23-24 所示。在连接相同设备时采用 T568B 标准线序，称为直通法；连接不同设备时采用 T568A 标准线序，称为交叉法。

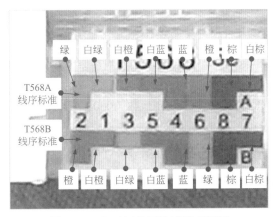

图23-24　T568A和T568B线序标准

（2）网络信息模块的安装连接

接线盒中预留网线的接线端子加工完成后，便可对其网络信息模块进行安装连接了，连接时应保证预留网线接线端子上的压线板与网络信息模块安装牢固。

① 将网络传输线（双绞线）与网络信息模块进行连接　将采用 T568A 标准线序的网络接头放入网络信息模块，并使用钳子将压线板压紧，如图 23-25 所示。

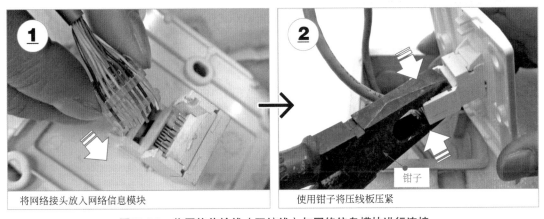

| 将网络接头放入网络信息模块 | 使用钳子将压线板压紧 |

图23-25　将网络传输线（双绞线）与网络信息模块进行连接

② 将网络信息模块固定在墙上　在确认网络传输线（双绞线）连接无误后，将连接好的网络信息模块安装到接线盒上，再将网络信息模块的护板安装固定，如图 23-26 所示。

至此，网络插座的连接操作基本完成了。

23.2.3　网络插座的增设

通常，网络传输线（双绞线）入户后只提供一个网络接口。随着生活品质的提高，人们对生活质量有了更高的要求，许多家庭中已经不仅仅局限于使用一台计算机上网，因此网络插座的增设在目前家庭装修中非常普遍。

增设网络插座，可通过小型网络交换机实现。图 23-27 为小型网络交换机的实物外形。它可以将一组网络信号分成两组或多组进行输出，网络传输线（双绞线）从总线盒接出后，与小型网络交换机进行连接，再通过小型网络交换机分别进行输出。

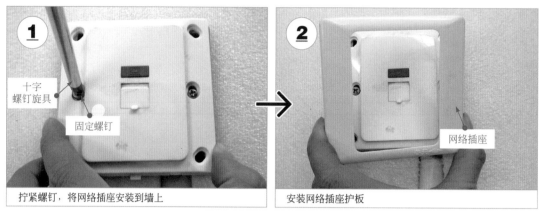

图23-26 将网络信息模块固定在墙上

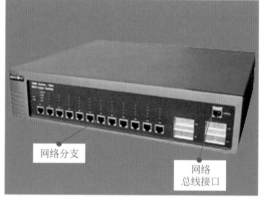

图23-27 小型网络交换机的实物外形

图 23-28 为网络插座增设示意图。增设网络插座时，需要将小型网络交换机与入户网络传输线（双绞线）进行连接，然后，再由小型网络交换机输出新的支路，用于连接网络插座，便于与计算机进行连接。

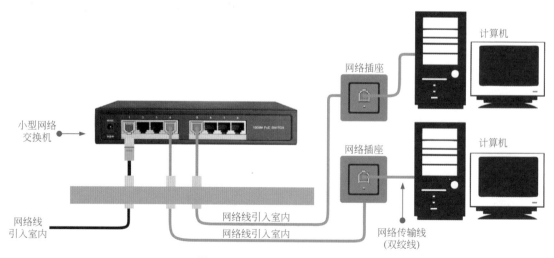

图23-28 网络插座增设示意图

小型网络交换机与入户网络传输线（双绞线）进行连接，具体操作见图23-29。

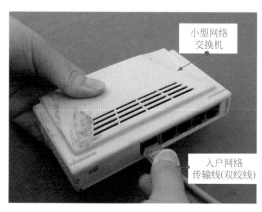
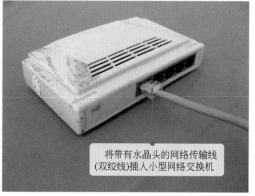

图23-29　小型网络交换机与入户网络传输线（双绞线）进行连接

　　采用网络传输线（双绞线）接头的加工处理方法，将入户网络传输线（双绞线）接头加工处理好后，再与小型网络交换机进行连接。

　　增设的两路网络支路与小型网络交换机进行连接的操作见图 23-30。将两根两端都带有水晶头的网络传输线与小型网络交换机的接口进行连接即可。

　　增设的两路网络支路与接线盒安装连接见图 23-31。将增设的两路网络支路与网络插座进行安装，安装好后，将其安装到墙面的接线盒上，并对其进行固定即可。

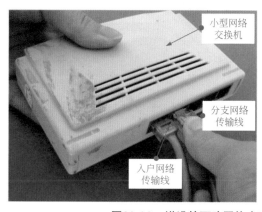
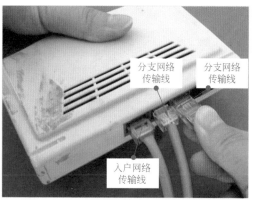

图23-30　增设的两路网络支路与小型网络交换机进行连接

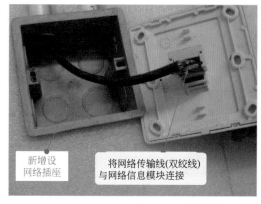

图23-31　增设的两路网络支路与接线盒安装连接

23.3 室内电话插座的安装与增设

在家庭装修中，电话插座的安装和增设已经成为家装电工必备的技能。对于电话插座的安装，大体可以分为电话线的加工连接和电话插座的安装与加工两部分内容。

23.3.1 电话线的加工连接

电话线是家庭装修中常采用的传输介质，其内部由红、绿两根线芯组成。电话线的加工可以划分成电话线接头的加工处理、水晶头的安装和电话线的测试三个操作环节。

（1）电话线接头的加工处理

首先需要对电话线外面的绝缘层进行加工。电话线的加工就是将点环线与水晶头相连接，具体操作方法见图23-32。

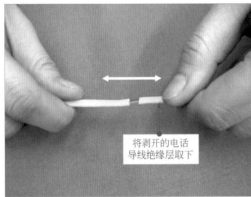
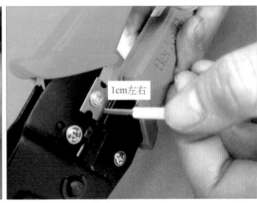

图23-32　电话线的加工

使用压线钳的剥线刀口在电话线端头2cm处轻轻割破电话线的绝缘层，注意不要损伤电话线的线芯，将割断的绝缘层抽出，露出电话线的红、绿2根分支电话线。再将2根分支电话线的末端用压线钳的剪线刀口剪齐，剪线时要确保2根线的长度为1cm左右即可。

（2）水晶头的安装

电话线接头加工处理完毕，开始安装水晶头，具体操作见图23-33。

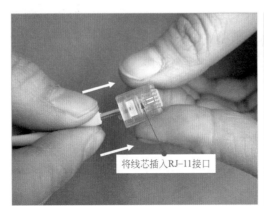
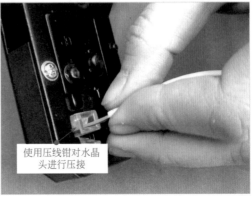

图23-33　水晶头的安装

将已经剪切好的两根线芯放入水晶头内部，将水晶头放到压线钳的压线槽内，同时还要确保电话线的线头不要再次脱离水晶头或松动，确认线头顺序无误后，用力压下压线钳的手柄使水晶头的压线铜片与电话线的线芯接触良好。在电话线与水晶头连接时不区分颜色顺序，但必须确保同一根电话线的两端线序相同。

确定使用电话线的长度后，用同样的方式，对电话线的另一端进行加工。加工后的电话线见图 23-34。

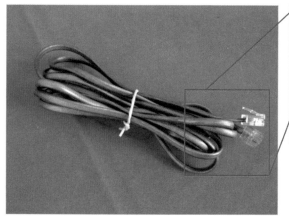
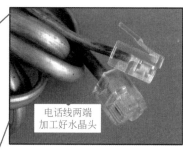

电话线两端
加工好水晶头

图23-34　加工后的电话线

（3）电话线的测试

当电话线的两端都连接好水晶头后，使用专用的网络电缆测试仪对其进行测试，如图23-35 所示。

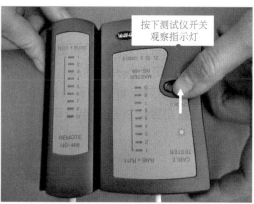

将连接好的电环线插入
网络电缆测试仪的接口中

按下测试仪开关
观察指示灯

图23-35　用网络电缆测试仪测试电话线

在对其进行测试前应当先将测试仪的接口转换为电话线的接口。

测试方法：将连接好的双绞线的两端插到网络电缆测试仪的测试接口上，然后将测试仪的开关打开，测试仪的指示灯显示出双绞线两端的连接状况。如果两端的指示灯同步，则证明双绞线连接完好。

23.3.2　电话插座的安装与加工

入户的电话线路需要安装电话插座，用户将电话线的一端连接在电话插座上，另一端插头连接在电话上，即可接听或拨打电话。

电话插座的安装就是将入户的电话线与电话插座进行连接，以便用户通过电话插座上的电话传输接口（RJ-11 接口）连接电话进行通话。图 23-36 为电话插座（电话信息模块）的实物外形。

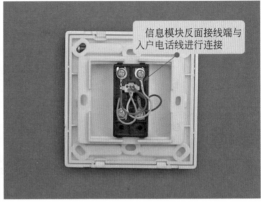

图23-36　电话插座（电话信息模块）的实物外形

电话线与电话插座上接口模块的安装连接可分为电话线的加工处理和电话线与接口模块的连接两个操作环节。

（1）电话线的加工处理

首先对接线盒中的电话线进行处理。剥落电话线的表皮绝缘层，并对内部线芯进行加工，具体操作见图 23-37。

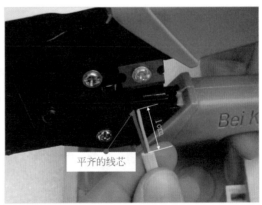

图23-37　剥落电话线的表皮绝缘层并对内部线芯进行加工

入户电话线需要与接线端子进行连接时，需要将其与接线端子片进行连接。在连接之前需使用压线钳对电话线进行加工，并通过接线端子进行连接。加工时，使用压线钳将电话线的绝缘层剥去，将露出的线芯末端用压线钳的剪线刀口剪齐，剪线时要确保 2 根线的长度不要太短也不要太长，长度在 1 cm 左右即可。

当电话线加工完成后，应将其内部线芯与接线端子进行连接，具体操作见图 23-38。

剥线完成后，将线芯穿入接线端子插头内，然后使用尖嘴钳夹紧接线端子的固定爪，包住电话线线芯。为了将接线端子与电话线线芯固定牢固，可以使用钳子的尾段进行固定，加紧固定爪，然后再使用同样的方法，在另一个线芯上也连接上接线端子片。

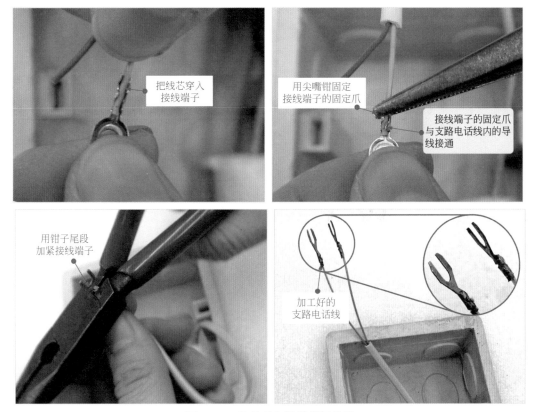

图23-38　将线芯与接线端子连接

（2）电话线与接口模块的连接

打开电话线信息模块，并将需要连接的端子上的螺钉拧下，具体操作见图 23-39。

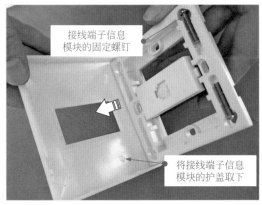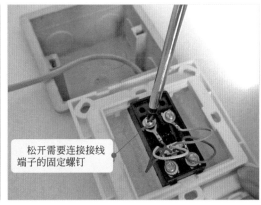

图23-39　打开电话线信息模块，并将需要连接的端子上的螺钉拧下

将电话线信息模块的面板打开，即可看到其固定的螺钉，将螺钉取下。在电话线信息模块的反面有 4 个连接端子，使用螺钉旋具将需要连接电话线端子接口处的螺钉拧开。

分别将红色导线和绿色导线连接到相同颜色的接线端子上，具体操作见图 23-40。

在对接线端子进行连接时，应按照接线端子的颜色分别连接相应颜色的入户电话线。由于入户电话线为红色与绿色，所以可以分别对其进行连接。分别将支路电话线红色线芯的接线端子插入信息模块红色引线的螺钉下面，绿色线芯连接到绿色端子上。

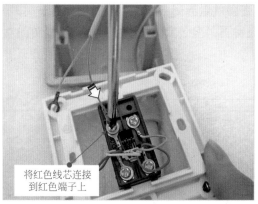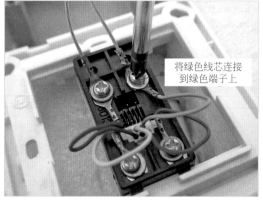

图23-40 将线芯连接到接线端子上

将已连接好的电话线信息模块安装到墙面的电话插座上，具体操作见图 23-41。

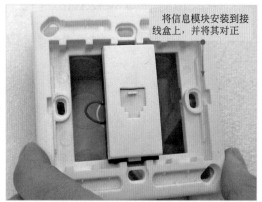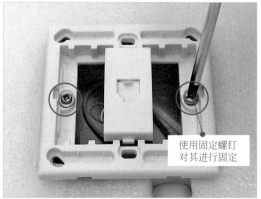

图23-41 将信息模块固定在墙上

确认电话线连接无误后，将连接好的电话线信息模块放到模块接线盒上，选择合适的螺钉将带有电话线的信息模块面板固定。

安装面板并插入电话测试接线模块，具体操作见图 23-42。

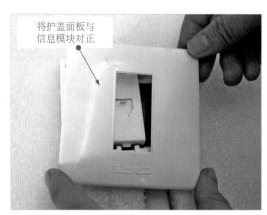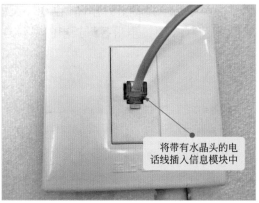

图23-42 安装面板并插入电话测试接线模块

固定好电话信息模块后，将护盖安装到模块上，即完成有电话信息模块的安装，最后将带有水晶头的电话线插到电话信息模块中即可进行工作。

23.3.3 电话插座的增设

通常，电话线系统入户后只提供一个电话线端口。随着生活品质的提高，人们对生活质量有了更高的要求，许多家庭已经不局限于一台电话，因此电话插座的增设在目前家庭装修中非常普遍。

通常，可以通过电话分线盒，将入户的电话线分为两个端口进行输出，以满足连接两个电话支路的需求。

电话分线盒的实物外形见图 23-43。

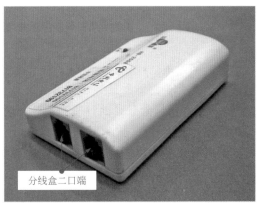

图23-43 电话分线盒的实物外形

电话分线盒的主要功能是将一路电话信号分为两路进行输出。电话分线盒的一端连接入户电话线，另一端分为两个接口输出两路电话支路，用来连接两个电话。

电话插座增设示意见图 23-44。

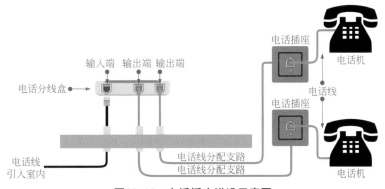

图23-44 电话插座增设示意图

增设电话插座时，需要将电话分线盒的输入端口与入户的电话线相连，然后，即可从电话分线盒中输出端连接电话支路。

选用的电话分线盒不同，所增设的电话支路也会不同，因此，在增设之前先要根据实际需求选择适当的电话分线盒。

电话分线盒与入户电话线水晶接头的连接操作见图 23-45。

使用电话线接头的加工处理方法，对入户电话接头加工处理为水晶接头后，将其与电话分线盒的输入接口进行连接。

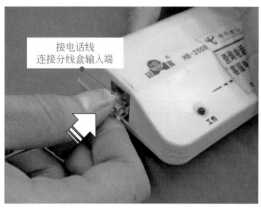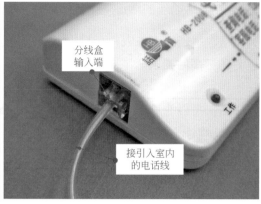

图23-45　电话分线盒与入户电话线水晶接头的连接

增设的两路电话线支路与电话分线盒的连接操作见图 23-46。

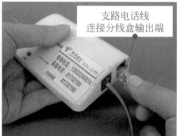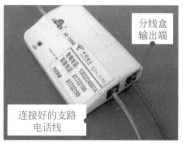

图23-46　增设的两路电话线支路与电话分线盒的连接

同样方法，将两路电话线支路的电话线接头与电话分线盒输出口相连。

增设的两路电话支路与接线盒安装连接见图 23-47。

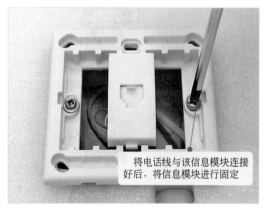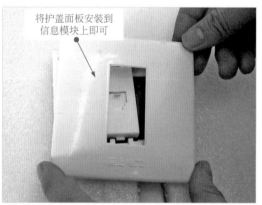

图23-47　增设的两路电话支路与接线盒安装连接

将增设的两路电话支路连接好后，将护盖进行安装，至此安装完成。

23.4　有线电视插座的安装与增设

在家庭装修中，有线电视插座的安装和增设已经成为家装电工必备的技能。对于有线电视插座的安装，大体可以分为有线电视线的加工连接和有线电视插座的安装与加工两部分内容。

23.4.1　有线电视线的加工连接

在家庭装饰装修操作中，有线电视插座的安装已经成为必不可少的部分。有线电视插座又称有线电视接线模块或有线电视终端盒，是有线电视系统与用户电视机连接的端口。入户线盒安装完成后，还需要在预留的接线盒处安装有线电视的接线模块（用户终端接线模块），图 23-48 为常见的有线电视插座。

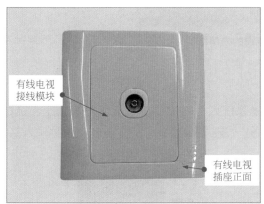
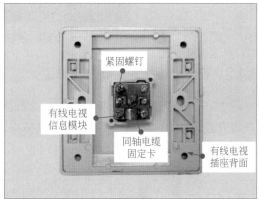

图23-48　常见的有线电视插座

规范安装有线电视插座可分为有线电视线的加工和有线电视线与接口模块的连接，共两个操作环节。

有线电视线常采用同轴电缆，这种电缆具有抗干扰能力强、屏蔽性好、传输数据稳定等特点。

加工时，如图 23-49 所示，剪开塑料绝缘保护层，并将网状屏蔽层向下翻转，然后将同轴电缆的内部绝缘层用剪刀剪断，注意不要损伤铜芯线。

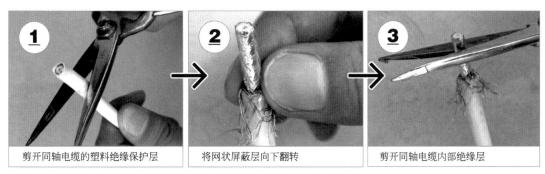

图23-49　有线电视线的加工处理

同轴电缆的内部结构如图 23-50 所示，将同轴电缆的网状屏蔽层向下翻转，是为了避免与铜芯连接在一起发生短路。

图23-50　同轴电缆的内部结构

23.4.2　有线电视插座的安装与加工

图 23-51 为有线电视连接示意图。有线电视系统入户时需要安装有线电视插座，这样，用户将有线电视线的一端连接有线电视插座，另一端插在电视机或机顶盒的信号输入接口上，即可收看有线电视节目。

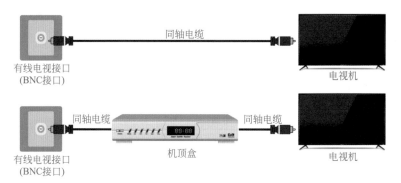

图23-51　有线电视连接示意图

（1）打开有线电视插座护盖并拆下同轴电缆固定卡

将有线电视插座的护盖打开，使用螺钉旋具拧下有线电视插座内部信息模块上固定同轴线缆固定卡的固定螺钉，拆除固定卡，如图 23-52 所示。

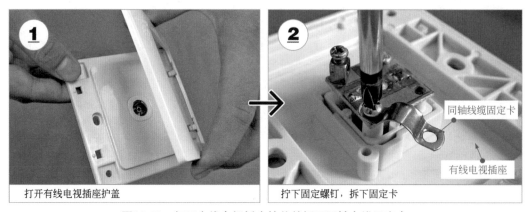

图23-52　打开有线电视插座护盖并拆下同轴电缆固定卡

（2）插入同轴电缆的线芯并将同轴电缆固定在固定卡内

将同轴电缆的线芯插入有线电视插座内部的信息模块接线孔内，拧紧紧固螺钉；将同轴电缆固定在有线电视插座内部信息模块的金属扣内，拧紧固定螺钉，使网状屏蔽层与金属扣相连，如图 23-53 所示。

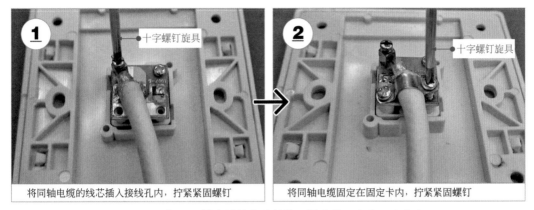

图23-53 插入同轴电缆的线芯并将同轴电缆固定在固定卡内

（3）安装有线电视插座面板

确认同轴电缆连接无误后，将连接好的有线电视插座放到预留接线盒上，在有线电视插座与预留接线盒的固定孔中拧入固定螺钉。然后，如图 23-54 所示，盖上有线电视插座的护板，将有线电视机射频电缆的高频接头（BNC 接头）插入到有线电视插座上，有线电视插座的连接操作基本完成了。

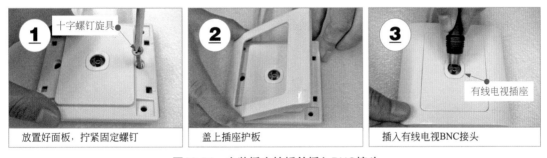

图23-54 安装插座护板并插入BNC接头

23.4.3 有线电视插座的增设

通常，有线电视系统入户后只提供一个有线电视端口。

通过有线电视分配器，将入户的有线电视线分出多个端口，以满足连接多条有线电视支路的需求。

有线电视分配器的实物外形见图 23-55。

双输有线电视分配器可以将一组有线电视信号分成两路进行输出，多输有线电视分配器可以将多组有线电视信号分成多路进行输出。有线电视线从总线盒中分出来，然后与有线电视分配器相连接，再将有线电视的分配器分为多根线分别输出。

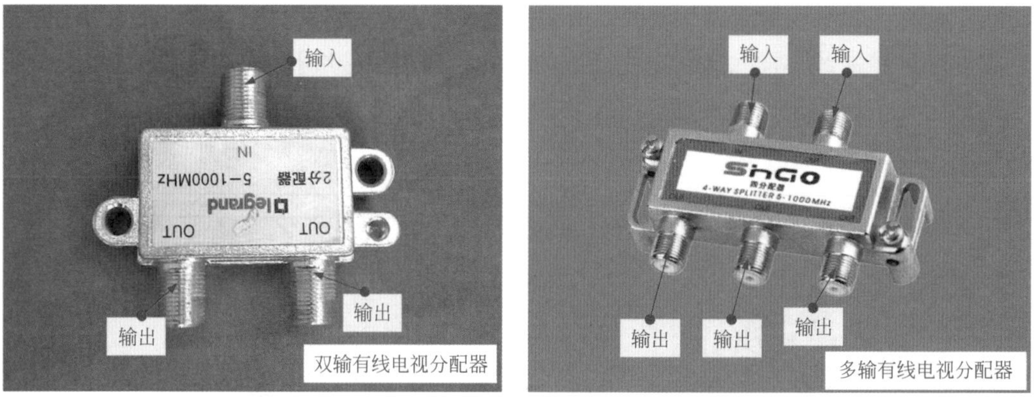

图23-55　有线电视分配器的实物外形

有线电视分配器的主要功能是将 1 路有线电视信号分成多个输出支路。

有线电视插座增设示意图见图 23-56。

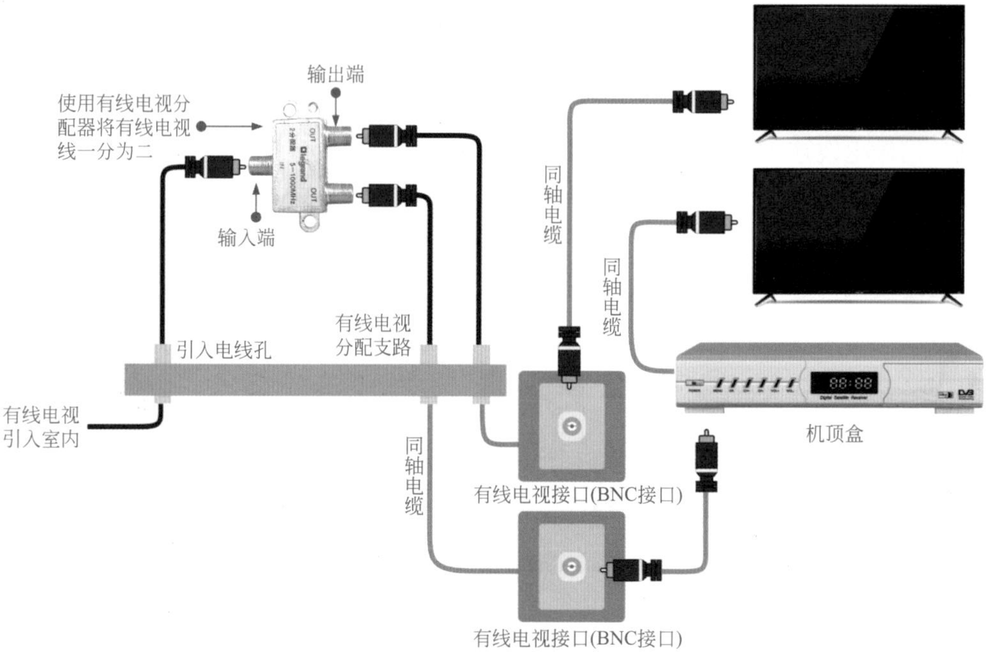

图23-56　有线电视插座增设示意图

增设有线电视插座时，需要将有线电视分配器的输入端口与入户的有线电视接头相连，然后，即可从有线电视分配器的输出端连接有线电视支路。

选用的有线电视分配器不同，所增设的有线电视支路也会不同，因此，在增设之前先要根据实际需求选择适当的有线电视分配器。

有线电视分配器与入户有线电视线接头的连接操作见图 23-57。

对入户有线电视接头加工处理好后，将其与有线电视分配器的输出接口相连，并拧紧螺钉固定。

增设的两路有线电视支路与有线电视分配器的连接操作见图 23-58。

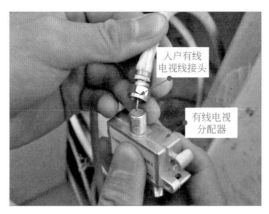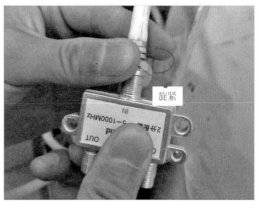

图23-57 有线电视分配器与入户有线电视线接头的连接

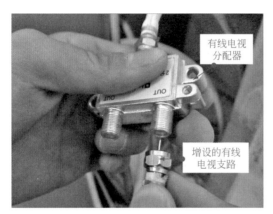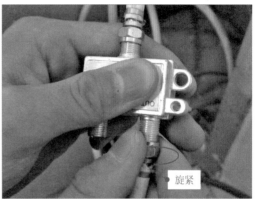

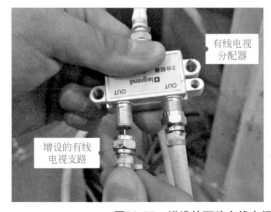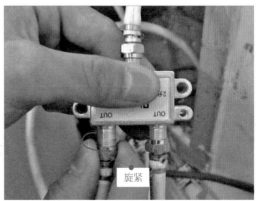

图23-58 增设的两路有线电视支路与有线电视分配器的连接

同样方法,将两路有线电视支路的有线电视接头与有线电视分配器的输出接口相连,并将增设的两路有线电视支路与接线盒进行安装,安装好后,使用螺钉固定。

第 24 章

照明灯具的安装

24.1 日光灯的安装

日光灯是室内照明常用的照明工具，可满足家庭、办公、商场、超市等场所的照明需要，应用范围十分广泛。

（1）日光灯安装前的准备工作

通常日光灯应安装在房间顶部或墙壁上方，日光灯发出的光线可以覆盖房间的各个角落。日光灯的供电线路应遵循最近原则进行开槽、布线，在日光灯的安装位置应预先留下出线孔和足够的线缆。

图 24-1 所示为日光灯安装位置预留的出线孔和线缆。在该图中预留有两条供电线缆，可分别连接不同线路的照明灯。

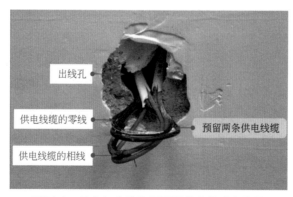

图24-1　日光灯安装位置预留的出线孔和线缆

（2）选择日光灯的安装方式

日光灯有吸顶式、壁挂式和悬吊式三种常规安装方式，三种安装方式除灯架的固定方式有所不同外，常规的装配连接操作都基本相同，其中以吸顶式安装最为普遍。图 24-2 为吸顶式安装的固定方式。

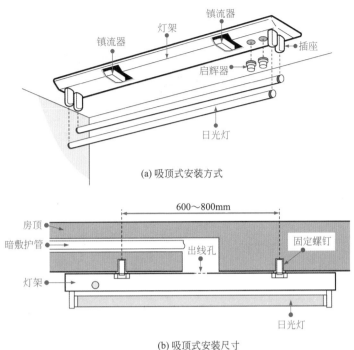

(a) 吸顶式安装方式

(b) 吸顶式安装尺寸

图24-2　吸顶式安装的固定方式

（3）日光灯的安装操作

① 拆下日光灯灯架的外壳　在对日光灯灯架进行安装时，应先使用螺钉旋具将灯架两端的固定螺钉拧下，拆下日光灯灯架的外壳，如图 24-3 所示。

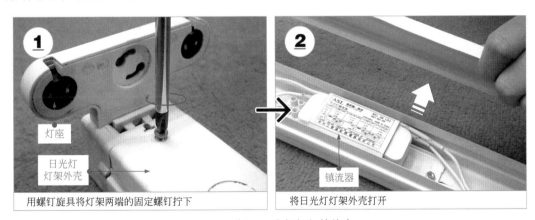

❶	❷
用螺钉旋具将灯架两端的固定螺钉拧下	将日光灯灯架外壳打开

图24-3　拆下日光灯灯架的外壳

② 安装胀管和灯架　将灯架放到房顶预留导线的位置上，用手托住灯架，另一只手用铅笔标注出固定螺钉的安装位置，然后根据标注使用电钻在房顶上钻孔。如图 24-4 所示，钻孔完成后，选择与孔径相匹配的胀管埋入钻孔中，由于所选择的胀管与孔径相同，因此，需要借助榔头将胀管敲入钻孔中。然后用手托住灯架，将其放到安装位置上，将与胀管匹配的固定螺钉拧入房顶的胀管中，灯架便被固定在房顶上了。

③ 连接线缆　将布线时预留的照明支路线缆与灯架内的电线相连。将相线与镇流器连接线进行连接，零线与日光灯灯架连接线进行连接，如图 24-5 所示。

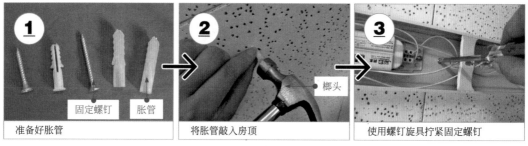

图24-4　安装胀管和灯架

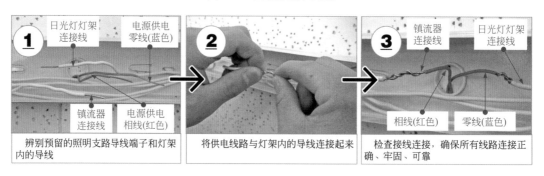

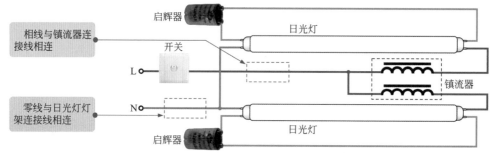

图24-5　连接线缆

【提示说明】

　　在连接照明灯线缆时，注意先将照明支路断路器或总断路器断开，以防出现触电事故。

　　④ 安装灯架外壳和日光灯管　使用绝缘胶带对线缆连接部位进行缠绕包裹，并将其封装在灯架内部，然后将灯架的外壳盖上。如图 24-6 所示，将日光灯灯管两端的电极按照插

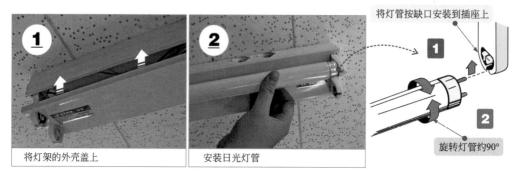

图24-6　安装日光灯

座缺口安装到插座上，然后旋转灯管约 90°，日光灯便安装好了。

　　⑤ 安装启辉器　最后安装启辉器，这里需要根据启辉器座连接口的特点进行安装。如图 24-7 所示，先将启辉器插入，再旋转一定角度，使其两个触点与灯架的接口完全契合。

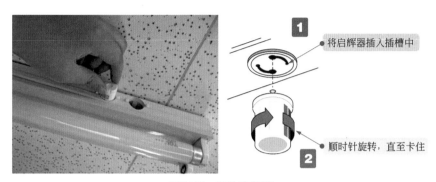

图24-7　安装启辉器

24.2　节能灯的安装

　　节能灯又称为紧凑型荧光灯，它具有节能、环保、耐用等特点，适合安装在家庭、办公室、工厂等长时间照明的场所中。

　　（1）选择节能灯的安装方式

　　节能灯在安装之前，也需要进行开槽、布线等操作，节能灯的安装位置也要留下出线孔和供电线缆。灯座通常可采用矮脚式和悬吊式两种常规安装方式，其中矮脚式是直接将灯座安装在固定面上；而悬吊式则是利用连接引线或其他工具，将灯座悬挂在半空中。图 24-8 为悬吊式安装的固定方式。

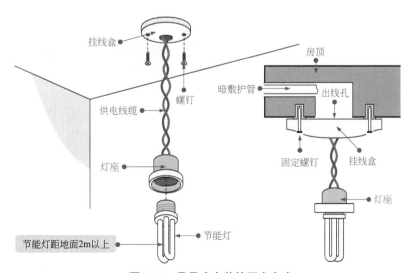

图24-8　悬吊式安装的固定方式

　　（2）节能灯的安装操作

　　① 安装挂线盒　首先将挂线盒盖拧开，将房顶上预留的供电线缆从挂线盒的中间穿

入，将挂线盒安放到房顶，定位、打孔、安装胀管。之后，如图 24-9 所示，将供电线缆从挂线盒的中间穿入，用手托住，用螺钉旋具将固定螺钉拧入胀管中。

| 根据挂线盒的安装尺寸定位、打孔 | 安装胀管 | 安装挂线盒，拧紧固定螺钉 |

图24-9　安装挂线盒

② 连接供电线缆　用一字螺钉旋具将挂线盒的接线柱螺钉拧松，使用尖嘴钳将供电线缆连接部分弯成钩形，将线缆盘绕在接线柱上，并拧紧固定螺钉，如图 24-10 所示。

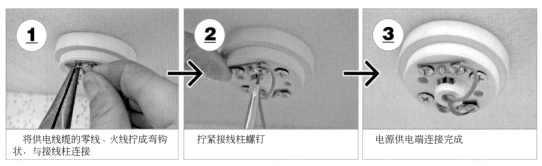

| 将供电线缆的零线、火线拧成弯钩状，与接线柱连接 | 拧紧接线柱螺钉 | 电源供电端连接完成 |

图24-10　连接供电线缆

③ 修剪灯座线缆　使用剥线钳对插座的连接线缆进行剥线操作，然后连接灯座与挂线盒，如图 24-11 所示，将灯座的连接线缆从挂线盒上盖中心孔中穿出。

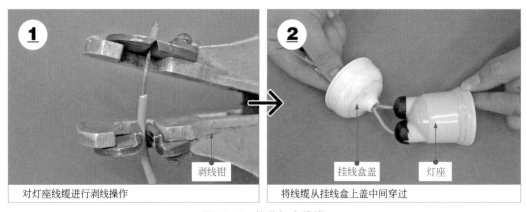

| 对灯座线缆进行剥线操作 | 将线缆从挂线盒上盖中间穿过 |

图24-11　修剪灯座线缆

④ 连接灯座线缆　将灯座的连接线与挂线盒的接线柱进行连接。先将灯座相线连接端的连接线缠绕挂线盒接线柱一圈，再将灯座零线连接端的连接线缠绕挂线盒接线柱一圈，然后将固定螺钉拧紧，如图 24-12 所示。

⑤ 安装节能灯　将挂线盒上盖重新装回挂线盒上，然后将节能灯拧入灯座中，如图 24-13

| ① 缠绕灯座相线连接端的连接线 | ② 缠绕灯座零线连接端的连接线 | ③ 拧紧接线柱螺钉 |

图24-12　连接灯座线缆

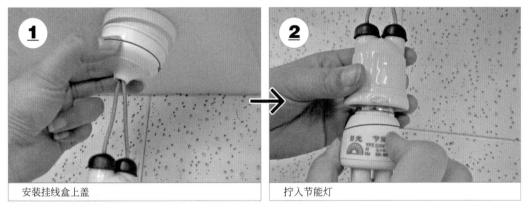

| ① 安装挂线盒上盖 | ② 拧入节能灯 |

图24-13　安装节能灯

所示。在拧入节能灯时，不可以用手握住灯管进行安装，以免造成灯管破裂，划伤人手。

24.3　射灯的安装

　　射灯是一种小型的可以营造照明环境的照明灯，通常安装在室内吊顶四周或家具上部，光线直接照射在需要强调的位置上。在对射灯进行安装时，通常需要先在安装的位置上进行打孔，然后将供电线缆与其进行连接即可。

（1）选择射灯的安装方式

　　安装射灯时，应先根据需要安装射灯的直径确定需要开孔的大小，然后将射灯的供电线缆与预留的供电线缆进行连接，最后将射灯插入天花板中并进行固定，完成射灯的安装。

　　图 24-14 为射灯的安装示意图。

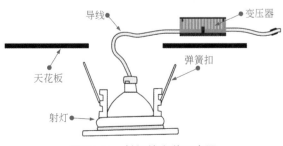

图24-14　射灯的安装示意图

（2）射灯的安装方法

① 确定开孔尺寸　根据射灯的大小，可以确定开孔的直径尺寸，如图24-15所示。

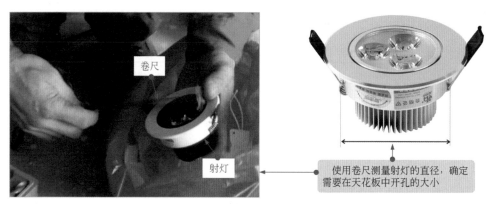

卷尺

射灯

使用卷尺测量射灯的直径，确定
需要在天花板中开孔的大小

图24-15　确定开孔尺寸

② 确定安装位置与打孔接线　根据之前测量的数据，确定射灯安装时需要开孔的直径，并做好对应的标记，然后完成钻孔和接线的操作，如图24-16所示。

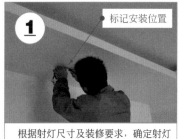

标记安装位置

打孔工具开孔

射灯

连接插件

变压器

根据射灯尺寸及装修要求，确定射灯安装位置和开孔大小，在顶部标记

使用打孔工具，在标记位置打孔。开孔时注意不可过大，以免安装时有缝隙

射灯与变压器之间通常是由连接插件进行连接，连接时，应注意连接牢固

图24-16　确定安装位置与打孔接线

③ 固定射灯　如图24-17所示，将射灯固定到开孔位置，顺好线路，通电调试。

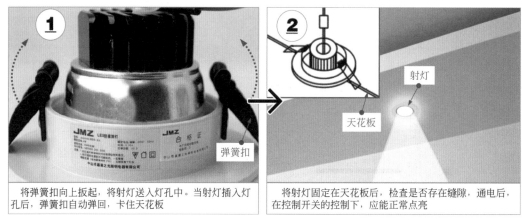

弹簧扣

射灯

天花板

将弹簧扣向上扳起，将射灯送入灯孔中。当射灯插入灯孔后，弹簧扣自动弹回，卡住天花板

将射灯固定在天花板后，检查是否存在缝隙，通电后，在控制开关的控制下，应能正常点亮

图24-17　固定射灯

24.4　吊灯的安装

吊灯是一种垂吊式照明灯具，它将装饰与照明功能二者结合起来。吊灯适合安装于客厅、酒店大厅、大型餐厅等垂直空间较大的场所。在对吊灯进行安装时，可先进行打孔固定，然后连接供电线缆并将吊灯固定在屋顶即可。

（1）吊灯的安装方式

图24-18为吊灯的安装方式示意图。吊灯的下沿端与地面之间的距离应大于2.2m，挂板应直接固定在屋顶上，供电线缆与吊灯引出的线缆连接后，置于吸顶盘中即可。

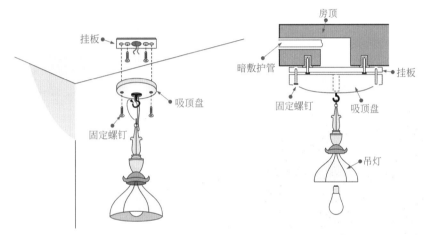

图24-18　吊灯的安装方式示意图

（2）吊灯的安装方法

① 标记安装位置和打孔　在屋顶安装吊灯的位置需要预留出供电线缆，方便与吊灯的供电线缆进行连接。根据吊灯配件确定安装位置，并在标记部位打孔，安装胀管，如图24-19所示。

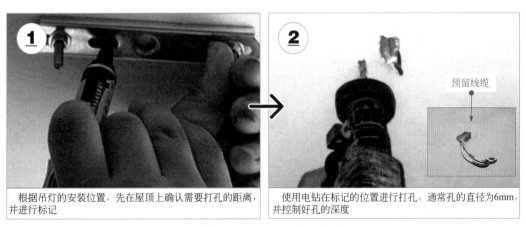

根据吊灯的安装位置，先在屋顶上确认需要打孔的距离，并进行标记

使用电钻在标记的位置进行打孔，通常孔的直径为6mm，并控制好孔的深度

图24-19　标记安装位置和打孔

② 安装吊灯挂板并接线　如图24-20所示，在安装好胀管的位置，固定好挂板，并将吊灯供电线路进行连接，为固定吊灯做好准备。

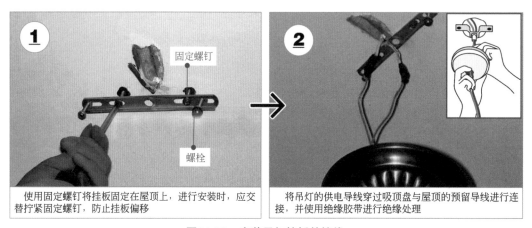

图24-20　安装吊灯挂板并接线

③ 固定吊灯　如图 24-21 所示,将吊灯吸顶盘与挂板固定,并将灯具、灯罩安装到吸顶盘相应位置上,完成安装。

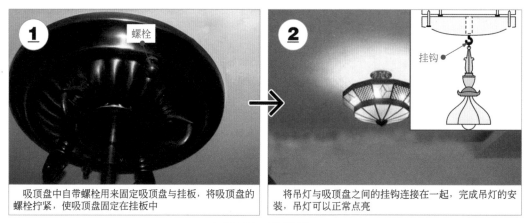

图24-21　固定吊灯

24.5　吸顶灯的安装

吸顶灯是目前家庭照明线路中应用最多的一种照明灯,主要包括底座、灯管和灯罩等,如图 24-22 所示。

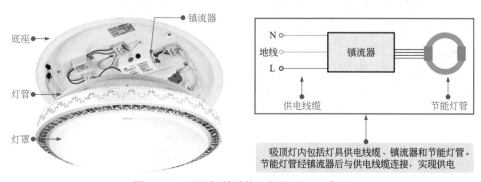

图24-22　吸顶灯的结构和接线关系示意图

吸顶灯的安装与接线操作比较简单，可先将吸顶灯的灯罩、灯管和底座拆开，然后将底座固定在屋顶上，将屋顶预留相线和零线与底座上的连接端子连接，重装灯管和灯罩即可，如图24-23所示。

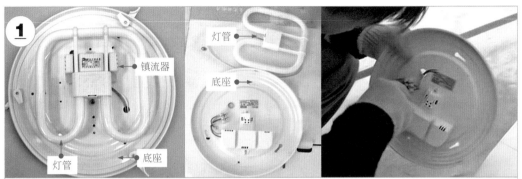

为了防止在安装过程中不小心将灯管打碎，安装吸顶灯前，首先拆卸灯罩，取下灯管(灯管和镇流器之间一般都是通过插头直接连上的，拆装十分方便)

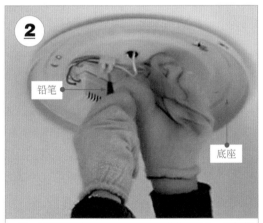

用一只手将底座托住并按在需要安装的位置上，用铅笔画出打孔的位置

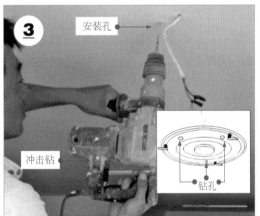

使用冲击钻在画好钻孔的位置打孔(实际的钻孔个数根据灯座的固定孔确定，一般不少于三个)

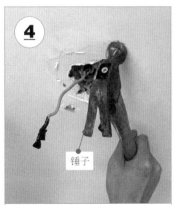

孔位打好之后，将塑料膨胀管按入孔内，使用锤子将塑料膨胀管固定

将预留导线穿过底座与螺钉孔位对好

用螺钉旋具把一个螺钉拧入孔位，不要拧得过紧，检查安装位置并适当调节，确定好后，将其余的螺钉拧好

图24-23

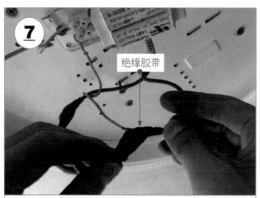

将预留的导线与吸顶灯的供电线缆连接，并使用绝缘胶带缠绕，恢复绝缘性能

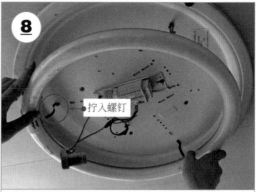

将灯管安装在底座上，并使用固定卡扣将灯管固定在底座上

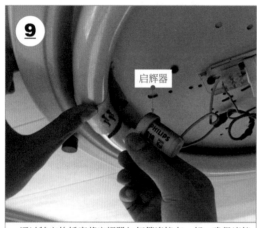

通过特定的插座将启辉器与灯管连接在一起，确保连接紧固

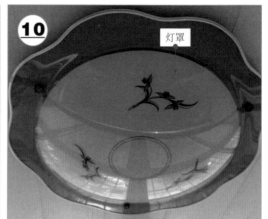

通电检查是否能够点亮(通电时，不要触摸吸顶灯的任何部位)，确认无误后扣紧灯罩，安装完成

图24-23 吸顶灯的安装方法

【提示说明】

吸顶灯在安装施工操作中需注意以下几点。

① 安装时，必须确认电源处于关闭状态。

② 在砖石结构中安装吸顶灯时，应预埋螺栓或用膨胀螺栓、尼龙塞固定，不可使用木楔，承载能力应与吸顶灯的重量相匹配，确保吸顶灯固定牢固、可靠，延长使用寿命。

③ 如果吸顶灯使用螺口灯管安装，则接线还要注意以下两点：相线应接在中心触点的端子上，零线应接在螺纹端子上；灯管的绝缘外壳不应有破损和漏电情况，以防更换灯管时触电。

④ 当采用膨胀螺栓固定时，应按吸顶灯尺寸的技术要求选择螺栓规格，钻孔直径和埋设深度要与螺栓规格相符。

⑤ 安装时，要注意连接的可靠性，连接处必须能够承受相当于吸顶灯4倍重量的悬挂而不变形。

24.6　LED灯的安装

LED灯是指由LED（半导体发光二极管）构成的照明灯具。目前，LED灯是继紧凑型荧光灯（即普通节能灯）后的新一代照明光源。

（1）LED灯的特点和安装方式

LED灯相比普通节能灯具有环保（不含汞）、成本低、功率小、光效高、寿命长、发光面积大、无眩光、无重影、耐频繁开关等特点。

目前，用于室内照明的LED灯，根据安装形式主要有LED日光灯、LED吸顶灯、LED节能灯等几种，如图24-24所示。

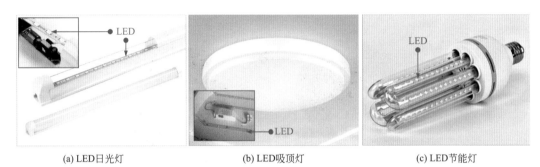

(a) LED日光灯　　　　　(b) LED吸顶灯　　　　　(c) LED节能灯

图24-24　常见照明用LED灯

LED灯的安装形式比较简单。以LED日光灯为例，一般直接将LED日光灯接线端与交流220V照明控制线路（经控制开关）预留的相线和零线连接即可，如图24-25所示。

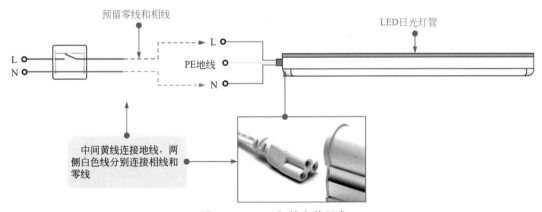

图24-25　LED灯的安装形式

（2）LED灯的安装方法

下面以LED日光灯为例，介绍该类新型照明灯具的安装方法。图24-26为LED灯的安装方法示意图。

图24-27为LED日光灯的具体安装步骤。

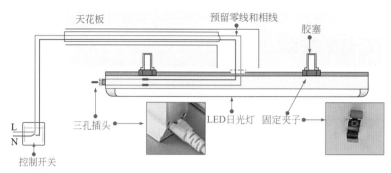

图24-26　LED日光灯的安装方法示意图

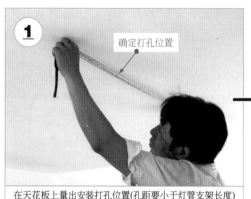

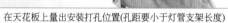

① 确定打孔位置

在天花板上量出安装打孔位置(孔距要小于灯管支架长度)

② 钻孔　预留零线和相线　冲击钻

用冲击钻在选定的位置上钻两个固定孔位

③ 胶塞

在钻好孔的位置，敲入胶塞

④ 固定夹子　木牙螺钉

用木牙螺钉把安装支架用的固定夹子锁紧在塞好胶塞的孔位上

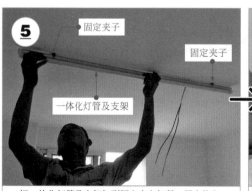

⑤ 固定夹子　固定夹子　一体化灯管及支架

把一体化灯管及支架扣到固定夹上扣紧，用力均匀，听到"咔"声，表明已经卡入固定夹内

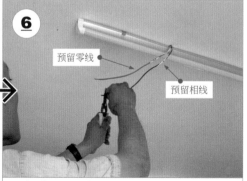

⑥ 预留零线　预留相线

对一体化灯管及支架配套的三孔插头的三条线及天花板预留的相线、零线进行绝缘层剥削和处理

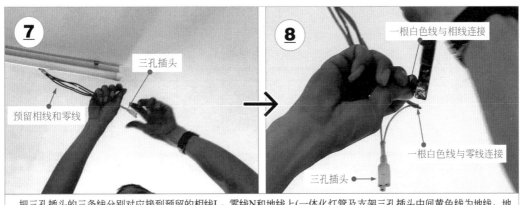

把三孔插头的三条线分别对应接到预留的相线L、零线N和地线上(一体化灯管及支架三孔插头中间黄色线为地线，地线绝对不能与预留相线或零线连接，若无预留地线可不接；三孔插头两侧白色线分别与相线L、零线N连接即可)

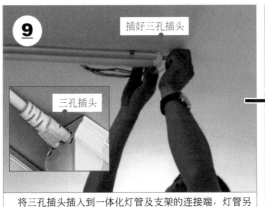

将三孔插头插入到一体化灯管及支架的连接端，灯管另一端塞入防触电堵头盖子

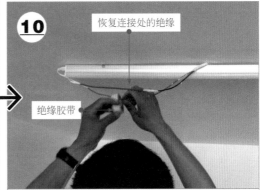

用绝缘胶带对三孔插头线与预留相线、零线的连接处进行严格的恢复绝缘处理

整理连接线，使其贴服到灯架附近，避免线路过长悬吊影响美观；晃动灯架，确保固定牢固可靠

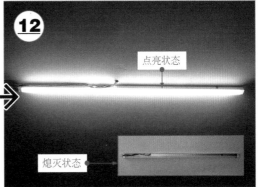

确保LED日光灯连接无误、固定牢固，且工作人员均已离开作业现场后，通电检查，LED灯亮，安装完成

图24-27　LED日光灯的具体安装步骤

【相关资料】

在实际应用环境中，若照明面积较大，可将多根LED灯管串联连接，即用连接柱把两两灯管之间对接构成串联电路，如图24-28所示，注意收尾的地方为防止触摸触电需盖上堵头盖子。

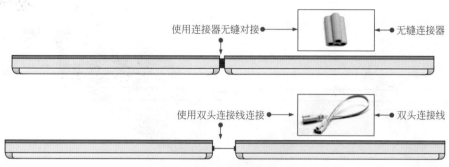

图24-28　LED日光灯的串联连接

多根 LED 灯管可根据实际安装环境，组合成不同的形状，用以体现较美观的照明效果，如图 24-29 所示。

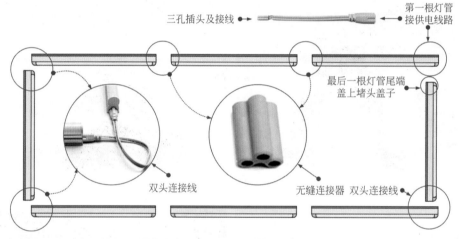

图24-29　多根LED灯管串联连接

串联安装时，应计算出可串联连接 LED 灯管的最大数量。例如，若每根 LED 灯管的功率是 7W，LED 灯管里面的连线是用的电子线 18# 线的话，可以连接 157 根左右的 LED 灯管（线径 × 额定电压值 × 额定允许通过的电流 / 功率 =LED 灯管的数量），预留一部分空间，也可以并接 100 根左右的 LED 灯管。

24.7　吊扇灯的安装

吊扇灯是一种同时具有实用性和装饰性的产品，将照明灯具与吊扇结合在一起，可以实现照明、调节空气双重功能。

如图 24-30 所示，吊扇灯主要由悬吊装置、风扇电动机、扇叶、照明灯组件、开关等构成。金属盒、吊架、吊杆都属于悬吊装置，用于将吊扇灯悬吊在天花板上；风扇电动机带动扇叶转动，促进空气流动，实现调节空气功能；照明灯组件包括灯架、灯罩和照明灯具，实现照明功能；开关用于控制风扇启、停、调速及照明灯具的亮灭和点亮灯数量等。

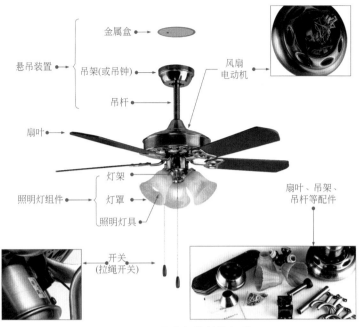

图24-30　吊扇灯的结构组成

【提示说明】

吊扇灯开关用于控制吊扇启、停、调速及照明灯具的开、关、点亮灯数量等。目前，常见的吊扇灯开关主要有拉绳开关、拉绳与单控开关组合的开关、壁控开关、遥控开关等，如图 24-31 所示。

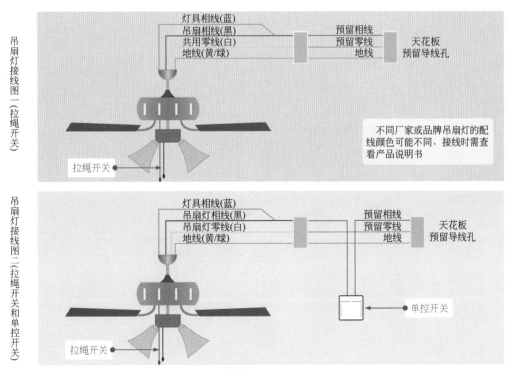

图24-31

水电工施工 从入门到精通

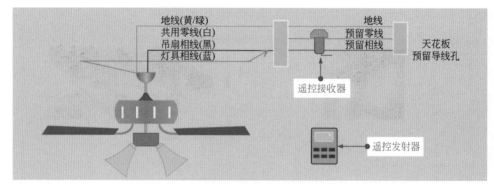

图24-31　吊扇灯开关的几种接线形式

（1）吊扇灯的安装规范

安装吊扇灯对安装位置、安装高度、安装固定顺序及控制线缆的选用连接等都有明确的要求，如图 24-32 所示。

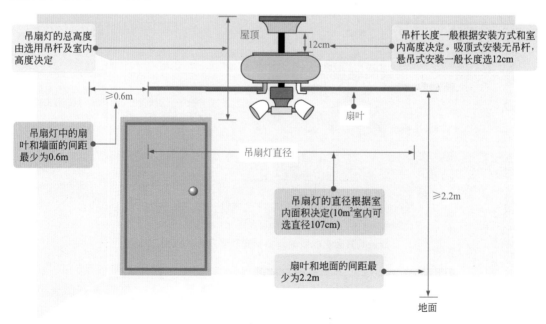

图24-32　吊扇灯的安装规范

【提示说明】

　　吊扇灯的直径是指对角扇叶间的最大距离，选择吊扇灯时，可根据房间的面积进行选择。在通常情况下，若房屋面积为 8～15m²，则可选择直径为 107cm 的吊扇灯；若房屋面积为 15～25m²，则可选择直径为 122cm 的吊扇灯；若房屋面积为 18～30m²，则可选择直径为 132cm 的吊扇灯。

　　吊杆是吊扇灯的主要器件，可根据实际情况选择长度，当室内高度为 2.5～2.7m 时，可使用较短的吊杆或者选择吸顶式安装方式；当室内高度为 2.7～3.3m 时，可使用原配的吊杆（一般为 12cm）；当室内高度在 3.3m 以上时，则需要另外加长吊杆，吊杆的长度应为室内高度减去扇叶距离地面的高度（约为 2.2m）。

（2）吊扇灯的安装方法

　　以典型拉绳控制吊扇灯为例，其安装操作可以分为安装悬吊装置、安装电动机与接线、安装扇叶、安装照明灯组件。

　　① 安装悬吊装置　安装悬吊装置包括安装吊架和吊杆两部分。

　　安装吊架之前，需要了解要安装吊扇灯的房顶，若为水泥材质，则应当先使用电钻对需要安装的地方打孔，使用胀管、膨胀螺栓固定；若房屋顶部的材质为木吊顶材质，则应选择承重能力较强的木脊位置安装，并使用木螺钉固定。

　　根据安装环境的需要选择合适的吊杆并将电动机上的导线穿过吊杆，将吊杆带有两个孔的一端放进与电动机相连的插孔内，另一端置于吊架内并固定，如图 24-33 所示。

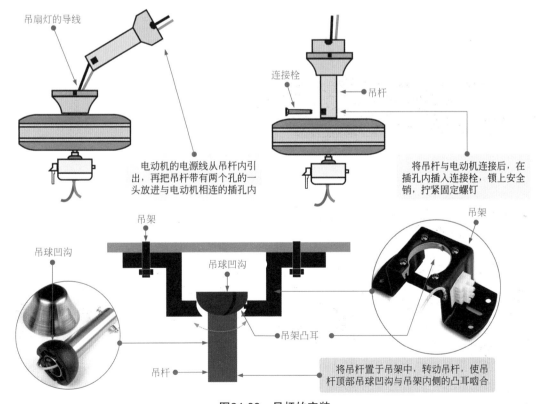

吊扇灯的导线

电动机的电源线从吊杆内引出，再把吊杆带有两个孔的一头放进与电动机相连的插孔内

连接栓

吊杆

将吊杆与电动机连接后，在插孔内插入连接栓，锁上安全销，拧紧固定螺钉

吊架

吊球凹沟

吊球凹沟

吊架

吊架凸耳

吊杆

将吊杆置于吊架中，转动吊杆，使吊杆顶部吊球凹沟与吊架内侧的凸耳啮合

图24-33　吊杆的安装

② 安装电动机与接线　在确保预留电源线断电的状态下，将电动机引出线与预留电源线对应连接，如图24-34所示。

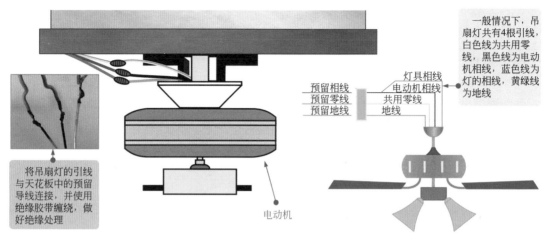

图24-34　电动机的安装与接线

③ 安装扇叶　安装扇叶需要先将扇叶与扇叶架组合，分清扇叶的正面与反面，将扇叶架放在扇叶的正面，在扇叶的反面垫上薄垫片，固定螺钉通过垫片将扇叶与扇叶架连接，如图24-35所示，安装时不应用力过度，防止叶片变形。

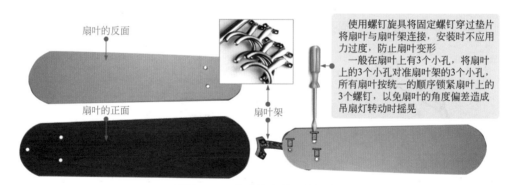

图24-35　扇叶的安装固定操作

将带有扇叶的扇叶架安装在电动机上，并用螺钉旋具将固定螺钉拧紧，如图24-36所示。

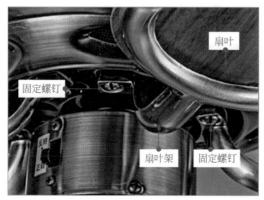

图24-36　扇叶与电动机的安装操作

【提示说明】

　　将扇叶固定到电动机上，可用手轻轻转动电动机，查看电动机转动是否灵活，确认扇叶是否碰撞任何物体，除此之外，还需要确定扇叶的平行度。

　　④ 安装照明灯组件　安装照明灯组件，即安装灯架、灯罩和照明灯具，包括灯架上的导线连接、灯架的固定和灯具的安装，如图 24-37 所示。

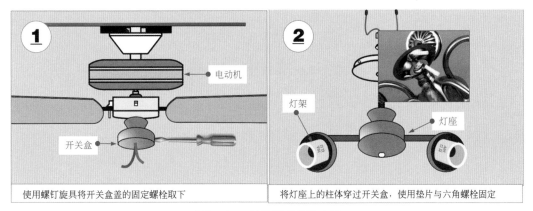

图24-37　吊扇灯灯架的安装

　　将灯罩安装到灯架上，并将照明灯具拧入灯座内，完成照明灯组件的安装，如图 24-38 所示。

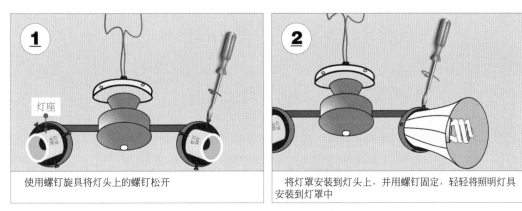

图24-38　灯罩与照明灯具的连接与固定

　　将吊扇和灯具的拉绳分别固定到电动机和灯架的连接盒中，如图 24-39 所示，完成吊扇灯的安装操作。

　　⑤ 检查　吊扇灯安装完成后，应进行检查，通常分为通电前的检查和通电检查两个环节。

　　a.通电前的检查。按照操作要求完成吊扇灯的安装接线后，在通电测试前，必须严格按照施工规范和要求对吊扇灯进行通电前的检查，主要包括：

　　i.检查吊扇灯上各固定螺钉是否拧紧；

　　ii.检查吊杆是否牢固；

　　iii.检查线路连接关系是否符合安装控制要求；

　　iv.检查控制开关的接线、固定等是否到位。

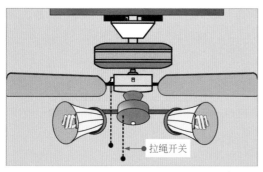

图24-39　拉绳开关的安装

b. 通电检查。接通电源，通过操作控制部件检验吊扇灯的各项功能是否符合要求，若控制异常，则需要对电气关系进行调试。

吊扇灯通电运行 10min 后，应再次检查各固定螺钉及连接部件有无松动，必要时需要紧固。

第 **25** 章

燃气热水器的施工安装

25.1 燃气热水器的安装要求

安装燃气热水器，安全性是首要考虑的因素，所有安装操作必须严格按照规范要求进行。

① 燃气热水器只能装在非居住房间，不能装在客厅、卧室、书房等处。

② 燃气热水器严禁安装在浴室和室外。

③ 燃气热水器的上部不得有明设电线、电器设备、燃气管道，燃气热水器与电器设备的水平距离应大于 40cm，燃气热水器下方不可设置煤气灶、煤气烤箱等。

④ 热水器的安装部位应是由不可燃材料建造，若安装部位是可燃材料或难燃材料时应采用防热板隔热，防热板与墙的距离应大于 10mm。

⑤ 燃气热水器侧边与木质门窗等可燃物的间距应大于 150mm，烟道与吊顶或可燃性家具的距离应大于 150mm，如图 25-1 所示。

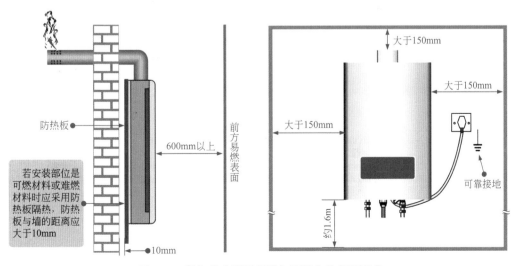

图25-1 燃气热水器及烟道与可燃物的间距要求

⑥ 燃气热水器与燃气表、电器设备的间距应大于 300mm，以免辐射热和烟气对其影响。排气出口应在排气筒侧面，且与墙面的间距应大于 200mm，如图 25-2 所示。

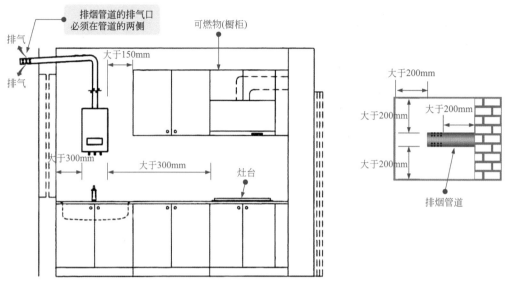

图25-2　燃气热水器与电气设备及燃气表、排气口等的间距要求

⑦ 安装燃气热水器时，必须根据热水器的性能特点安装符合要求的排气烟管、排烟孔（筒）。平衡式热水器应采用双层排烟管道，排烟管道不允许安装到公共烟道。

⑧ 排烟管道应采用金属管道，因其排烟温度较高，尽量远离抽油烟机的塑料管道。在安装时，排烟管道应向下倾斜 3°～5°（注意冷凝式燃气热水器排烟管道应向上倾斜 3°～5°），烟道弯曲应采用 90°直角弯，且直角弯的个数不应超过 3 个，如图 25-3 所示。

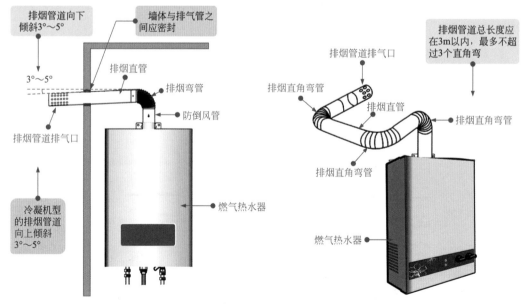

图25-3　燃气热水器排烟管道相关要求

⑨ 排烟管道穿墙部分应采用预埋预制带洞混凝土块或预埋钢管留洞的方式，间隙密封处用密封件做密封防水处理，如图 25-4 所示。

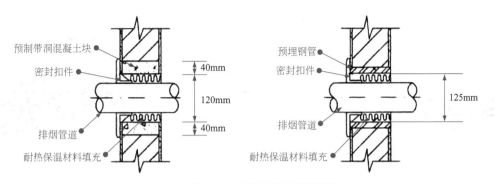

图25-4　燃气热水器排烟管道的穿墙要求

图 25-5 为典型强制排气式燃气热水器安装详图。

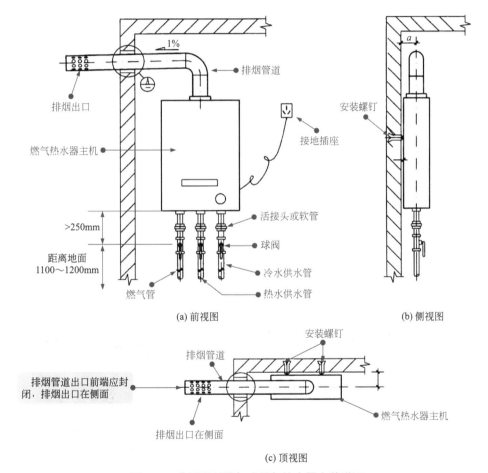

(a) 前视图

(b) 侧视图

(c) 顶视图

图25-5　典型强制排气式燃气热水器安装详图

⑩ 燃气热水器相关的管路有 3 个：冷水进水管，热水出水管，燃气进气管。需要注意的是，不同型号的燃气热水器，这 3 个管的位置不一样，如图 25-6 所示，管路间距根据实际购买产品规定进行确认。

⑪ 装有燃气热水器的房间应为砖混结构，且有窗户与外界相通，房间高度应大于 2.5m。

⑫ 燃气热水器周围应预留维修配管空间，一般前方的空间宽度宜大于 600mm，侧方与可燃性木质柜橱、门窗间距应大于 150mm，侧方与灶台、燃气表等设备间距宜大于 300mm，

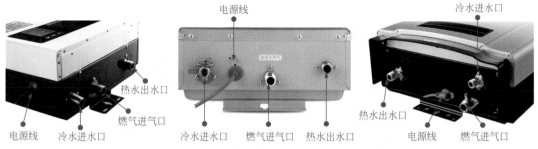

图25-6　不同品牌或类型燃气热水器的管路位置

安装高度应当在 1500mm 左右。

⑬ 必须为燃气热水器单独安装进水、进气阀门，且开关方便。热水器安装高度要易于观察。

⑭ 燃气热水器应安装在坚固耐热的墙面上，挂钩应牢固可靠，安装后确保机体垂直，不得倾斜。

⑮ 燃气热水器属于Ⅰ类电器，电源插座必须有可靠接地线，严禁使用活动电源插线板作为供电电源。

25.2　燃气热水器的安装方法

安装燃气热水器必须严格按照操作规范进行，不仅要安装正确牢靠，更重要的是使用的安全性。

（1）热水出水管和冷水进水管的安装

燃气热水器热水出水管一般用 PP-R 管连接，长度一般不小于 1m，且应尽量减少转弯；冷水进水管也多采用 PP-R 管，安装冷水进水管必须安装冷水阀和泄压阀，如图 25-7 所示。

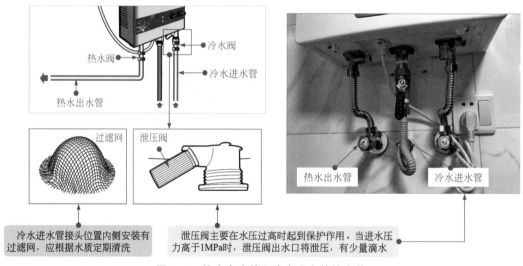

图25-7　热水出水管和冷水进水管的安装

（2）排烟管道的安装

安装排烟管道也必须严格按照规范要求进行。排烟管道安装包括墙式安装和窗式安装两种。墙式安装需要在墙上开孔或预留专用孔，窗式安装则需要在玻璃上开孔，如图 25-8 所示。

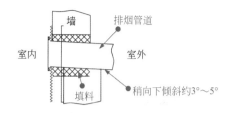
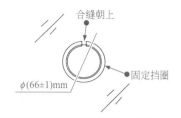

图25-8　排烟管道的安装

排烟管道与墙壁孔之间的间隙应填入防火、防水填料；排烟管道直管与弯管连接处、排烟管道与燃气热水器出气口连接处必须缠绕一层阻燃铝箔胶带，如图25-9所示，防止漏气。

图25-9　排烟管道连接部分的密封处理

（3）燃气热水器主机的安装

安装燃气热水器主机，首先根据燃气热水器主机上固定孔的位置在安装位置钻孔并敲入配套胀管，然后将安装螺钉拧入胀管内，将燃气热水器主机挂到安装螺钉上，接着再拧入主机下面的安装螺钉，使主机固定牢固，如图 25-10 所示。

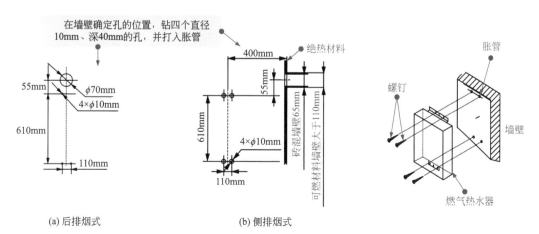

图25-10　燃气热水器主机的安装

（4）燃气管的安装

燃气管根据进气类型不同安装方式不同。一般来说，燃气为天然气或液化石油气时，应先安装进气接头和密闭垫圈，然后用燃气专用橡胶软管连接，并用管夹夹紧，如图25-11所示。

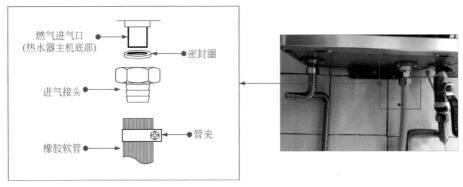

图25-11　天然气或液化石油气燃气管的安装

【相关资料】

　　需要注意的是，使用天然气或液化石油气热水器时，必须配置符合国家标准的优质燃气减压阀，以保证热水器正常运行。

　　一般来说，16kW以下的天然气或液化石油气热水器应配置额定流量为0.6m/h的减压阀；18kW以上的天然气或液化石油气热水器应配置额定流量为1.2m/h的减压阀。罐装液化石油气与热水器的距离应大于2m。

　　使用人工煤气或天然气热水器时，需要请燃气公司或有资质的部门连接燃气管。一般采用镀锌管连接，并安装燃气阀门。

　　燃气管安装完毕后，需要打开供气阀门，用肥皂水涂在接口处检验是否漏气。

　　全部安装完成后，应通电试机，检查整机工作是否正常，检验调试后才可投入使用。

第 **26** 章

洗碗机的施工安装

26.1 柜式洗碗机的安装方法

柜式洗碗机一般可采用独立式安装和嵌入式安装两种。两种安装方法的不同之处在于洗碗机主机安装位置不同，管路连接操作及要求相同。

（1）安装柜式洗碗机主机

柜式洗碗机采用独立式安装方式时，安装位置应远离热源，整机避免阳光直射。图26-1为柜式洗碗机独立式安装示意图。

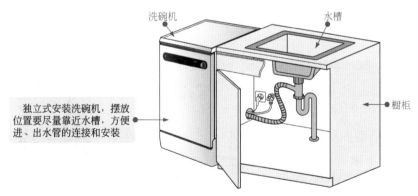

图26-1　柜式洗碗机独立式安装示意图

嵌入式安装洗碗机时，应根据橱柜的实际高度和预留安装位置的尺寸，选择尺寸合适的洗碗机，如图 26-2 所示。

在采用嵌入式安装方式时，若橱柜预留安装孔高度略低于洗碗机，可以将柜式洗碗机的台面板拆除后嵌入橱柜，如图 26-3 所示。

（2）连接进水管

将洗碗机进水管一端与洗碗机连接，另一端与水阀或经三通后与水阀连接，连接应紧密可靠，确保无漏水情况，如图 26-4 所示。

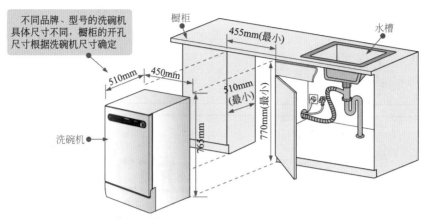

图26-2　柜式洗碗机嵌入式安装示意图

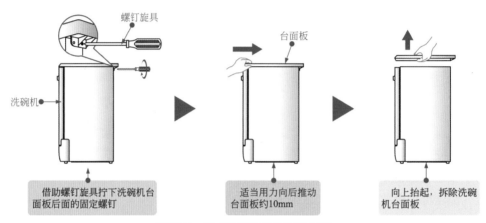

图26-3　柜式洗碗机台面板的拆卸

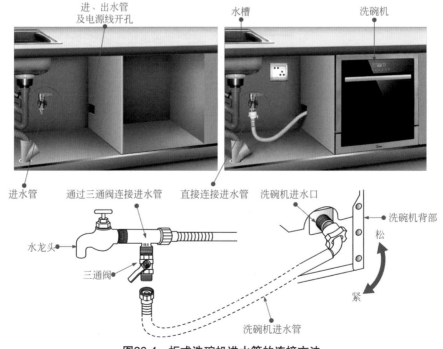

图26-4　柜式洗碗机进水管的连接方法

（3）连接排水管

将洗碗机的排水管一端与洗碗机排水口连接，另一端与家庭排水管道（如厨房水盆排水管）连接，如图 26-5 所示，连接时排水管可借助排水管支架进行固定，且应保证排水管的最高部分和洗碗机底脚所在平面的距离为 400～1000mm。

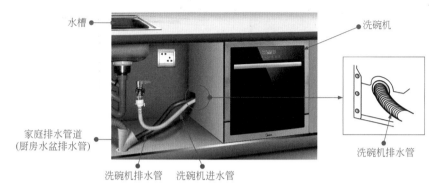

图26-5　柜式洗碗机排水管的连接

图 26-6 为柜式洗碗机排水管与家庭排水管道三种连接方法示意图。

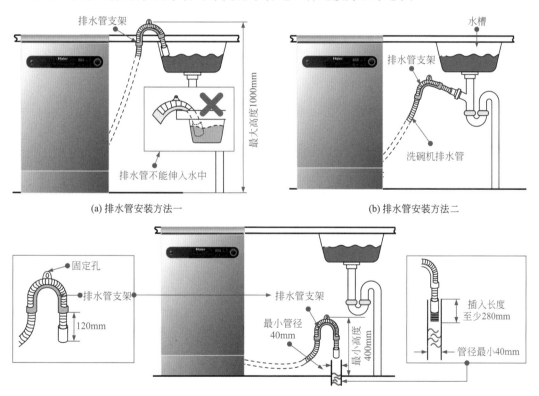

图26-6　柜式洗碗机排水管与家庭排水管道三种连接方法示意图

（4）连接电源

将洗碗机电源插头与电源插座连接，如图 26-7 所示，电源插座应设在洗碗机附近方便插拔的位置，一般可设置在水槽下，或设置在洗碗机背部。电源插座必须良好接地，且应使用专用电源插座（不可与其他大功率电器共用一个插座）。

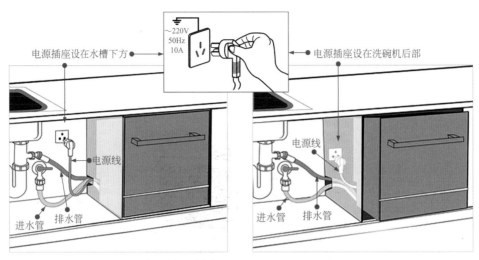

图26-7 柜式洗碗机电源连接示意图

26.2 台式洗碗机的安装方法

台式洗碗机安装相对简单，选好安装位置后，将洗碗机水平放置，连接进、排水管和电源线即可。

（1）选定台式洗碗机的安装位置

台式洗碗机安装位置应远离热源并避免阳光直射，且安装位置应在高度空间上能够保证洗碗机正常开关和操作。

图26-8为典型台式洗碗机的安装位置示意图。

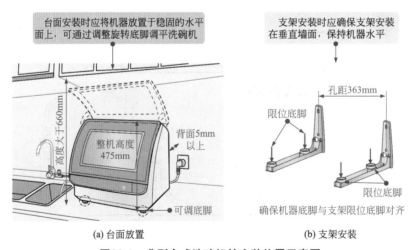

(a) 台面放置　　　　　　　(b) 支架安装

图26-8 典型台式洗碗机的安装位置示意图

【提示说明】

台式洗碗机主机应尽量距离燃气灶等热源150mm以上；安装位置尽量选择相对空阔的地方，避免蒸汽导致凝露；台式洗碗机应避免放置在室温可达5℃以下的位置。

（2）台式洗碗机进、排水管的连接

台式洗碗机进、排水管的连接方法与柜式洗碗机基本相同，即用洗碗机配套的进水管将洗碗机的进水口与预留进水接口连接，用排水管将洗碗机的排水口与家庭排水系统连接即可。

图 26-9 为台式洗碗机排水管的连接示意图。

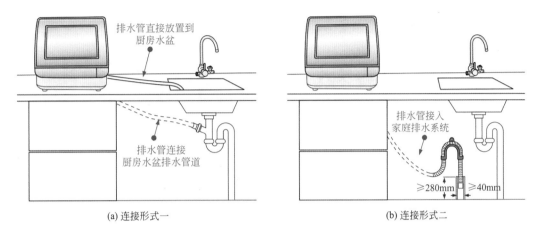

(a) 连接形式一　　　　　　　　　　　(b) 连接形式二

图26-9　台式洗碗机排水管的连接示意图

图 26-10 为台式洗碗机进、排水管及电源线连接完成示意图。

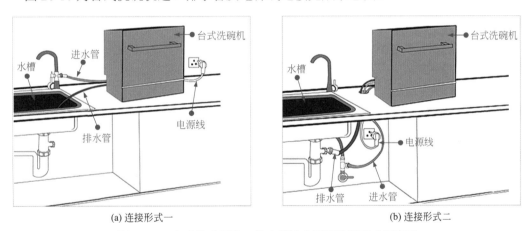

(a) 连接形式一　　　　　　　　　　　(b) 连接形式二

图26-10　台式洗碗机进、排水管及电源线连接完成示意图

【提示说明】

连接台式洗碗机排水管时，应注意确保排水管道通畅；当排水管连接到水槽中时，橱柜台面需要在相应位置开孔，然后将排水管与橱柜下方的排水系统连接；排水管可用排水管支架固定，挂起高度不超过 1000mm。

连接台式洗碗机进水管时，若水压过高，应在连接处安装减压阀；水压过低，应安装增压阀。

连接台式洗碗机电源线时，所接电源插座必须可靠接地，且不可与其他大功率电器共用一个电源插座。

第 27 章

电热水器的施工安装

27.1 电热水器的安装规则与尺寸

安装电热水器需要遵循一定的规则，这样安装好的电热水器既能符合标准，又能满足用户需求。电热水器的尺寸要适合安装环境，高度要适宜。

电热水器的尺寸不同，安装环境及管口位置不同，具体安装尺寸也会略有差异。图 27-1 为两种电热水器的安装尺寸。

(a) 储水式电热水器   (b) 即热式电热水器

图27-1 两种电热水器的安装尺寸

27.2 电热水器的安装方法

了解电热水器的安装规则及尺寸后，首先根据电热水器的尺寸和安装空间规划出安装位置，再按步骤逐一将配件及管路进行安装、连接。

　　安装前，需要先检查电热水器外观是否良好，有无磕碰、损坏迹象，查看各配件是否齐全，是否有损坏的现象，如图 27-2 所示。

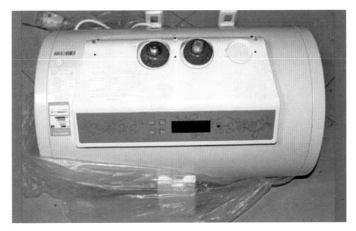

图27-2　电热水器安装前的准备操作

　　根据安装步骤和要求，将电热水器安装在指定的位置即可，如图 27-3 所示。

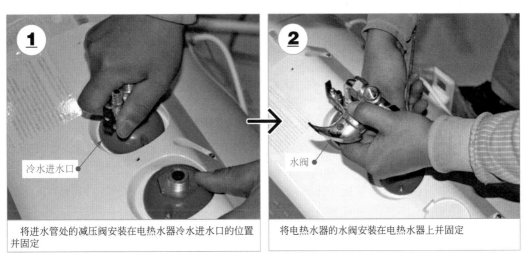

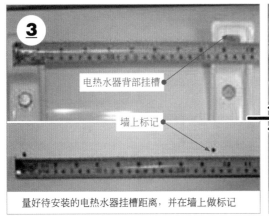

图27-3

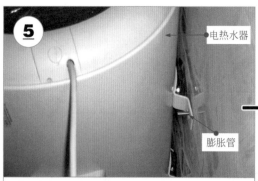

将待安装的电热水器托举到安装位置，将挂槽对准挂件和膨胀管，挂好电热水器

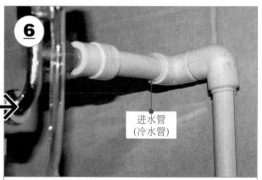

挂好电热水器后，根据电热水器进、出水管位置，裁剪管材长度，并连接进水管(冷水管)

在冷水管路中安装有安全阀，连接好进水管后，进行注水测试，调整安全阀，排除电热水器内的空气

安装花洒，最后插上电热水器的电源，检查供电是否正常，供电、进水、出水正常，电热水器安装完成

图27-3　电热水器的安装方法

　　安装电热水器时，根据规定，房间的通风条件应良好，外墙或窗上宜安装排风扇，电热水器的安装高度应距离地面1500mm为宜。

　　若所安装空间中装修吊顶后距离高度不够，可将电热水器部分安装在吊顶中，并且与墙面应保持20mm的距离，如图27-4所示。

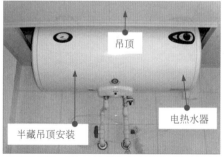

图27-4　电热水器的实际安装效果

【提示说明】

　　安装电热水器时需要注意以下几点。

　　① 确保墙体能承受两倍于灌满水的电热水器重量，固定件安装牢固，确保电热

水器有检修空间。

② 电热水器进水口处连接一个减压阀，在管道接口处要使用生料带，防止漏水；减压阀不能太紧，以防损坏；如果进水管的水压与减压阀的泄压值相近，应在远离电热水器的进水管道上再安装一个减压阀。

③ 确保电热水器可靠接地，使用的插座必须可靠接地。

④ 所有管道连接好之后，打开进水阀门，打开热水阀，充水，排出空气，直到热水从喷头中流出，表明水已加满。关闭热水阀，检查所有连接处是否漏水。如果漏水，则排空水箱，修好漏水连接处后，再重新给电热水器充水。

【相关资料】

配有漏电保护器的电热水器也要注意洗浴安全。电源线中的相线和零线通过漏电保护器进入电热水器，电热水器在工作状态中，一旦内部某一电器件发生漏电，产生剩余动作电流，漏电保护器就可以在 0.1s 的时间内切断电源，防止电流继续进入电热水器内部。

但是，电热水器的电源线中还包含一根地线，理论上地线也是为保证用电安全而设置的，但万一出现接地不可靠、相线地线接反或线路老化等情况，由于漏电保护器不能切断地线，这时电流就有可能通过地线进入到电热水器内部，触电事故依然可能发生。

第 **28** 章

净水器的施工安装

28.1 净水器的安装方式与要求

以家庭常见的末端净水器为例，根据实际安装空间大小和净水器的类型特点，净水器的安装位置一般常见有厨下式安装、台面式安装和壁挂式安装，如图 28-1 所示。

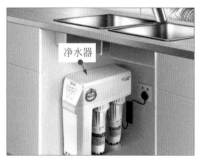

(a) 厨下式安装

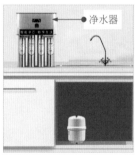

(b) 台面式安装

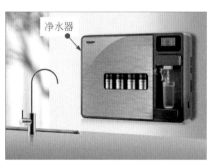

(c) 壁挂式安装

图28-1　净水器的安装位置

在实际安装时，可根据安装空间大小和产品类型特点来确定具体的安装方式。无论采用哪种安装方式，安装时必须按照规范要求进行。

① 安装前，检查配件是否齐全，检查净水器所有的管线、接头、水龙头等涉水配件是否完整。

② 安装前，需要测试进水压力。若进水压力过大（大于 0.3MPa），则需要在净水器前面安装减压阀；若进水压力过小（小于 0.1MPa），则需要在净水器前面安装增压泵。

③ 安装净水器必须严格按照规范进行，三通阀、各种垫片 / 垫圈、PE 管等必须安装完全。

④ 安装净水器时，拧紧螺纹接头时不能用力过大，防止接头螺纹滑扣。

⑤ 净水器安装完成后，应打开所有阀门和水龙头，冲洗净水器及管路 15～20min，待水质纯净后，再饮用。

⑥ 净水器上所有的管路、接头、水龙头等涉水配件应符合国家卫生标准。

28.2　净水器的安装方法

不同类型净水器的安装方法不同，这里以家庭常用的超滤净水器和 RO 反渗透膜净水器为例进行介绍。

（1）超滤净水器的安装

超滤净水器无需连接电源，安装相对简单，先以厨下式安装方法为例进行介绍。首先将橱柜下连接水龙头的进水口关闭，拧下水龙头进水管，在进水口上安装三通阀，将三通阀上出口重新连接水龙头进水管，侧出口通过专用的 PE 管连接净水器进水口；然后将净水器水龙头安装固定到厨盆上；最后将净水器放置到橱柜下合适的位置，进水口与三通阀连接，出水口与水龙头连接。

图 28-2 为超滤净水器厨下式安装方法示意图。

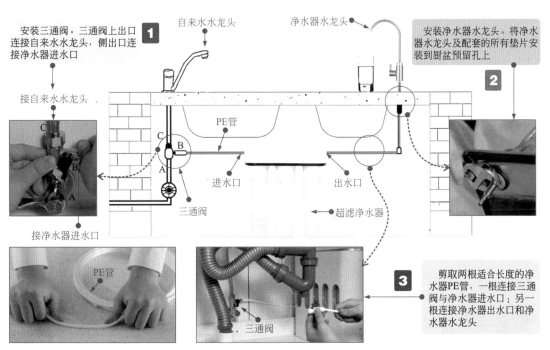

图28-2　超滤净水器厨下式安装方法示意图

有些超滤净水器放置在台面上，将进水管通过分水开关连接水龙头出口即可，如图28-3所示。

1 专用的PE管的一端连接净水器的进水口

2 专用的PE管的另一端连接分水开关

图28-3 台面式超滤净水器的安装

（2）RO反渗透膜净水器的安装

RO反渗透膜净水器除了需要连接进、出水管外，还需要连接废水管、电源线等，如图28-4所示。

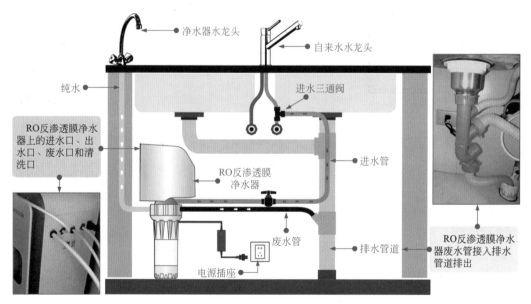

(a) 厨下式RO反渗透膜净水器的安装示意图

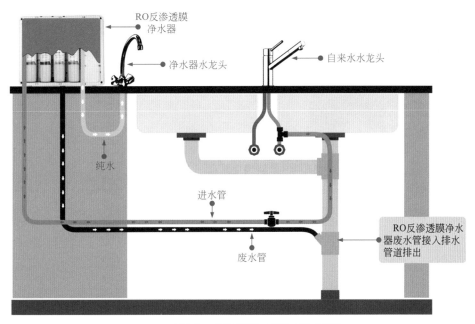

(b) 台面式RO反渗透膜净水器的安装示意图

图28-4　RO反渗透膜净水器的安装

【提示说明】

目前，有些 RO 反渗透膜净水器设有压力桶，安装时需要将 RO 反渗透膜净水器的出水口连接压力桶，再由压力桶连接到净水器水龙头。图 28-5 为两种有桶 RO 反渗透膜净水器的实际安装效果。

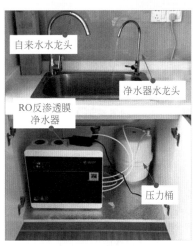

图28-5　两种有桶RO反渗透膜净水器的实际安装效果

第 29 章

浴霸的施工安装

29.1 浴霸的安装要求与注意事项

浴霸是集照明、取暖功能于一体的家庭用电设备，浴霸的安装是家装电工操作人员必须掌握的一种技能。在安装浴霸之前，应先规划出具体的施工流程及方案，如图 29-1 所示。

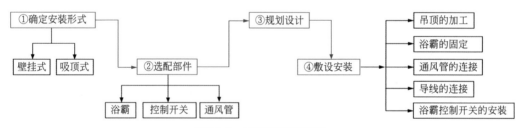

图29-1　浴霸的安装流程

图 29-2 为浴霸的安装规划。对于不同类型的浴霸，其安装方式、安装注意事项及具体

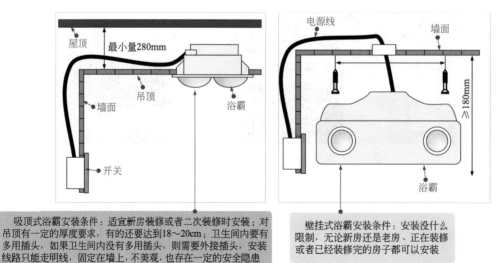

吸顶式浴霸安装条件：适宜新房装修或者二次装修时安装；对吊顶有一定的厚度要求，有的还要达到18~20cm；卫生间内要有多用插头，如果卫生间内没有多用插头，则需要外接插头，安装线路只能走明线，固定在墙上，不美观，也存在一定的安全隐患

壁挂式浴霸安装条件：安装没什么限制，无论新房还是老房、正在装修或者已经装修完的房子都可以安装

图29-2　浴霸的安装规划

的安装位置等都有明确的规定。

除硬性的安装尺寸要求外，不同类型的浴霸在安装时还需考虑安装环境、实际应用效果等人性化因素。图 29-3 为吸顶式浴霸和壁挂式浴霸在实际安装时的注意事项。

为了取得最佳的取暖效果，浴霸应安装在浴缸或沐浴房中央正上方的吊顶上。灯泡离地面的高度应为2.1～2.3m，过高或过低都会影响使用效果

以浴盆为中心，确定浴霸的安装位置

站立淋浴时浴霸的安装位置

使用浴盆时浴霸的安装位置

确定人在卫生间站立淋浴的位置，面向淋浴的喷头，人体背部的后上方就是安装浴霸的位置。人在沐浴时感到最冷的部位是背部，这样的安装位置更能使浴霸直接热辐射到人体背部。但与人头顶之间的距离不宜太近

壁挂式浴霸上方有散热孔，所以安装时要与上面吊顶或其他物品保持距离，留有足够的散热空间（至少30cm）

图29-3　吸顶式浴霸和壁挂式浴霸在实际安装时的注意事项

【提示说明】

浴霸在安装时应注意以下几点。

（1）浴霸电源配线系统要规范

浴霸的功率最高可达 1100W 以上，因此安装浴霸的电源配线必须是防水线，最好是不低于 $1mm^2$ 的多丝铜芯电线，所有电源配线都要走塑料暗管镶在墙内，绝不允许有明线设置，浴霸电源控制开关必须是带防水 10A 以上容量的合格产品，特别是老房子卫生间安装浴霸更要注意规范。

（2）浴霸的厚度不宜太大

在安装问题上，一定要注意浴霸的厚度不能太大，一般在 200mm 左右即可。因为浴霸要安装在房顶上，若要把浴霸装上，必须在房顶以下加一层顶，也就是常说的 PVC 吊顶，这样才能使浴霸的后半部分夹在两顶中间，如果浴霸太厚，装修就困难了。

（3）浴霸应装在卫生间的中心部

很多家庭将浴霸安装在浴缸或淋浴位置上方、这样表面看起来冬天升温很快，但却有安全隐患。正确的方法是将浴霸安装在卫生间顶部的中心位置，或略靠近浴缸的位置，以免红外线辐射灯升温快、离得太近，灼伤人体。

29.2 浴霸的安装方法

目前浴霸的安装多采用吸顶式，安装在卫生间顶部，下面以吸顶式浴霸为例，介绍一下浴霸的安装方法。

（1）确定浴霸的安装位置

在安装浴霸之前，首先要根据浴霸尺寸和实际空间要求确定浴霸的安装位置，如图29-4所示。

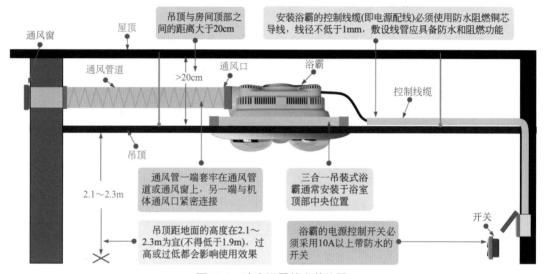

图29-4 确定浴霸的安装位置

（2）吊顶开孔与框架加固

确定完浴霸的安装位置之后，需要对吊顶进行适当的加工处理，根据浴霸安装位置及浴霸包装盒内的开孔模板在吊顶上开孔，并对开孔四周进行加固处理。如图29-5所示，通常采取在开孔周围架设浴霸框架的方法使吊顶能够承受浴霸的重量。

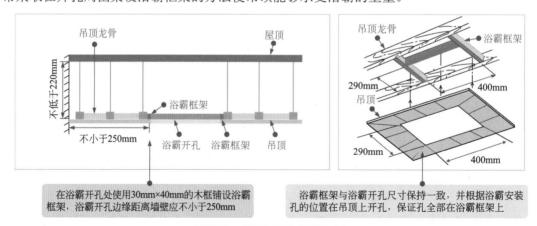

图29-5 吊顶开孔与框架加固

（3）浴霸的接线

如图29-6所示，找到浴霸的连接引线，将其按照规定分别与装修预留的供电导线进行连接。

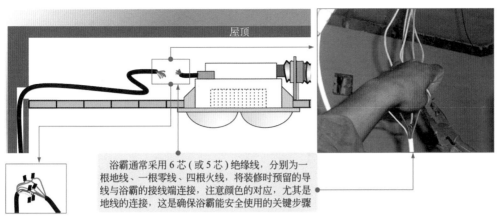

图29-6　浴霸的接线

【提示说明】

通常，浴霸采用 6 芯（或 5 芯）绝缘线。其中一根地线（黄绿相间）用以与地线连接。一根零线（蓝色）用以与零线连接。四根相线（红、绿、黄任意），分别与电源供电线的相线连接，其中，两根用来连接浴霸暖灯，一根用来连接照明灯，一根用来连接排风扇。

（4）浴霸通风管道的安装连接

浴霸接线完毕，开始安装连接浴霸的通风管道。如图 29-7 所示，首先安装浴霸的出风口接头，将通风管的一端接通风孔，另一端接浴霸出风口接头。

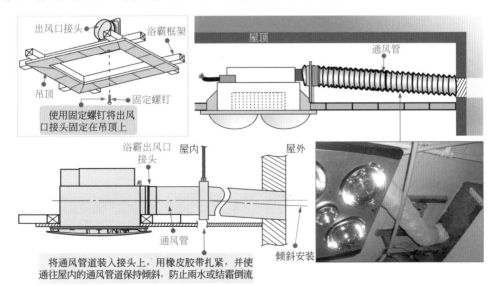

图29-7　浴霸通风管道的安装连接

（5）浴霸的固定

确认浴霸的导线连接和通风管道的安装连接完毕，就可以将浴霸安装固定到吊顶上了。如图 29-8 所示，将浴霸小心放入预留的吊顶开孔处，确保浴霸出风口接头与浴霸卡位正确插接后，使用固定螺钉将浴霸箱体固定在架设的浴霸框架上即可。

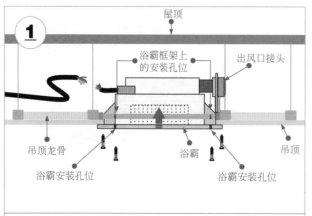

将浴霸由浴霸开孔处推入，调整安装位置，使浴霸上的安装孔位与浴霸框架上的安装孔位对应

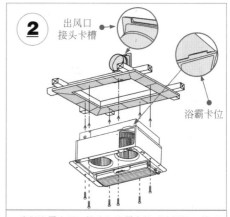

确保浴霸出风口接头与浴霸卡位正确插接。然后使用固定螺钉固定浴霸，确保安装偏差角度为±2°

将浴霸灯及面罩组合挂入浴霸上的挂钩，并用螺钉固定住，使其稳固

图29-8　浴霸的固定

【提示说明】

　　连接通风管道，需要将通风管道的另一端与建筑物综合排风通道固定。若直接送往室外，则还需选择合适的管罩和管盖，并将管罩和管盖安装在室外的通风管道接口上，完成通风管道的安装。

（6）浴霸取暖灯和照明灯的安装

　　将浴霸的取暖灯泡、照明灯泡旋拧到浴霸机体中的灯座中，如图29-9所示。

图29-9　浴霸取暖灯泡和照明灯泡的安装

（7）浴霸控制开关的安装与接线

图 29-10 为典型的浴霸控制开关。浴霸所使用的开关是专用开关，耐电流要比普通开关强很多，因此不能用普通的四联开关代替。通常浴霸开关共有四个开关，两个开关控制四盏取暖灯，一个开关控制照明灯，还有一个开关控制换气扇。

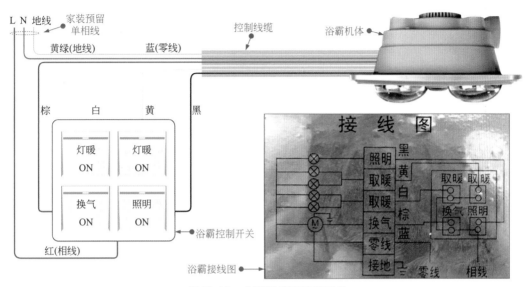

图29-10　典型的浴霸控制开关

【相关资料】

图 29-11 为典型浴霸接线图。

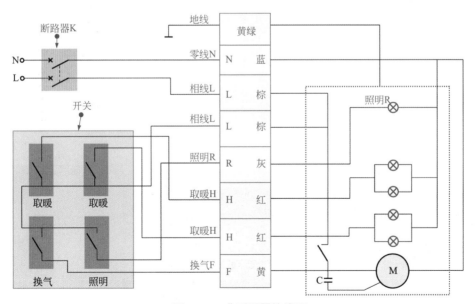

图29-11　典型浴霸接线图

浴霸控制线缆的长度有限，在实际安装连接时，常常需要根据实际安装位置延长连接控制线缆，并需要在连接部位做好绝缘防水处理，如图 29-12 所示。

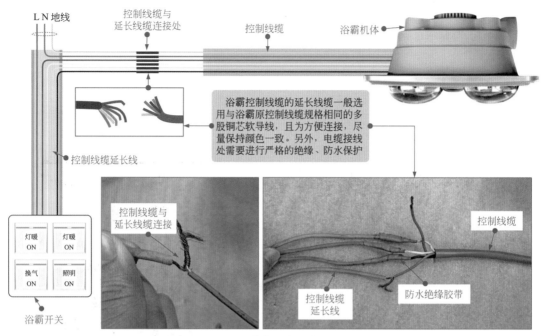

图29-12 浴霸控制线缆的延长处理

浴霸控制线缆延长处理后，按照设计要求敷设浴霸控制线缆，使浴霸控制线缆延长线的末端接头由开关接线盒引出，再与控制开关接线端子连接，如图 29-13 所示。至此，浴霸安装完成。

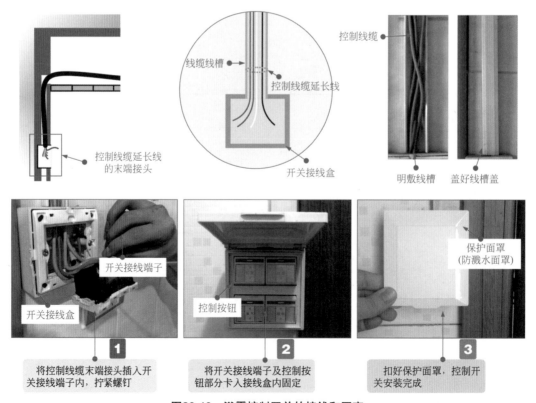

图29-13 浴霸控制开关的接线和固定

（8）安装后的检查

浴霸安装完成后，需要对整个系统进行基本的检验和调试，包括通电前的检查和通电调试两个环节。

① 通电前的检验　检查浴霸各固定螺钉是否拧紧，避免有松动的现象；检查浴霸控制线缆延长线接线是否牢固，绝缘恢复是否到位，防水功能是否正常；检查浴霸取暖灯泡、照明灯泡安装是否到位；检查控制开关接线和固定是否牢固等，必要时需要紧固和重新安装连接。

② 通电调试　接通电源，分别注意测试浴霸的照明、排风和取暖功能是否正常，如图29-14所示。

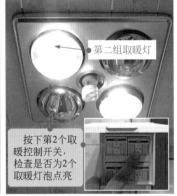

图29-14　浴霸的检查与调试

若各项控制功能均正常，室内供电系统也正常说明安装成功；若某一项功能失常或通电掉闸，则需调试电气接线关系或重新接线，或需要调整供电线路（如增大供电线材的线径、更换大功率断路器等）。

第 30 章

排风扇的施工安装

30.1 排风扇的安装要求

安装排风扇时，应按用户要求，确定好线路的规划，在此基础上，选配整个系统所需要的电气设备，并制定出整体施工方案及流程，如图 30-1 所示。

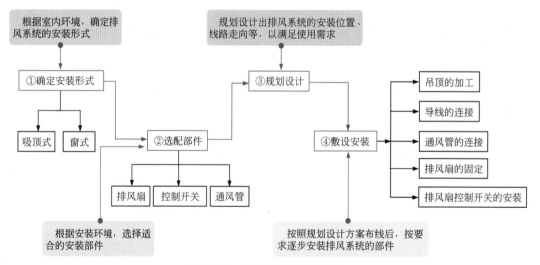

图30-1 排风系统的安装流程

图 30-2 为典型吸顶式排风系统的安装规划。排风扇应安装在厨房或卫生间的吊顶上，不要离墙面上的通风孔太远。同时，为取得最佳的换气效果，需要对通风孔加装通风逆止阀，并且对四周进行密封处理。另外，排风扇距屋顶和地面的距离也都有明确的规定。

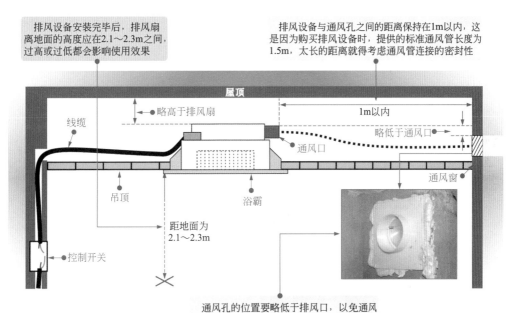

排风设备安装完毕后，排风扇离地面的高度应在2.1～2.3m之间，过高或过低都会影响使用效果

排风设备与通风孔之间的距离保持在1m以内，这是因为购买排风设备时，提供的标准通风管长度为1.5m，太长的距离就得考虑通风管连接的密封性

屋顶

略高于排风扇

1m以内

线缆

略低于通风口

通风口

吊顶

浴霸

通风窗

距地面为2.1～2.3m

控制开关

通风孔的位置要略低于排风口，以免通风管内结露水倒流到主机内，最好同时安装上逆止阀，防止风道内有异味返回室内

图30-2　典型吸顶式排风系统的安装规划

30.2　排风扇的安装方法

以吸顶式排风扇为例，介绍排风扇的安装方法。

（1）吊顶开孔

如图30-3所示，根据排风扇尺寸对吊顶进行开孔处理，开孔位置要符合安装规划。为

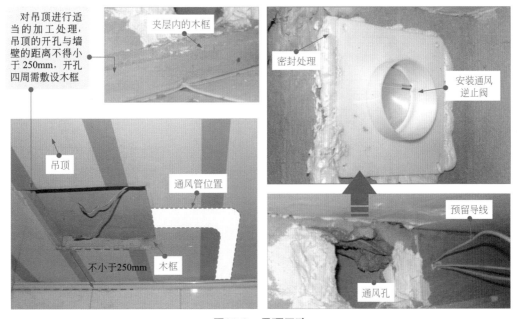

对吊顶进行适当的加工处理，吊顶的开孔与墙壁的距离不得小于250mm，开孔四周需敷设木框

夹层内的木框

密封处理

安装通风逆止阀

吊顶

通风管位置

不小于250mm　木框

预留导线

通风孔

图30-3　吊顶开孔

确保安装牢固，开孔四周要敷设木框。

（2）排风扇的接线

如图 30-4 所示，首先将排风扇的面罩取下，找到排风扇的连接导线。排风扇的连接导线通常采用 2 芯绝缘导线。通常，根据规定，蓝色的引线用以和零线连接，红色的引线用以和火线连接。

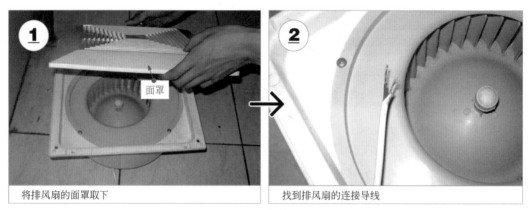

图30-4　排风扇的连接引线

吸顶式排风扇一般有三根连接引线：一根为相线（通常为棕色），用于与屋顶预留相线连接；一根为零线（通常为蓝色），用于与屋顶预留零线连接；一根为地线（通常为黄绿双色线）。一般可根据排风扇上的接线图对应连接即可，如图 30-5 所示。

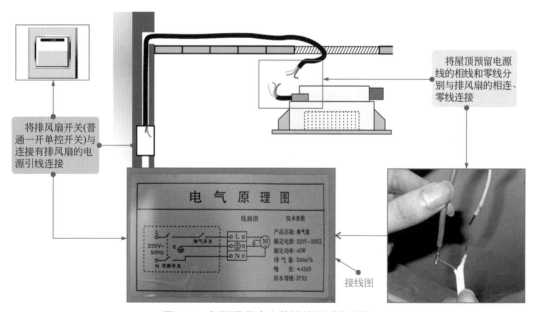

图30-5　根据排风扇上的接线图对应连接

接下来，将排风扇的导线与装修预留的供电导线进行连接。由于排风扇的工作环境较为潮湿，因此，排风扇导线与预留供电导线的连接处必须采用防水绝缘胶带进行妥善的绝缘保护处理。具体操作如图 30-6 所示。

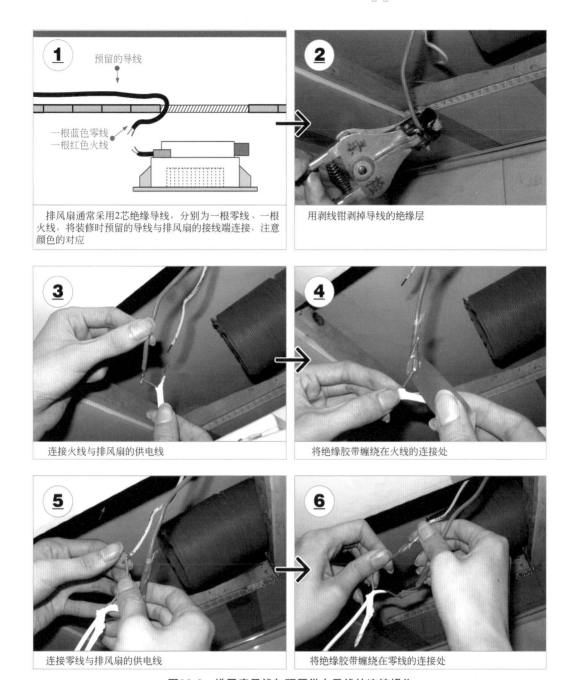

①
预留的导线

一根蓝色零线
一根红色火线

排风扇通常采用2芯绝缘导线，分别为一根零线、一根火线，将装修时预留的导线与排风扇的接线端连接，注意颜色的对应

②
用剥线钳剥掉导线的绝缘层

③
连接火线与排风扇的供电线

④
将绝缘胶带缠绕在火线的连接处

⑤
连接零线与排风扇的供电线

⑥
将绝缘胶带缠绕在零线的连接处

图30-6　排风扇导线与预留供电导线的连接操作

（3）通风管的安装连接

排风扇导线与供电导线连接完毕，将通风管的一端与吊顶内的通风孔连接，另一端与排风扇的通风口连接。具体操作如图 30-7 所示。

（4）排风扇的固定

确认排风扇的导线连接和通风管的安装连接都没有问题，就可以将排风扇安装固定到吊顶上了。如图 30-8 所示，将排风扇小心放入预留的吊顶开孔处，然后使用固定螺钉将排风扇箱体固定在敷设于吊顶开孔四周的木框上即可。

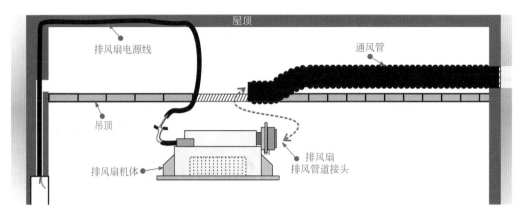

先根据实际位置调节预装好通风管的弯曲角度、长度等,将排风扇机体的通风管接口对准已调整好的通风管道口插入,稍用力旋拧紧固,使通风管与排风扇机体连接紧密

1

将已连接好电源引线的排风扇靠近吊顶开孔处,注意需要使排风管道接头朝向预留通风管接口一侧,准备连接

2

图30-7 排风扇通风管的安装连接

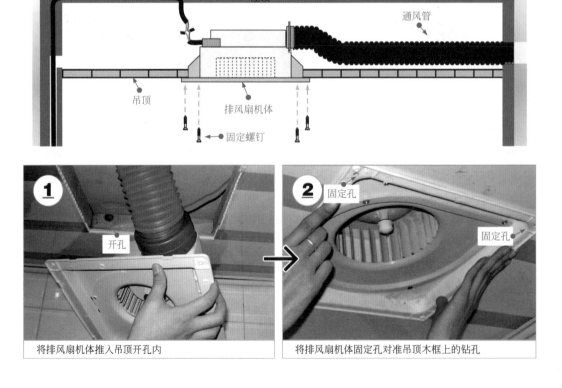

将排风扇机体推入吊顶开孔内

将排风扇机体固定孔对准吊顶木框上的钻孔

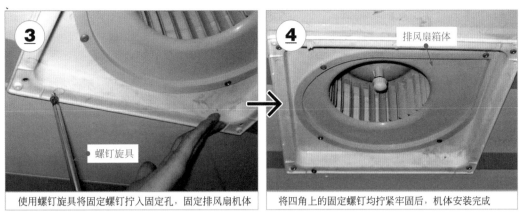

| ③ 使用螺钉旋具将固定螺钉拧入固定孔，固定排风扇机体 | ④ 将四角上的固定螺钉均拧紧牢固后，机体安装完成 |

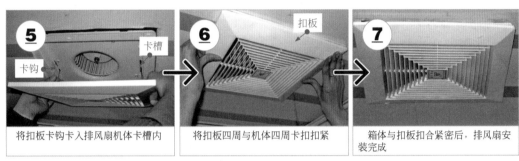

| ⑤ 将扣板卡钩卡入排风扇机体卡槽内 | ⑥ 将扣板四周与机体四周卡扣扣紧 | ⑦ 箱体与扣板扣合紧密后，排风扇安装完成 |

图30-8　排风扇的固定

（5）排风扇控制开关的安装连接

排风扇固定到位，接下来按图 30-9 连接控制开关的连线。通常排风扇的控制开关多为单控开关，只需将排风扇的零线直接连接供电导线的零线，两根相线分别与单控开关的接线端连接即可。

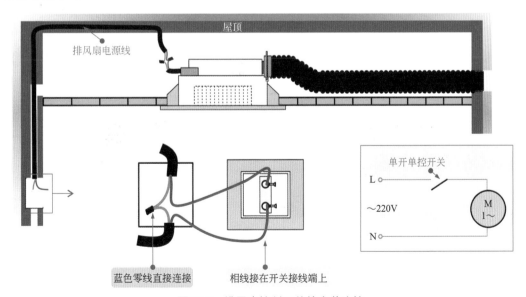

图30-9　排风扇控制开关的安装连接

（6）排风系统的检测与调试

室内排风设备及控制线路安装完毕后，可以首先进行试运行，若安装不当或不能正常的运行，则应进行检测和调试。

① 室内排风系统通电前的检测　在排风设备通电前应首先对安装的线路及部件进行检查，看电源线连接是否正常，检查开关是否设置在火线上等，如图30-10所示。若电源线有漏接或错接的现象，则应及时进行更正。

此外，还应重点检查排风管道是否紧密，若排风管道不紧密，有漏风的现象，则应使用填充物进行填充，如图30-11所示。

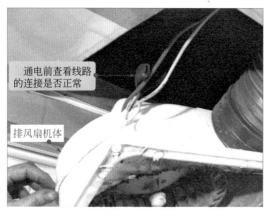

图30-10　排风设备通电前的检测

图30-11　排风管道密封性的检查

② 室内排风系统通电后的检测　通电前检测无误后，则应对排风设备进行通电后试运行，看是否能够正常地进行排风。测试排风设备运行是否正常时，可以使用小纸条，通电并打开开关后，将小纸条放在排风扇的排风口上，正常情况下，小纸条会向着排风扇的方向飘动，若纸条不动或逆着排风扇的方向飘动，则排风扇运行异常，如图30-12所示。

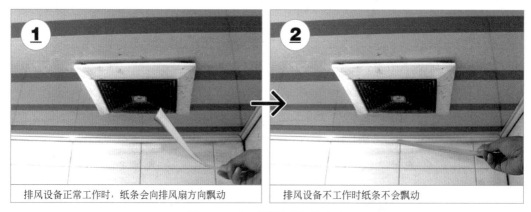

图30-12　测试排风设备的方法

若按下控制开关后，排风扇无法排风或反转，则应对排风扇及接线、控制开关等进行检测，看供电线路是否反接，排风扇及开关本身是否损坏等，如图30-13所示。

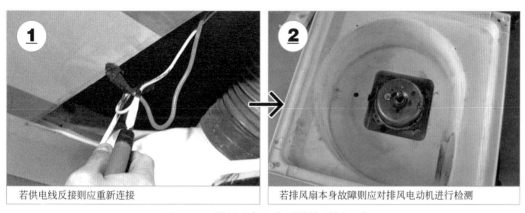

① 若供电线反接则应重新连接

② 若排风扇本身故障则应对排风电动机进行检测

图30-13　排风设备通电后的检测与调试

第 **31** 章

电工检测技能

水电工施工中掌握电子元器件及电气部件的检测技能非常重要，不同元器件和部件的检测方法也有所不同。本章从水电工实际出发，对常用电子元器件及电气部件的检测、电压检测和电流检测进行介绍。为方便读者学习，本章内容做成电子版，读者可用手机扫描二维码选择学习，进一步拓展专业技能。

第 31 章　电工
检测技能

电子版内容目录如下：

图 31-1　色环电阻器
的检测视频讲解

图 31-3　电解电容器
的检测视频讲解

图 31-6　发光二极管
的检测视频讲解

图 31-14　电磁继电
器的检测视频讲解

图 31-21　单相交流电
动机的检测视频讲解

图 31-23　万用电桥检测
电动机绕组视频讲解

第4篇
水电工综合施工篇

第 **32** 章

水电工综合调试维修技能

32.1 供配电线路的调试与检修

32.1.1 家庭供配电线路的短路检查

线路短路检查即检查供电线路中有无因接错等引起相线和零线短路的情况，检查前，需要确保供配电线路的总开关或总断路器处于断开状态。

检测时，可借助万用表，先将万用表置于 "$R \times 10k$" 欧姆挡，分别检查线路中相线与零线、相线与地线、零线与地线之间的阻值，如图 32-1 所示。

32.1.2 家庭供配电线路的绝缘性能检查

家庭供配电线路的绝缘性能也是家庭供配电线路调试中的重要检测环节。检查家庭供配电线路的绝缘性能应借助专用的兆欧表，在测试过程中，兆欧表能够向线路施加几百伏的电压，在高压作用下，如果供配电线路有绝缘性能下降的情况，则会显示比较小的绝缘阻值，此时通电会发生漏电故障，如图 32-2 所示。

【提示说明】

　　借助兆欧表检测供配电线路的绝缘电阻时，必须确保供配电线路处于断电状态。用兆欧表检测线路中相线对地的绝缘阻值、零线对地的绝缘阻值、相线与零线间的绝缘阻值时，在正常情况下，绝缘阻值均应很大（500MΩ）；否则，说明所测线路绝缘性能下降或绝缘性能不良。

32.1.3 家庭供配电线路的验电检查

验电是指检验电气线路和设备是否带电。在装修电工操作中，常用的验电方式主要有验电器（试电笔）验电和钳形表验电。

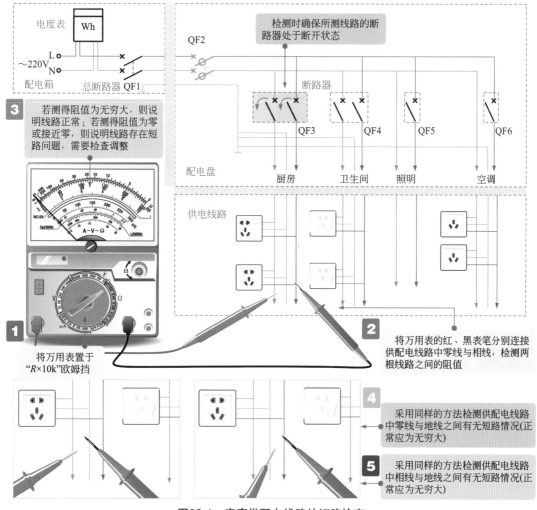

图32-1　家庭供配电线路的短路检查

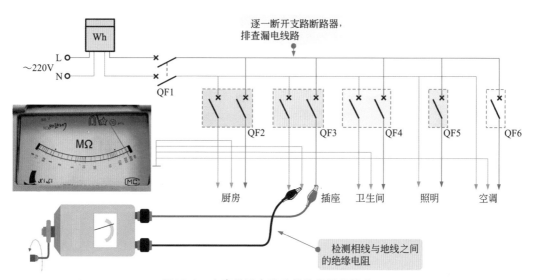

图32-2　家庭供配电线路的绝缘性能检查

水电工施工 *从入门到精通*

（1）使用验电器验电

验电操作一般借助验电器进行。验电器俗称试电笔，是电工验电操作中最常用的一种工具，操作简单，能够快速检验出所测线路或设备是否带电，如图32-3所示。

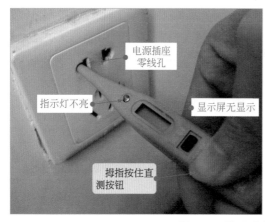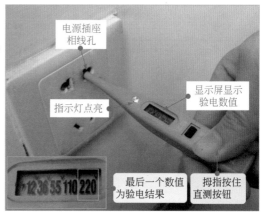

图32-3　使用验电器进行验电操作

（2）使用钳形表验电

使用钳形表验电能够检测线路或设备是否有电，同时还能够直观显示出所测带电体的电流大小，如图32-4所示。

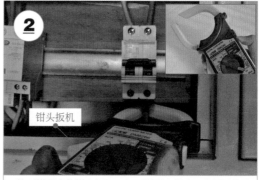

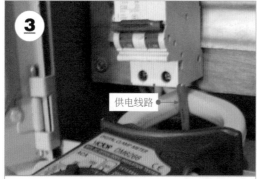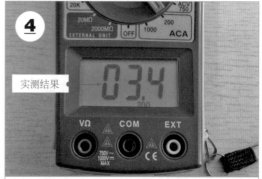

图32-4　使用钳形表进行验电操作

298

【相关资料】

钳形表的测量原理如图 32-5 所示。使用钳形表的电流挡检测待测线路或设备的电流时，把待测线缆或设备的供配电线路"穿入"钳形表的钳口中就可以完成检测，无需直接接触带电体，具有安全、可靠的特点。

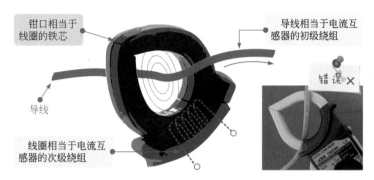

图32-5　钳形表的测量原理

32.1.4　家庭供配电线路的漏电检查与测量

漏电是指供配电线路的电流回路出现异常，导致电流泄漏的一种情况。漏电危害较大，除导致漏电保护器频繁掉闸、影响线路工作外，严重时还可能引起触电事故。

使用钳形漏电电流表是目前低压线路中检测漏电的有效方法，如图 32-6 所示。

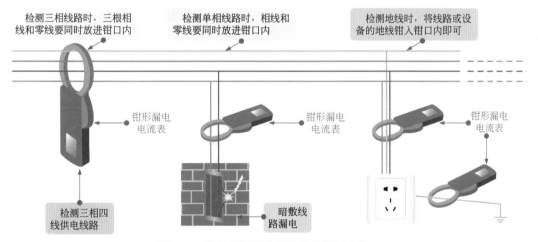

图32-6　使用钳形漏电电流表检测漏电情况

【提示说明】

钳形漏电电流表是利用供配电回路中相线与零线负荷电流磁通的向量和为零的原理实现测量的。在正常无漏电的情况下，使用钳形漏电电流表同时钳住相线和零线时，由于电流磁通正、负抵消，此时电流应为 0A。若实测有数值，则表明线路中有漏电情况，如图 32-7 所示。

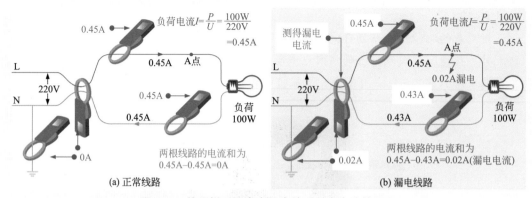

图32-7　使用钳形漏电电流表检测漏电电流的原理

【相关资料】

供配电线路有无漏电也可采用排查法来判断，即根据供配电线路中漏电保护器的动作状态判断漏电情况。

若闭合线路，漏电保护器立刻掉闸，说明相线中存在漏电情况。怀疑相线漏电时，可将线路的支路断路器全部断开，然后逐一闭合，若某支路闭合，漏电保护器掉闸，则说明该线路存在漏电情况。

若闭合线路，漏电保护器不立刻掉闸，用一段时间后才会掉闸，则多为零线中存在漏电情况。将怀疑漏电的支路中用电设备的插头全部拔下，然后逐一插上插头，插到某设备引起掉闸时，说明该设备存在漏电情况。若照明支路异常，则将全部灯具关闭，然后逐一开灯，哪盏灯开启后掉闸，则说明该灯具或线路存在漏电情况。

32.2　家庭照明线路的调试与检修

家庭照明线路设计、安装和连接完成后，需要对线路进行调试，若照明线路控制部件的控制功能、照明灯具点亮与熄灭状态等都正常，则说明家庭照明线路正常，可投入使用。若调试中发现故障，则应检修该线路。

对家庭照明线路进行调试与检修时，首先要了解线路的基本控制功能，根据线路功能逐一检查各照明开关的控制功能是否正常、控制关系是否符合设计要求、照明灯具受控状态是否到位。对控制失常的控制开关、无法点亮的照明灯具及关联线路应及时进行检修。

家庭照明线路的调试一般可根据照明灯具的状态整体判断线路的情况，有针对性地对线路进行检测，最终调试线路到最佳工作状态，如图32-8所示。

32.2.1　异地联控照明线路的调试与检测

调试和检测异地联控照明线路时，首先应检查线路中各组成部件的连接关系和连接状态，检查线路功能能否实现，并在检测过程中对控制异常、不符合设计要求的位置进行调整，直到线路达到最佳状态。若线路异常，还需要及时进行检修。

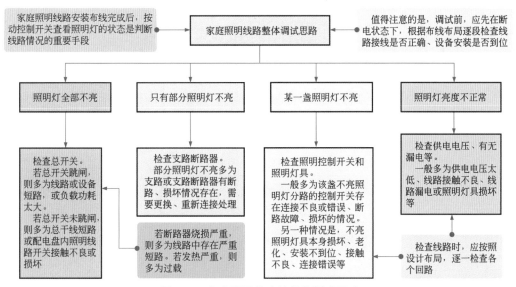

图32-8 家庭照明线路的整体调试思路

（1）检查异地联控照明线路的控制功能

如图 32-9 所示，确保线路安装连接正确，便可根据电路的设计规划要求，从多点联控照明线路的连接和控制关系入手，对线路的控制功能和实际效果进行检查。

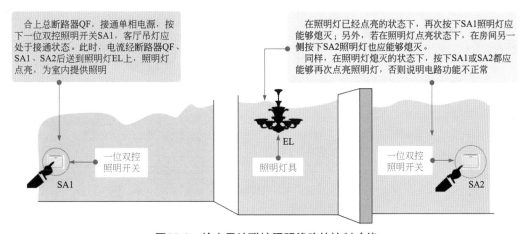

图32-9 检查异地联控照明线路的控制功能

（2）异地联控照明线路的检测与调试

若发现实际功能与设计不符，则沿信号流程对线路中的关键点或关键元器件进行检测，找到故障原因，进而对线路的连接关系或电路中的组成部件进行调整或更换，如图 32-10 所示。

32.2.2 两室一厅照明线路的调试与检测

调试与检测两室一厅照明线路时，应根据线路功能逐一检查各照明开关的控制功能是否正常、控制关系是否符合设计要求、照明灯具受控状态是否到位，在调试过程中对控制失常的控制开关、无法点亮的照明灯具及关联线路进行检修。

（1）检查两室一厅照明线路的控制功能

如图 32-11 所示，安装完成两室一厅照明控制线路的接线操作后，重新理清整个控制

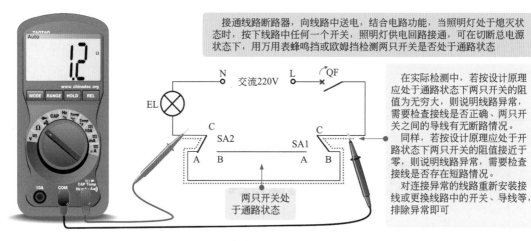

接通线路断路器，向线路中送电，结合电路功能，当照明灯处于熄灭状态时，按下线路中任何一个开关，照明灯供电回路接通，可在切断总电源状态下，用万用表蜂鸣挡或欧姆挡检测两只开关是否处于通路状态

在实际检测中，若按设计原理应处于通路状态下两只开关的阻值为无穷大，则说明线路异常，需要检查接线是否正确、两只开关之间的导线有无断路情况。

同样，若按设计原理应处于开路状态下两只开关的阻值接近于零，则说明线路异常，需要检查接线是否存在短路情况。

对连接异常的线路重新安装接线或更换线路中的开关、导线等，排除异常即可

图32-10 异地联控照明线路的检测与调试

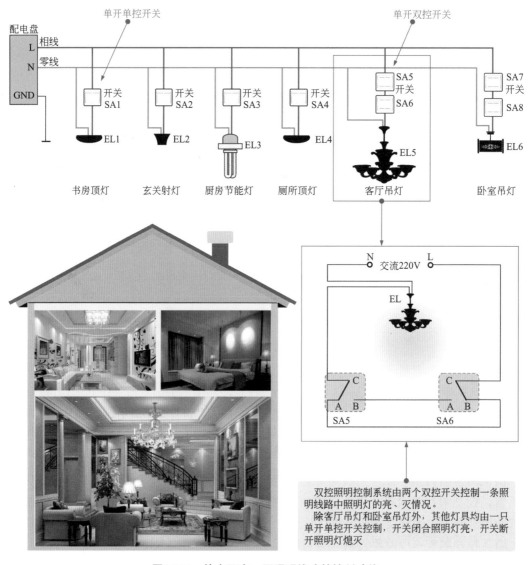

双控照明控制系统由两个双控开关控制一条照明线路中照明灯的亮、灭情况。

除客厅吊灯和卧室吊灯外，其他灯具均由一只单开单控开关控制，开关闭合照明灯亮，开关断开照明灯熄灭

图32-11 检查两室一厅照明线路的控制功能

线路的结构和功能特点，为调试做好准备。

（2）两室一厅照明线路的检测与调试

如图 32-12 所示，首先根据电路图、接线图逐级检查线路有无错接、漏接情况，并逐一检查各控制开关的开关动作是否灵活，所控制的线路状态是否正常，对出现异常的部位进行调整，使其达到最佳工作状态。

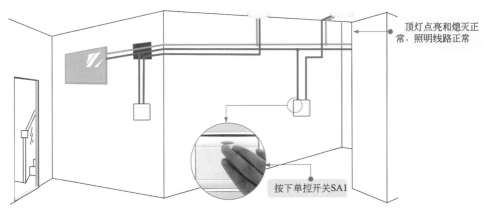

断电调试		通电调试	
按动照明线路中各控制开关，检查开关动作是否灵活	闭合室内配电盘中的照明断路器，接通电源	按动SA1	闭合EL1亮，断开EL1灭
		按动SA2	初始EL2亮，按动后灭
		按动SA3	初始EL3灭，按动后亮
		按动SA4	初始EL4亮，按动后灭
观察照明灯具安装是否到位，固定是否牢靠		按动SA5或SA6	初始EL5灭，按动后亮
		按动SA7或SA8	初始EL6亮，按动后灭

调试线路分为断电调试和通电调试两个方面。通过调试可确保线路能够完全按照设计要求实现控制功能，并正常工作。

结合前述典型单开单控照明线路的结构和工作过程，该线路的调试项目和方法见右表

图32-12　两室一厅照明线路的检测与调试

如图 32-13 所示，当操作单开单控开关 SA1 闭合时，由其控制的书房顶灯 EL1 不亮，怀疑该线路存在异常；断电后，检查照明灯具正常，怀疑接线或开关异常，借助万用表检测和判断开关好坏。

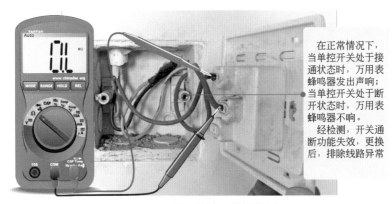

在正常情况下，当单控开关处于接通状态时，万用表蜂鸣器发出声响；当单控开关处于断开状态时，万用表蜂鸣器不响。

经检测，开关通断功能失效，更换后，排除线路异常

图32-13　单开单控开关的检测

32.3 有线电视系统的调试与检修

有线电视线路安装完成后，需要进行基本的调试与检测，确保线路功能正常。

32.3.1 有线电视线路线缆及接头的检查

在有线电视线路中，用户终端通过线缆和接头分别与墙面的有线电视插座、数字机顶盒连接，线缆接头是整个线路调试的重点，如图 32-14 所示。

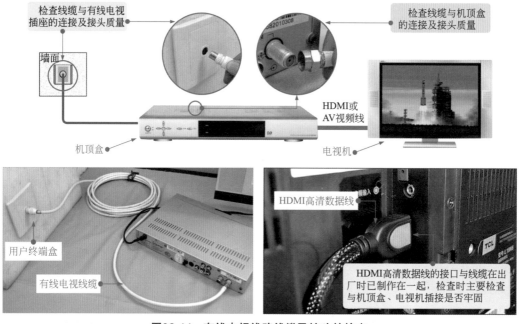

图32-14 有线电视线路线缆及接头的检查

【提示说明】

如图 32-15 所示，检查线缆接头（F 头）制作是否符合要求、线缆接头的线芯长度是否过短导致连接信号传输异常、线缆接头内绝缘层剥削不合格导致接触虚等。

图32-15 有线电视线缆F头的规格要求

32.3.2　有线电视线路用户终端信号的检测

有线电视线路是由系统前端送来一定强度的信号，经由电视机解码后还原出电视节目，无信号或信号强度不足都会引起收视功能异常，需要调整信号的衰减度。在一般情况下，可借助场强仪检测入户线送入信号的强度，如图 32-16 所示。

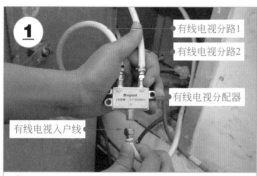

将有线电视入户线的输入接头从有线电视分配器入口端拔下

将有线电视入户线的输入接头与手持式数字场强仪上的 RF 转接头连接

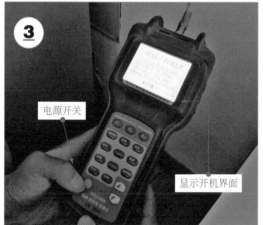

按下电源开关，启动手持式数字场强仪

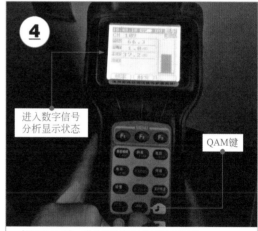

按下 QAM 键，进入数字信号分析显示状态

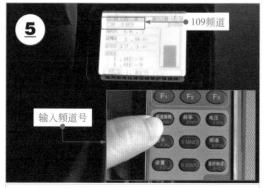

输入要检测的频道，如频道"109"，按频道确认键检测即可

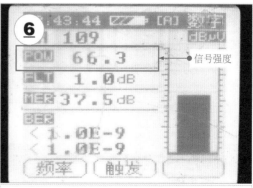

识读该频道信号强度，正常应为 66.3dB

图32-16

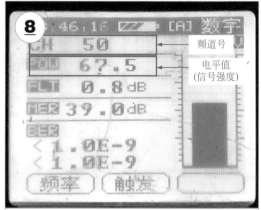

| 按上下键或FNC键，再按数字键输入其他频道数据，如"50" | 根据场强仪显示屏了解频道"50"的相关数据信息 |

图32-16　有线电视线路用户终端信号的检测

【提示说明】

　　若检测电视频道信号强度过小，则无法正常显示电视节目，需要沿系统连接顺序，逐一检查有线电视线缆的连接情况和设备的工作状态，并调试至信号强度在正常范围内。

32.4　家庭网络系统的调试与检修

　　网络线路安装完成后，需要进行基本的调试与检测，确保网络通信功能正常。

32.4.1　网络线路线缆及接口的检查

　　如图 32-17 所示，网络线路安装连接完成后，需要检测线缆能否接通，可使用专用的线缆测试仪测试。

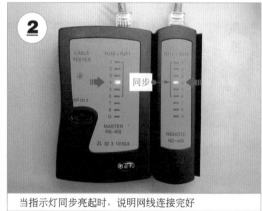

| 将网线两端插到测试仪接口上 | 当指示灯同步亮起时，说明网线连接完好 |

图32-17　网络线路线缆及接口的检查

【提示说明】

测试时，如果线缆测试仪的某个或几个指示灯不闪亮，则说明有线路不通。当网线中有 7 根或 8 根导线断路时，线缆测试仪的指示灯全都不会闪亮。用网线钳再次夹压水晶头，若还不通，则需要重新制作水晶头。

如果测试仪指示灯闪亮的顺序不对应，如测直通时，主测试仪 2 号指示灯闪亮，远程测试端的 3 号指示灯对应闪亮，则说明有接序错误的情况，应剪掉重新制作水晶头。

32.4.2 网络线路的调试与检查

在网络线路安装连接完成后，不仅需要对线路和硬件进行调试和检查，对相应参数或软件的正确设置也是确保线路通信正常的关键环节，任何的配置错误或设置不当都会造成网络不能传输或不能访问等情况，因此网络设置的检查和调试是网络线路施工中的关键步骤。

网络线路的检查和调试一般可借助 Ping 测试命令。Ping 命令主要用来测试网络是否通畅。已知局域网中目的计算机的 IP 地址为 192.168.1.14。测试本地机与该机的网络连接是否正常，通常在 Windows 系列操作系统桌面选择"开始→附件→程序→命令提示符"并输入"Ping 192.168.1.14"。若通畅，系统会反馈相关的信息。

图 32-18 为在计算机中执行 Ping 命令测试网络通畅的演示。

图32-18 执行Ping命令测试网络通畅的演示

【提示说明】

从图 32-18 中系统反馈的信息可知，本机共向目的计算机发出 4 个大小为 32B 的数据包，并得到 4 个回应报文，没有数据丢失，表明本地机与目的计算机连接通畅。

图 32-19 为在计算机中执行 Ping 命令测试网络不通畅的演示。

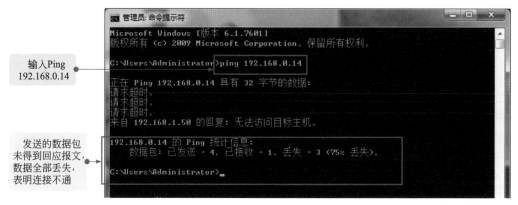

输入Ping 192.168.0.14

发送的数据包未得到回应报文，数据全部丢失，表明连接不通

图32-19 执行Ping命令测试网络不通畅的演示

【提示说明】

从图 32-19 中的反馈结果可知，本机对目的机共发出 4 个大小为 32B 的数据包，但没有得到回应报文，表明本地计算机与目的计算机没有连接，网络不通。

出现网络异常时，应仔细分析可能出现的原因和可能出现异常的网段和节点。

① 物理设备的检测：网卡是否正确安装；网卡的 I/O 地址是否与其他设备发生冲突；网线是否良好；网卡和交换机（集线器）的显示灯是否亮。

② 软件协议的检测：查看 IP 地址是否被占用；查看是否安装 TCP/IP 协议，若已安装，则在"命令提示符"中输入"Ping 127.0.0.1"，若不通，则说明 TCP/IP 协议不正常，删除后重装；检测网络协议绑定和网络设置是否有问题。

第 33 章

安防系统的设计与安装

33.1 视频监控系统的设计规划与安装

33.1.1 视频监控系统的结构与布线规划

（1）视频监控系统的结构

视频监控系统是指对重要的边界、进出口、过道、走廊、停车场、电梯等区域安装摄像设备，在监控中心通过监视器对这些位置进行全天候的监控，并自动进行录像，方便日后查询。

视频监控系统的应用方式有很多，根据监控范围的大小、功能的多少以及复杂程度的不同，视频监控系统所选用的设备也会不同。但总体上，视频监控系统的总体结构比较相似，基本上是由前端摄像部分、信号传输部分、控制部分以及图像处理显示部分组成的。

图 33-1 为视频监控系统的结构。

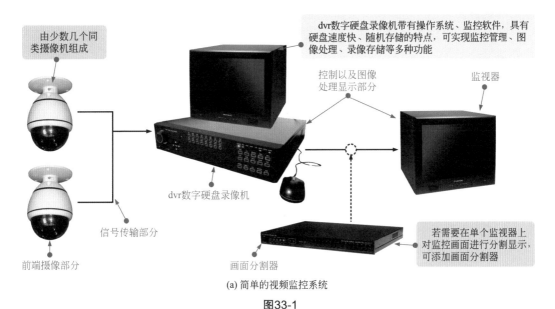

由少数几个同类摄像机组成

dvr数字硬盘录像机带有操作系统、监控软件，具有硬盘速度快、随机存储的特点，可实现监控管理、图像处理、录像存储等多种功能

控制以及图像处理显示部分

监视器

dvr数字硬盘录像机

信号传输部分

前端摄像部分

画面分割器

若需要在单个监视器上对监控画面进行分割显示，可添加画面分割器

(a) 简单的视频监控系统

图33-1

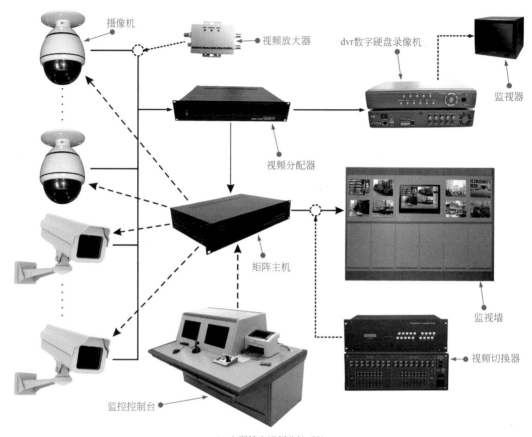

(b) 大型楼宇视频监控系统

图33-1 视频监控系统的结构

视频监控系统常用到的设备包括摄像机及其配件、视频分配器、dvr 数字硬盘录像机、矩阵主机、监视器、控制台等。

前端摄像部分用来采集视频以及音频信号，通过信号线路传送到图像处理显示部分，在专用的设备控制下，通过调节摄像设备的角度及焦距，还可改变采集图像的方位和大小。

信号传输部分用来传送采集到的视频 / 音频信号以及控制信号，是各设备之间重要的通信通道。

控制部分是整个系统的控制核心，它可被理解为一部特殊的计算机，通过专用的视频监控软件对整个系统的监控工作、图像处理、图像显示等进行协调控制，保证整个系统能够正常工作。

图像处理显示部分主要用来显示处理好的监控画面，保证图像清晰完整地呈现在监控工作人员的眼前。

（2）视频监控系统的布线规划

为了保证安装后的视频监控系统能够正常运行，有效监视周边及建筑物内的主要区域，减少火灾事故、盗窃案件的发生，并为日后的取证采集做好备份，在安装视频监控系统前，需要对楼宇及周边环境进行仔细考察，确定视频监控区域，制定出合理的视频监控系统布线安装规划。

图 33-2 为典型园区视频监控系统的总体布线规划。园区内的全部摄像机通过并联的方

式接在电源线和通信线路上，为减少线路负荷，可从监控中心分出多路干线，通过埋地敷设连接某区域内的几个摄像机。

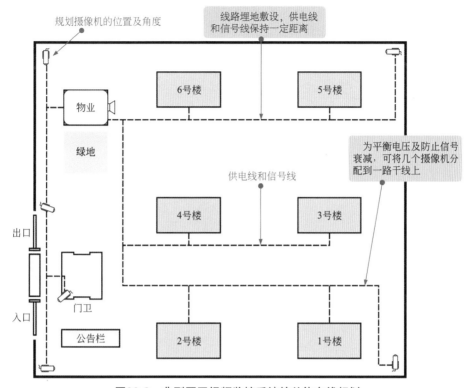

图33-2　典型园区视频监控系统的总体布线规划

【提示说明】

对于视频信号线缆，300m 以内可使用双绞线，超过 300m 建议使用同轴线缆；对于控制信号线，可根据配线位置使用 6 芯、4 芯或 2 芯绞线；电源线使用普通铜芯护套线即可，但需要根据线路的载流量选择线径。

33.1.2　视频监控系统的安装

（1）摄像机安装

安装固定好支架或云台后，可对摄像机进行安装。先将摄像机面板罩取下，然后使用螺钉将其固定到支架或云台上，再对摄像机进行接线，最后装回摄像机面板罩。

如图 33-3 所示，面板罩拆下后，可看到黑色的内球罩，再将其取下。

如图 33-4 所示，固定好摄像机后，接下来进行连线。将视频线和电源线从支架孔中穿过，并按要求连接到摄像机上。

一边观察监视器，一边调整水平、俯仰和方位，并检查摄像机动作是否正常，图像是否正常。图 33-5 为摄像机水平、俯仰和方位的调整。

所有调整和连线完成后，将内球罩安装到摄像机上，然后将面板罩安装到摄像机上。最后使用十字头螺丝刀将面板螺钉上紧，并将遮挡橡皮帽装到螺钉孔上。

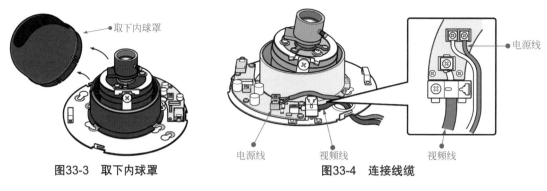

图33-3　取下内球罩　　　　　　　　　　图33-4　连接线缆

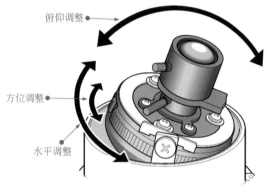

图33-5　摄像机水平、俯仰和方位的调整

（2）解码器连接

解码器通常安装在云台附近，主要通过线缆与云台及摄像机镜头进行连接。图 33-6 为解码器与云台、镜头的连接示意图。

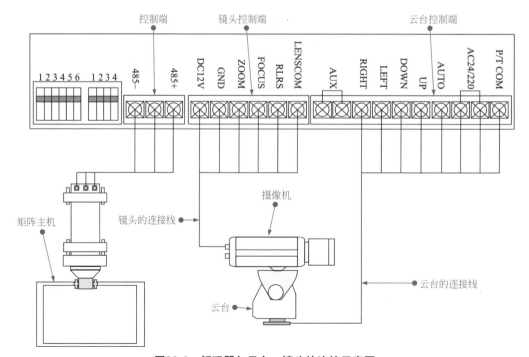

图33-6　解码器与云台、镜头的连接示意图

33.2　火灾报警系统的设计规划与安装

33.2.1　火灾报警系统的结构与布线规划

火灾报警系统也称为火灾自动报警系统。火灾报警系统主要是由火灾探测器、各种火灾报警控制器、火灾报警按钮、火灾紧急广播（或报警铃）等构成的。

（1）区域报警系统

区域报警系统主要是由区域火灾报警控制器和火灾探测器等构成的，是一种结构简单的火灾自动报警系统，该类系统主要适用于小型楼宇或单一防火对象，通常情况下，在区域报警系统中使用区域火灾报警控制器的数量不得超过 3 台。

图 33-7 为典型的区域报警系统结构。

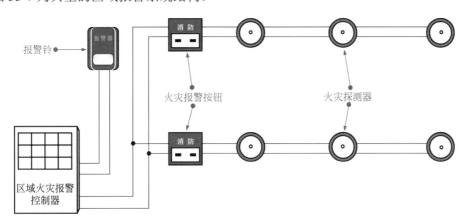

图33-7　典型的区域报警系统结构

在区域报警系统中，火灾探测器与火灾报警按钮串联在一起，同时与区域火灾报警控制器进行连接，再由区域火灾报警控制器与报警铃相连，若支路中一个探测器检测有火灾的情况，则通过区域火灾报警控制器控制报警铃发出警报。该系统中的每个部件均起着非常重要的作用。

（2）集中报警系统

集中报警系统主要是由集中火灾报警控制器、区域火灾报警控制器和火灾探测器等构成的，是一种功能较复杂的火灾自动报警系统。该类系统通常适用于高层宾馆、写字楼等楼宇中。图 33-8 为典型集中报警系统。

在集中报警系统中，区域火灾报警控制器和火灾探测器均与区域报警系统中的部件相同，只是在区域报警系统的基础上添加了集中火灾报警控制器，将整个火灾报警系统进行扩大化，适用范围更广泛。

（3）控制中心报警系统

控制中心报警系统主要是由消防控制室的消防控制设备、集中火灾报警控制器、区域火灾报警控制器和火灾探测器等构成的，是一种功能复杂的火灾自动报警系统，该类系统适合应用于小区楼宇中。

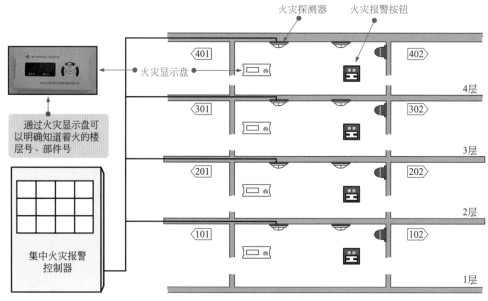

图33-8 典型集中报警系统

控制中心报警系统将各种灭火设施和通信装置进行联动，从而形成控制中心报警系统，由自动报警、自动灭火、安全疏散诱导等组成一个完整的系统。图 33-9 为典型控制中心报警系统。

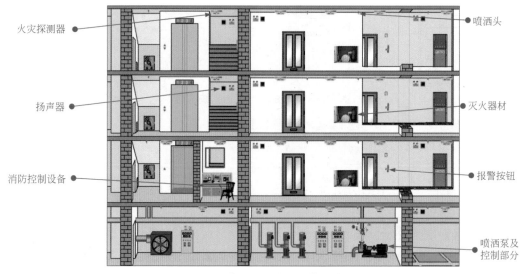

图33-9 典型控制中心报警系统

33.2.2 火灾报警系统的布线安装

安装楼宇火灾报警系统时，可先根据火灾报警系统的先后顺序，先安装火灾联动控制器和消防控制主机，然后安装火灾探测器、火灾报警铃、火灾报警按钮以及火灾报警控制器等。

（1）火灾联动控制器和消防控制主机的安装

安装火灾报警系统时，先需要将火灾联动控制器和消防控制主机安装在消防控制室内，安装时注意安装的方式：将火灾联动控制器采用壁挂的方式安装在位于消防控制主机旁边的墙面上；然后将火灾联动控制器与消防控制主机进行连接、将消防控制主机与管理计算机进行连接，实现数据的传输；最后将火灾联动控制器与火灾报警控制器的信号线分别连入各楼层的火灾报警设备中。

图 33-10 为火灾联动控制器和消防控制主机的安装。

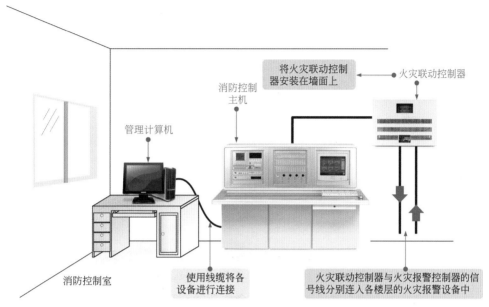

图33-10　火灾联动控制器和消防控制主机的安装

（2）火灾探测器安装连接

安装火灾探测器时需要进行的操作有线缆的敷设、中间连接器的连接以及火灾探测器的安装及接线。

① 线缆的敷设　火灾报警线路通常采用暗敷的方式进行敷设，但采用暗敷的方式进行敷设时，需要将线路敷设在不燃烧的结构中，即敷设在金属管内。如需要弯曲时，注意金属管弯曲的曲率半径必须大于金属管内径的 6 倍以上。否则管内壁会引起变形，矿物绝缘导线以及其他线缆不容易穿入。

图 33-11 为矿物绝缘电缆的敷设方式。

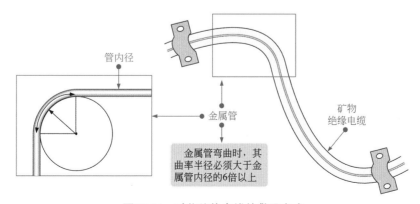

图33-11　矿物绝缘电缆的敷设方式

② 中间连接器的连接 电缆敷设安装过程中，要在附件安装时进行割断分制操作，并且分制后及时进行终端的安装和连接。由于所采用的电缆为矿物绝缘电缆，在安装时会受到长度及不同电气回路电缆的影响，因此需要采用中间连接器将两根相同规格的电缆连接在一起。

图 33-12 为中间连接器的连接方法。

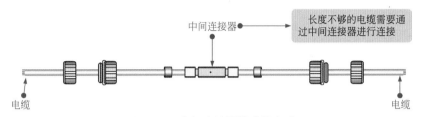

图33-12　中间连接器的连接方法

③ 火灾探测器的安装及接线 将相关的线缆敷设完成后，将火灾探测器的接线盒安装到墙体内，再将火灾探测器的通用底座与接线盒通过固定螺钉进行连接固定，固定完成后，对火灾探测器进行接线操作，即将火灾探测器的连接线与火灾探测器通用底座的接线柱进行连接，最后将火灾探测器接在火灾探测器的通用底座上，并使用固定螺钉拧紧。

图 33-13 为火灾探测器的安装及接线方法。

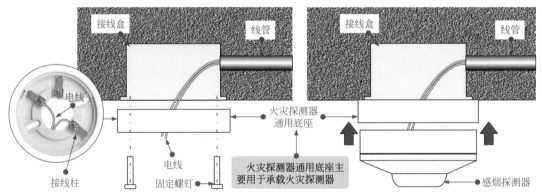

图33-13　火灾探测器的安装及接线方法

【提示说明】

在安装火灾探测器时，应符合下列安装规定。

① 安装火灾探测器时，探测器至天花板或房梁的距离应大于 0.5m，其周围 0.5m 内不应有遮挡物。

② 安装感烟探测器时，探测器至送风口的水平距离应大于 1.5m，与多孔送风天花板孔口的水平距离应大于 0.5m。

③ 在宽度小于 3m 的内楼道天花板上设置火灾探测器时，应居中安装火灾探测器，并且火灾探测器的安装间距不应超过 10m，感烟探测器的安装间距不应超过 15m，探测器距墙面的距离不大于探测器安装间距的一半。

④ 火灾探测器应水平安装，若必须倾斜安装时，其倾斜角度不大于 45°。

⑤ 火灾探测器的底座应与接线盒固定牢固，其导线必须可靠压接或焊接，探测

器的外接导线应留有不小于 150mm 的余量。

⑥ 火灾探测器的指示灯应面向容易观察的主要入口方向。

⑦ 连接电线的线管或线槽内，不应有接头或扭结。电线的接头应在接线盒内焊接或用接线端子连接。

（3）火灾报警铃、火灾报警按钮、火灾报警控制器的安装及接线

火灾探测器安装完成后，将火灾报警铃、火灾报警按钮、火灾报警控制器安装到楼道墙面的预留位置上，并进行线路的连接。

图 33-14 为火灾报警系统中其他部件的安装及接线方法。

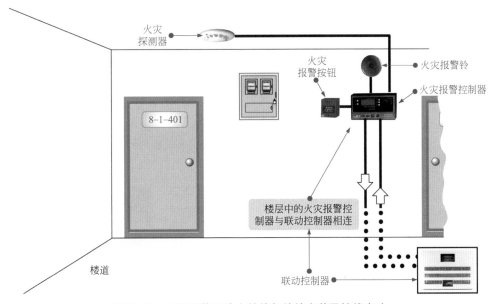

图33-14　火灾报警系统中其他部件的安装及接线方法

【提示说明】

由于火灾报警按钮是人工操作器件，因此，在安装时应将其安装在不可人为随意安装的位置，否则将产生误报警的严重后果。

安装火灾报警按钮时，应注意以下几点。

① 安装时，每个保护区（防火单元）至少设置一个火灾报警按钮。

② 安装火灾报警按钮时，应安装在便于操作的出入口处，并且步行距离不得大于 30 m。

③ 火灾报警按钮的安装高度应为 1.5m 左右。

④ 安装火灾报警按钮时，应设有明显的标志，以防止误触发现象的发生。

安装火灾报警铃时，需要注意以下几点。

① 每个保护区至少应设置一个火灾报警铃。

② 火灾报警铃应安装在各楼层楼道靠近楼梯出口处。

水电工施工 从入门到精通

33.3 防盗报警系统的设计规划与安装

33.3.1 防盗报警系统的结构与布线规划

（1）防盗报警系统的结构

防盗报警系统是指利用各种探测装置对建筑物内以及周边防范区域进行探测，有人员非法侵入防范区域时，能够自动识别并报警。楼宇周边防盗系统品种很多，但系统总体结构相似，都是由前端探测器、信号通道、报警控制器以及辅助设备这几部分组成的。

图33-15为楼宇周边防盗系统的结构。

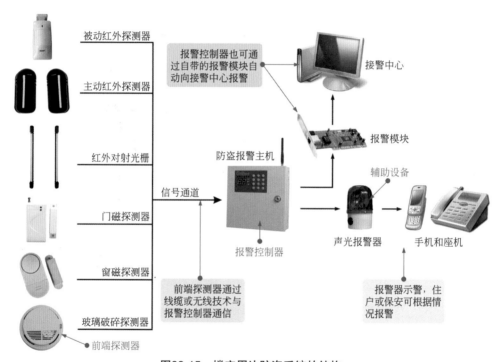

图33-15 楼宇周边防盗系统的结构

各个前端探测器通过信号通道（或无线通信）与报警控制器相连，系统启动运行后，报警控制器时刻对前端探测器传送回的信号进行分析，发现异常后，立即发出信号控制报警器工作。

（2）防盗报警系统的布线规划

为了保证安装后的防盗系统能够有效减少和防止盗窃事件的发生，保护财产安全，在安装防盗系统前，需要对楼宇及周边环境进行仔细考察，确定防范区域，制定出合理的防盗系统安装规划。

图33-16为办公楼周边防盗系统的布线规划。围墙处的探测器使用一根供电线路，各探测器并联；探测器接收端各信号线分别与报警主机相连。

防盗报警系统中各设备的布线安装及线缆的敷设需要遵循一定的原则，才能保证设备的正常使用，减少误报警的发生。

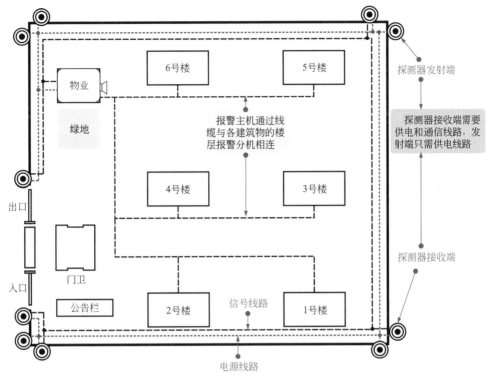

图33-16 办公楼周边防盗系统的布线规划

1）主动红外探测器的设计安装原则

① 在安装时要尽量使两个主动红外探测器保持水平，两个主动红外探测器之间不可以有障碍物，主动红外探测器的探测角度上下不能超过 20°。图 33-17 为主动红外探测器的探测角度。

② 主动红外探测器如果安装在支架上，支架长度应为 1m 左右，支架直径为 40mm，在支架顶端以下 20mm 处有直径为 10mm 的小孔，以作穿线用。

③ 主动红外探测器一般分为发射端和接收端两部分，只需要发射端连接电源线便可，连接护套线的线径的大小要视线路的长度而定，线路越长要求的线径就越粗，一般使用 1.0mm^2 的电源线。接收端要与电源线和信号

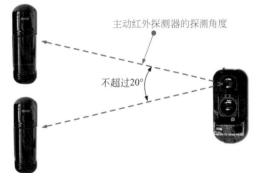

图33-17 主动红外探测器的探测角度

线连接，一般电源线采用的是普通 2 芯护套线，信号线采用的是屏蔽 2 芯双绞线，与报警主机或子机相连。

④ 主动红外探测器采用集中供电，供电时应注意线路不可太长。如果线路太长，电压就会衰减，通常使用 1.0mm^2 的电源线，最长不可以超过 500m。

⑤ 接线时，电源线接主动红外探测器的 POWER（+）端子，而信号线则连接 COM 端子和 NO 端子，这种连接方法平时状态为常开，而当主动红外探测器发生报警时，会触发一个闭合信号给报警主机，主机收到闭合信号就会报警。

2）线缆敷设连接的设计原则

① 信号线分支要求　信号线不应出现分支情况，当分支情况不可避免时，则必须满足三条要求：分支长度不大于 10m；信号线长度之和不超过 800m；该分支线上的设备总数不得超过 50 个。

② 系统中的信号线布线要求　周边防护系统中的信号线应尽量远离干扰源，信号线应走弱电井，不能与强电（例如交流 220V）并行布线，也不能与射频信号线路（如 CATV、大信号音频线）并行布线。若并行布线，距离应大于 0.5m，但是可以同直流线路进行同管布线。图 33-18 为系统中的信号线布线要求。

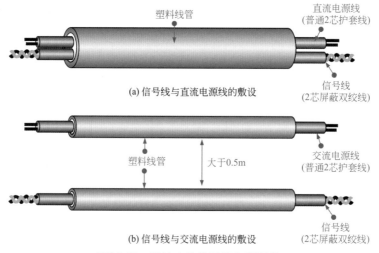

图33-18　系统中的信号线布线要求

③ 处理线路端子要求　所有线路的端子必须采用焊接或螺钉卡紧方式，并将连接部位做好防水及防潮处理，例如，可将对接点焊接后，用防水胶带缠紧或用环氧树脂密封处理。

④ 接地要求

a. 同一个线路段上所有的连接设备必须具有统一的信号接地，以避免共模干扰。

b. 集中供电时，同一个线路段上所有电源的直流负极，必须直接接到一起组成公共信号地，此时信号地即直流电源地。通信设备自带电源的直流负极也要接到直流电源地。

c. 当独立进行供电时，要将所有总线设备的接地（黑线）引脚接在一起，组成公共信号地。

3）其他设计原则

① 线路绝对不能明敷，必须穿管暗敷，这是保证探测器工作安全性最起码的要求。

② 安装在围墙上的探测器，其射线距墙的最远水平距离不能大于 30cm。

③ 顶上安装的探测器，探头的位置应高出栅栏或围墙顶部 25cm，以减少在墙上活动的小鸟、小猫等引起误报。

33.3.2　防盗报警系统的安装

（1）防盗报警线缆敷设

在周边防盗系统规划完成后，应先对线缆进行敷设，其中包括线缆在建筑物周边的敷设和线缆在围墙上的敷设，下面详细介绍两种敷设方法。

① 建筑物周边线缆的敷设　线缆在建筑物周边的敷设可以采用直接埋地的敷设方式。在建筑物周围,除了防盗系统的供电、信号线缆外,还有照明、广播、视频等信号线路,因此应将防盗系统的线缆穿在塑料管中进行敷设,并且尽量与其他线路分开敷设或采用不同的线路。

② 围墙上线缆的敷设　围墙上线缆的敷设采用的是暗敷,防盗系统的线缆采用暗敷,可有效保证防盗系统的安全稳定。

金属管(钢管)具有强度高的特点,因此不易被破坏,很适合防盗系统的线缆敷设用。为安全起见,金属管内必须使用绝缘线缆,并且两引线不得在管内接头,金属管的厚度不得小于 1.2mm。图 33-19 为金属管的连接。

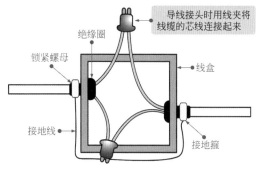

图33-19　金属管的连接

【提示说明】

金属管弯曲时,其曲率半径必须大于金属管内径的 6 倍以上,否则管内壁会引起变形,导线不容易穿入。弯管有专用的工具。

此外还要考虑电磁平衡问题,我们知道电流流过导线会有电磁感应,在金属管外壁会有感应电压产生,采用双线穿入同一金属管的方法,由于电流是相反的,因此是安全的,如图 33-20 所示。

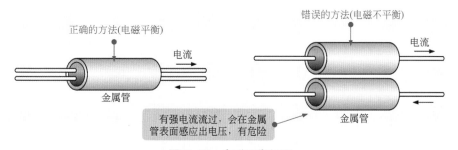

图33-20　电磁平衡问题

(2)防盗报警设备的安装连接

线缆敷设完毕后,就可在规划位置安装主动红外探测器,安装时要严格遵循装配要求,安装好后要进行调试,保证设备能够正常工作。

① 主动红外探测器的定位　确定安装位置,使安装后的探测器射束能有效遮断目标通道,在安装面上做好标识,保证发射接收互相对准、平行。主动红外探测器安装的基本要求如下。

a.根据探测器的有效防护区域、现场环境，确定探测器的安装位置、角度、高度，要求探测器在符合防护要求的条件下尽可能安装在隐蔽位置。

b.走线应尽可能隐蔽，避免被破坏。一般线缆采用暗敷的方式进行敷设。

c.做好备案，施工图纸应注明各防护区探测器及缆线的型号规格，并标明电缆内各色线的用途，便于后期的设备维护。

② 穿线并固定主动红外探测器

a.将电源线及信号线从支架穿线孔中穿出。

b.将电源线按照连接标识"＋""－"正确接入接线柱并拧紧，并将信号线接在"COM"端和"NO"端，并将主动红外探测器固定到支架上。

图33-21 为主动红外探测器的安装连接。

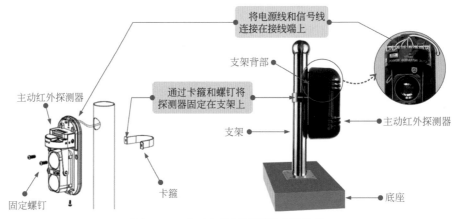

图33-21 主动红外探测器的安装连接

（3）报警主机的连接

安装好探测器后，接下来要对报警控制器，也就是报警主机、子机进行安装连接，报警主机安装在监控中心中，子机安装在各楼层报警控制箱中，固定好后再对线路进行连接。

图33-22 为报警控制器线路的连接。

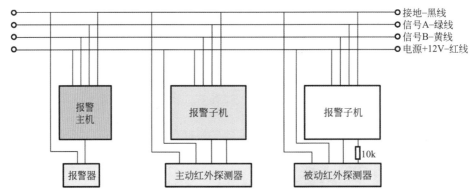

图33-22 报警控制器线路的连接

探测器和相关线路连接到主机上后，要求在报警主机上该防护区警示灯无闪烁、不点亮，防护区无报警指示输出，表示整个防护区设置正常。否则，要对线路进行检查，对探头进行重新调试，重新对防护区状态进行确定。

第 34 章 多联中央空调系统的设计与安装

34.1 多联中央空调系统的设计规划

　　中央空调是一种应用于大范围（区域）的空气调节系统。它通过管路将主机与安装于室内的各个末端设备相连，集中控制，实现大范围（区域）的制冷或制热。

　　多联中央空调是中央空调的主要形式，这种中央空调的结构简单，通过一台主机（室外机）即可实现对室内多处末端设备的制冷或制热控制，如图 34-1 所示。

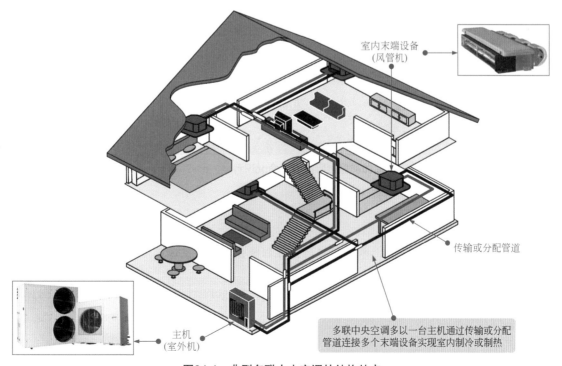

图34-1　典型多联中央空调的结构特点

多联中央空调系统采用集中空调的设计理念，室外机安装于户外，室外机有一组（或多组）压缩机，可以通过一组（或多组）管路与室内机相连，构成一个（或多个）制冷（制热）循环。多联中央空调的室内机有嵌入式、卡式、吊顶式、落地式等多种形式。一般在房屋装修时，将其嵌入在家庭、餐厅、卧室等各个房间（或区域），不影响室内布局，同时具有送风形式多样、送风量大、送风温差小、制冷（制热）速度快、温度均衡等特点。

34.1.1 多联中央空调的结构组成

如图 34-2 所示，多联中央空调采用制冷剂作为冷媒，可以通过一个室外机拖动多个室内机进行制冷或制热工作。因此，也可称为一托多式的中央空调。

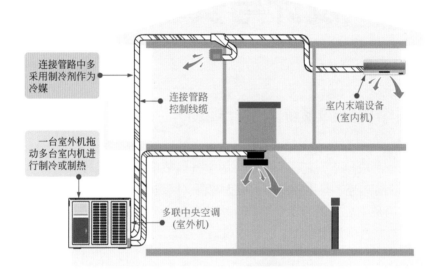

连接管路中多采用制冷剂作为冷媒

连接管路控制线缆

室内末端设备（室内机）

一台室外机拖动多台室内机进行制冷或制热

多联中央空调（室外机）

图34-2 多联中央空调的整体结构

图 34-3 为多联中央空调的结构组成。室内机中的各管路及电路系统相对独立，而室外机中将多个压缩机连接在一个室外管路循环系统中，由主电路以及变频电路对其进行控制，通过管路系统与室内机组进行冷热交换，达到制冷或制热的目的。

（1）多联中央空调的室外机

多联中央空调的室外机主要用来控制压缩机为制冷剂提供循环动力，然后通过制冷管路与室内机配合，实现能量的转换。

【相关资料】

如图 34-4 所示，通常多联中央空调的室外机中可容纳多个压缩机，每个压缩机都有一个独立的循环系统，不同的压缩机可以构建各自独立的制冷循环。

（2）风管式室内机

图 34-5 为风管式室内机的实物外形。风管式室内机一般在房屋装修时，嵌入在家庭、餐厅、卧室等各个房间相应的墙壁上。

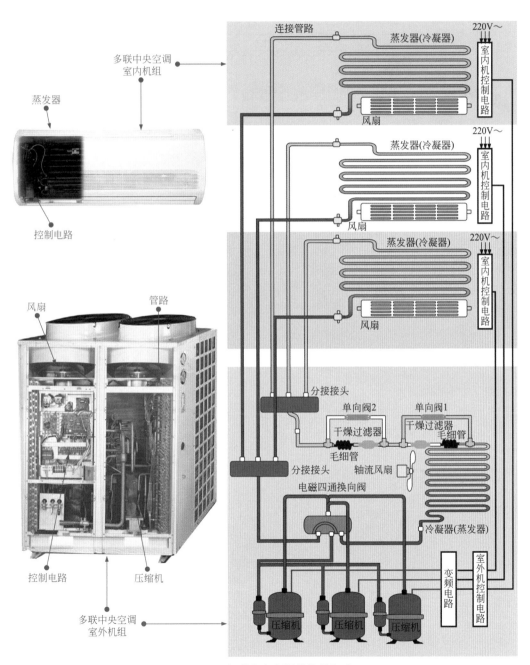

图34-3 多联中央空调的结构组成

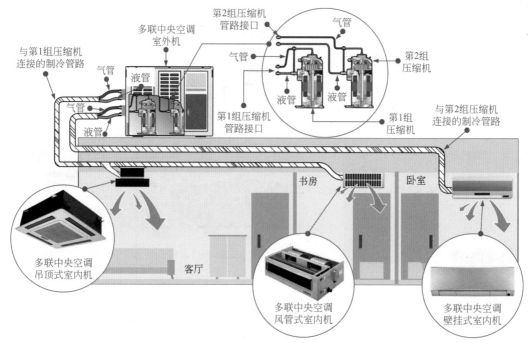

图34-4　多联中央空调室外机中压缩机的控制关系

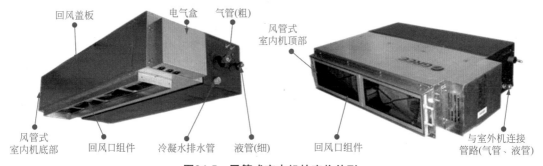

图34-5　风管式室内机的实物外形

（3）嵌入式室内机

图34-6为嵌入式室内机的实物外形。嵌入式室内机主要由涡轮风扇电动机、涡轮风扇、蒸发器、接水盘、控制电路、排水泵、前面板、过滤网、过滤网外壳等构成。

图34-6　嵌入式室内机的实物外形

（4）壁挂式室内机

图 34-7 为壁挂式室内机的实物外形。壁挂式室内机可以根据用户的需要挂在房间的墙壁上。从壁挂式室内机的正面可以找到进风口、前盖、吸气栅（空气过滤部分）、显示和遥控接收面板、导风板、出风口等部分。

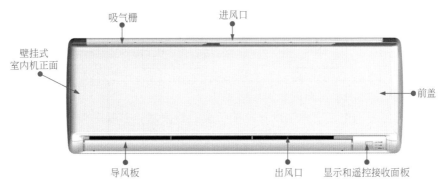

图34-7　壁挂式室内机的实物外形

34.1.2　多联中央空调的安装设计规范

安装多联中央空调必须了解系统的总体设计规范和施工原则。例如，根据实际设定安装方案，明确整个系统的总体设计原则，如制冷管路长度/高度差要求、室内/外机的类型、安装位置和高度落差等，如图 34-8 所示。

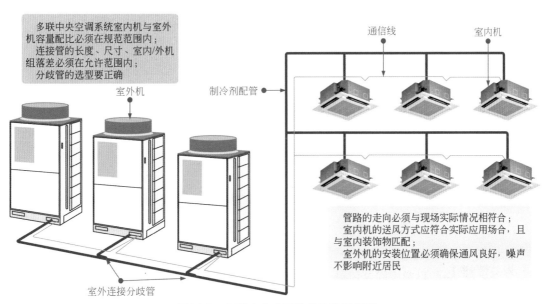

图34-8　多联中央空调的总体设计规范

【相关资料】

多联中央空调系统室内机与室外机的容量配比一般为 50%～130%，不同厂家要求不同，但基本上最低不能低于 50%，最高不超过 130%，超出这一范围将导致多联中央空调系统无法开机。

容量配比最低不可低于50%，是因为当多联中央空调室外机的压缩机运转一定时间，达到所需要的负荷后，压缩机自动转为低频运转或停机。若配比低于50%，即室内机总制冷量低于室外机的50%，则会出现室外机的能力过剩，高压压力高，则会引起停机保护等动作，误报故障。另外，由于系统中的冷媒量小，将导致制冷剂无法正常循环，严重时会导致压缩机损坏和烧毁，且由于压缩机不是在其高效工作区域运行，能耗较高，不利于节能。

（1）多联中央空调制冷管路的长度设计要求

图34-9为典型多联中央空调制冷管路的长度设计要求。多联中央空调制冷配管按照机组容量的不同有不同的长度要求（不同厂家对长度的要求有细微差别，可根据出厂说明具体了解）。

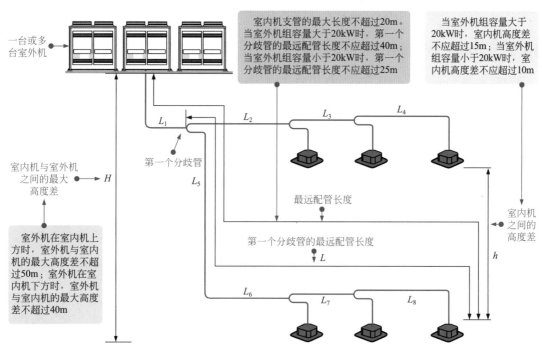

图34-9　典型多联中央空调制冷管路的长度设计要求

【相关资料】

制冷管路长度要求中，等效长度是指在考虑了分歧管、弯头、存油弯等局部压力损失后换算之后的长度。其计算公式为：等效长度＝配管长度＋分歧管数量×分歧管等效长度＋弯头数量×弯头等效长度＋存油弯数量×存油弯等效长度。

分歧管的等效长度一般按0.5m计算，弯头和存油弯的等效长度与管路管径有关，如表34-1所示。

不同容量机组的制冷管路长度要求见表34-2。

表 34-1 不同管径制冷管路弯头、存油弯的等效长度

管径 /mm	等效长度 /m		管径 /mm	等效长度 /m		管径 /mm	等效长度 /m	
	弯头	存油弯		弯头	存油弯		弯头	存油弯
φ9.52	0.18	1.3	φ22.23	0.40	3.0	φ34.9	0.60	4.4
φ12.7	0.20	1.5	φ25.4	0.45	3.4	φ38.1	0.65	4.7
φ15.88	0.25	2.0	φ28.6	0.50	3.7	φ41.3	0.70	5.0
φ19.05	0.35	2.4	φ31.8	0.55	4.0	φ44.5	0.70	5.0
分歧管	0.5							

表 34-2 不同容量机组的制冷管路长度要求

R410A 制冷剂系统		容量大于或等于 60kW 机组	容量大于或等于 20kW 且小于 60kW 机组	容量小于 20kW 机组
配管总长（实际长）		500m	300m	150m
最远配管长度	实际长度	150m	100m	70m
	相当长度	175m	125m	80m
第一分歧管到最远室内机配管长度		40m	40m	25m
室内机 – 室外机落差	室外机在上	50m	50m	30m
	室外机在下	40m	40m	25m
室内机 – 室内机落差		15m	15m	10m

（2）多联中央空调室外机配管的安装要求

制冷配管从室外机机组底部引出，通过分歧管连接，其中机组气管由气管分歧管连接（较粗），液管由液管分歧管连接（较细）。图 34-10 为多联中央空调室外机制冷管路的连接要求。

（3）多联中央空调室外机的连接要求

在多台室外机连接构成的室外机组系统中，室外机的连接顺序、连接管路引出长度、分歧管高度、制冷管路引出方向等都有一定要求，如图 34-11 所示。

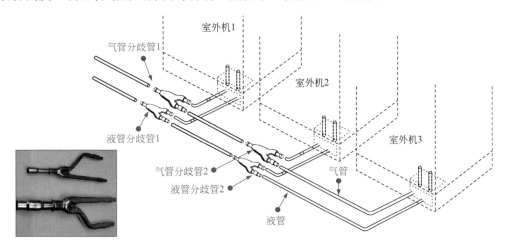

(a) 制冷管路从室外机组底部水平引出

图34-10

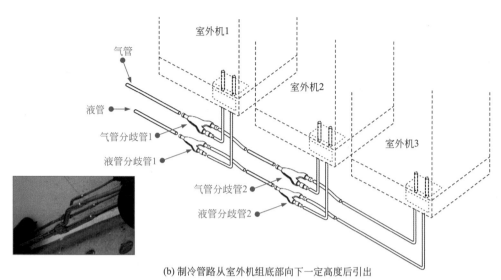

(b) 制冷管路从室外机组底部向下一定高度后引出

图34-10 多联中央空调室外机制冷管路的连接要求

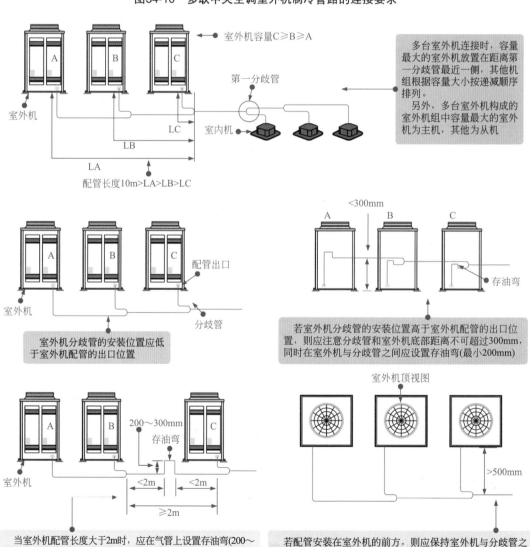

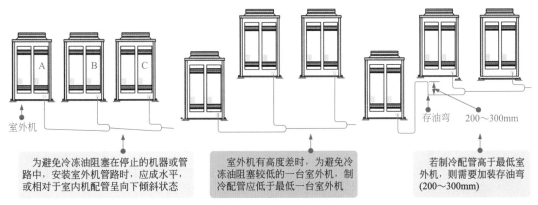

为避免冷冻油阻塞在停止的机器或管路中，安装室外机管路时，应成水平，或相对于室内机配管呈向下倾斜状态

室外机有高度差时，为避免冷冻油阻塞较低的一台室外机，制冷配管应低于最低一台室外机

若制冷配管高于最低室外机，则需要加装存油弯（200～300mm）

图34-11　多联中央空调室外机的连接要求

34.2　多联中央空调系统的安装

34.2.1　多联中央空调室外机的安装连接

多联中央空调室外机的安装情况直接决定换热效果的好坏，并对多联中央空调高性能的发挥也起着关键的作用。为避免由于多联中央空调室外机安装不当造成的不良后果，对室外机的安装位置、固定方式和连接方法也有一定要求。

（1）多联中央空调室外机的安装位置

多联中央空调室外机应放置于通风良好且干燥的地方，不应安装在空间狭小的阳台或室内；室外机的噪声及排风不应影响到附近居民；室外机不应安装于多尘、多污染、多油污或含硫等有害气体成分高的地方。图34-12为典型多联中央空调室外机的安装位置图。

多联中央空调室外机

多联中央空调室外机

图34-12　典型多联中央空调室外机的安装位置图

图34-13为多联中央空调室外机的安装空间要求。可以看到，同一台室外机因安装位置受周围环境因素的影响，对安装空间有不同的要求和规定。

不同品牌、型号和规格的多联中央空调室外机，对安装空间的具体要求也不同。在实际安装时，必须根据实际室外机设备的安装说明和要求规范确定安装位置。图34-14为水平出风单台室外机和顶部出风单台室外机的安装位置要求对比。

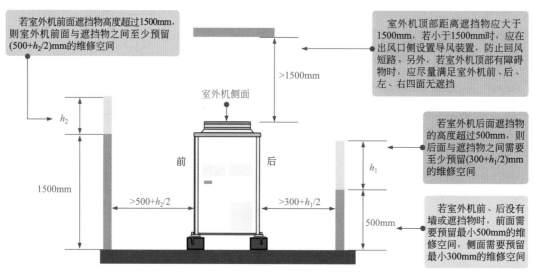

若室外机前面遮挡物高度超过1500mm，则室外机前面与遮挡物之间至少预留(500+h_2/2)mm的维修空间

室外机顶部距离遮挡物应大于1500mm，若小于1500mm时，应在出风口侧设置导风装置，防止回风短路。另外，若室外机顶部有障碍物时，应尽量满足室外机前、后、左、右四面无遮挡

室外机侧面

前 后

若室外机后面遮挡物的高度超过500mm，则后面与遮挡物之间需要至少预留(300+h_1/2)mm的维修空间

若室外机前、后没有墙或遮挡物时，前面需要预留最小500mm的维修空间，侧面需要预留最小300mm的维修空间

图34-13 多联中央空调室外机的安装空间要求

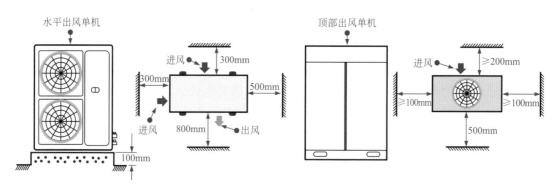

水平出风单机

顶部出风单机

进风

进风

出风

进风

图34-14 水平出风单台室外机和顶部出风单台室外机的安装位置要求对比

【提示说明】

如图34-15所示，当多台室外机同向安装时，一组最多允许安装6台室外机，相邻两组室外机之间的最小距离应不小于1m。另外，若室外机安装在不同楼层时，需要特别注意避免气流短路，必要时需要配置风管。

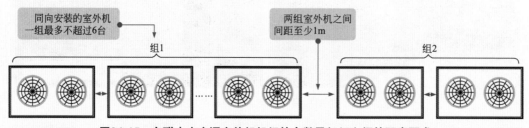

同向安装的室外机一组最多不超过6台

两组室外机之间间距至少1m

组1

组2

图34-15 多联中央空调室外机机组的台数及机组之间的距离要求

（2）多联中央空调室外机的固定

多联中央空调室外机一般固定在专门制作的基座上。室外机基座是承载和固定室外机的重要部分，基座的好坏以及安装状态也是影响多联中央空调整个系统性能的重要因素。目前，多联中央空调室外机基座主要有混凝土结构基座和槽钢结构基座两种。

① 混凝土结构基座　混凝土结构基座一般根据多联中央空调室外机的实际规格和安装位置现场浇注制作，图 34-16 为多联中央空调室外机混凝土结构基座的相关要求。

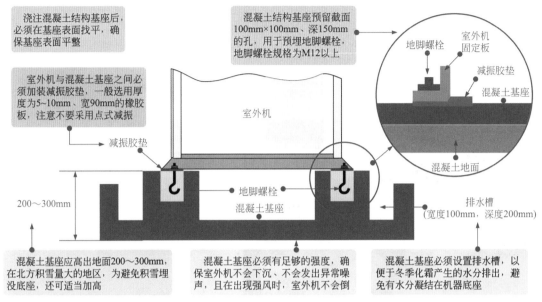

浇注混凝土结构基座后，必须在基座表面找平，确保基座表面平整

混凝土结构基座预留截面100mm×100mm、深150mm的孔，用于预埋地脚螺栓，地脚螺栓规格为M12以上

室外机与混凝土基座之间必须加装减振胶垫，一般选用厚度为5~10mm、宽90mm的橡胶板，注意不要采用点式减振

减振胶垫

200~300mm

室外机

地脚螺栓

混凝土基座

排水槽（宽度100mm，深度200mm）

地脚螺栓 室外机固定板 减振胶垫 混凝土基座 混凝土地面

混凝土基座应高出地面200~300mm，在北方积雪量大的地区，为避免积雪埋没底座，还可适当加高

混凝土基座必须有足够的强度，确保室外机不会下沉、不会发出异常噪声，且在出现强风时，室外机不会倒

混凝土基座必须设置排水槽，以便于冬季化霜产生的水分排出，避免有水分凝结在机器底座

图34-16　多联中央空调室外机混凝土结构基座的相关要求

【提示说明】

浇注混凝土结构基座时需要注意，混凝土结构基座的设置方向应该沿着多联中央空调室外机座的横梁，不可垂直相交于横梁设置，如图 34-17 所示。

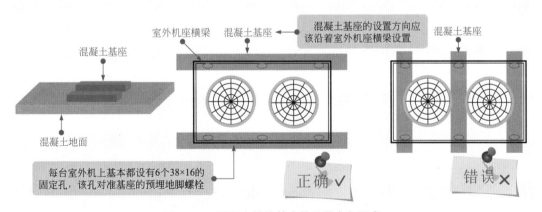

混凝土基座

室外机座横梁 混凝土基座

混凝土基座的设置方向应该沿着室外机座横梁设置

混凝土基座

混凝土地面

每台室外机上基本都设有6个38×16的固定孔，该孔对准基座的预埋地脚螺栓

正确√　　错误×

图34-17　混凝土结构基座的设置方向要求

② 槽钢结构基座　室外机采用槽钢结构基座时，宜选择 14 或更大规格的槽钢作为基座。槽钢上端预留有螺栓孔，用于与室外机固定孔对准固定连接，图 34-18 为槽钢结构基座及相关要求。

制作好基座后，将多联中央空调室外机固定到基座上，即可完成室外机的固定。

如图 34-19 所示，采用起吊设备将室外机吊运到符合安装要求的位置，使用国标规格的固定螺母、垫片将其固定在制作好的基座上即可。

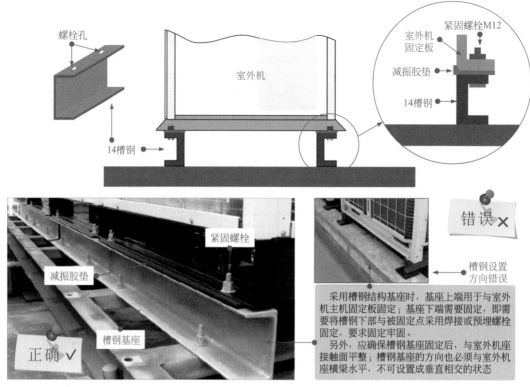

图34-18　槽钢结构基座及相关要求

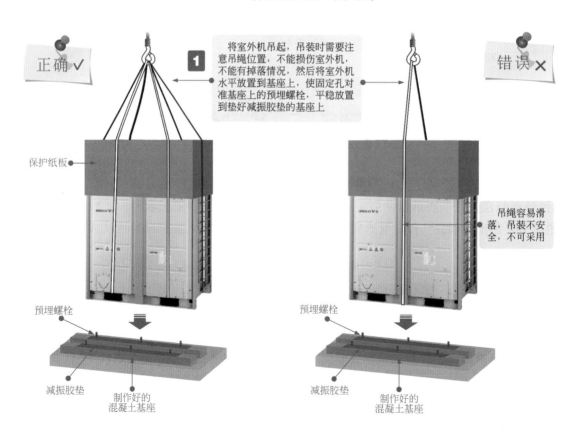

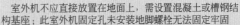

图34-19　多联中央空调室外机的固定方法

（3）多联中央空调室外机的连接

多联中央空调室外机固定完成后，需要将其内部管路与制冷管路连接，实现制冷管路的循环通路。

多联中央空调室外机内部管路引出至机壳部位，分别接有气体截止阀和液体截止阀。连接室外机制冷管路时，将气体截止阀和液体截止阀分别与制冷管路连接即可，图 34-20 为多联中央空调室外机上的截止阀。

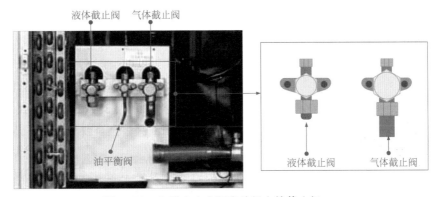

图34-20　多联中央空调室外机上的截止阀

分别将气体截止阀和液体截止阀与制冷管路连接，如图 34-21 所示。

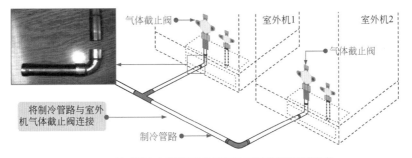

(a) 多联中央空调室外机气体截止阀与制冷管路的连接

图34-21

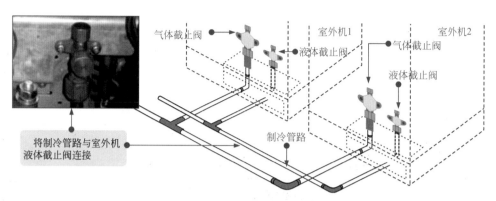

(b) 多联中央空调室外机液体截止阀与制冷管路的连接

图34-21　多联中央空调室外机气体截止阀、液体截止阀与制冷管路的连接方法

【相关资料】

多联中央空调室外机截止阀与制冷管路连接时，气体截止阀一般通过钎焊或法兰连接，液体截止阀与制冷管路通过喇叭口螺纹连接。

34.2.2　多联中央空调室内机的安装连接

多联中央空调室内机主要有风管式、嵌入式和壁挂式几种，下面以常见的风管式室内机的安装连接为例进行讲解。

（1）风管式室内机的安装位置

风管式室内机是多联中央空调系统常见的室内机形式，与壁挂式室内机的外形与安装形式不同，但其功能和工作过程基本相同。

图34-22为风管式室内机的安装位置要求。

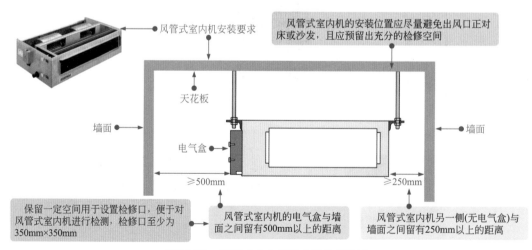

图34-22　风管式室内机的安装位置要求

（2）风管式室内机的固定

风管式室内机一般采用吊杆悬吊的形式安装固定。安装时，同样需要在确定好的安装位置处划线定位、安装吊杆、固定机体等，如图34-23所示。

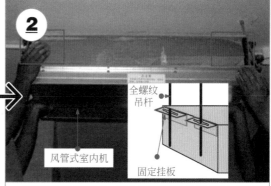

1 在确定好的安装位置上进行划线定位，标记悬吊孔对应的钻孔位置，使用电钻在标识处打孔。安装吊杆时，必须使用四根吊杆，吊杆应选择全螺纹国标圆钢，以便调整室内机位置，吊杆的直径应不小于10mm

2 托举起风管式室内机，将全螺纹吊杆从风管式室内机的固定挂板孔穿出

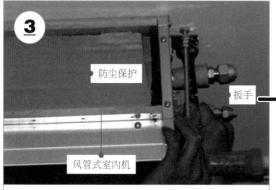

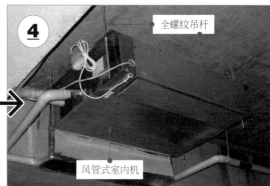

3 将与吊杆配套的垫片、两个螺母拧入穿过风管式室内机固定挂板的一端，然后使用扳手将两个螺母用力紧固

4 按照设计要求，逐一将四根吊杆全部紧固完成，紧固过程需要兼顾吊装要求，使室内机距离天花板高度符合要求(距离最短不可小于10mm)，且整体保持水平

图34-23　风管式室内机的安装固定

　　风管式室内机安装完成后，也需要借助水平检测仪检测悬吊水平程度，一般对风管式室内机各个方向的水平度都有要求，确保风管式室内机吊装水平（水平度在 ±1°内，或排水管一侧稍低 1~5mm），如图 34-24 所示。

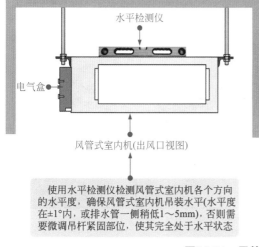

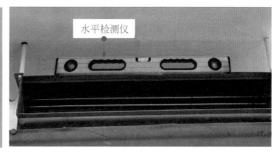

使用水平检测仪检测风管式室内机各个方向的水平度，确保风管式室内机吊装水平(水平度在±1°内，或排水管一侧稍低1~5mm)，否则需要微调吊杆紧固部位，使其完全处于水平状态

图34-24　风管式室内机水平测试

【提示说明】

　　吊杆悬吊是中央空调系统中室内机最常采用的一种安装形式，采用该方法时，要求吊杆、膨胀螺栓必须严格选配符合要求的规格（M10 以上的产品），并严格按照双螺母互锁的方式固定室内机，如图 34-25 所示。

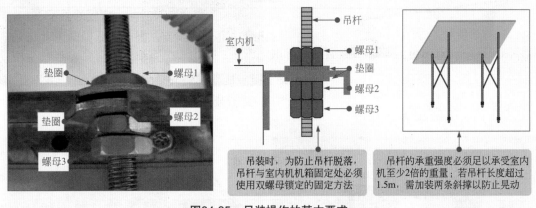

图34-25　吊装操作的基本要求

（3）风管式室内机的连接

　　风管式室内机与制冷剂配管之间多采用扩口连接方式。连接时，应将配管的液管连接至室内机的液管连接口，配管的气管连接至室内机的气管连接口，如图 34-26 所示。

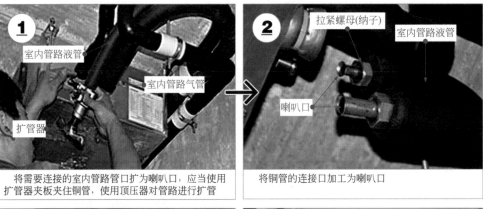

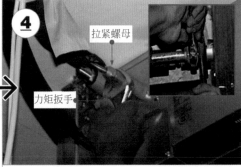

图34-26　风管式室内机与制冷配管的连接

34.2.3　多联中央空调的电气连接

（1）室外机的供电连接

多联中央空调系统中，每台室外机必须独立供电，且每台室外机电源必须设置专用漏电断路器和电源线路，如图 34-27 所示。室外机电源容量必须足够，且系统的接地不可连接到气管、水管或避雷针上，必须可靠接地。

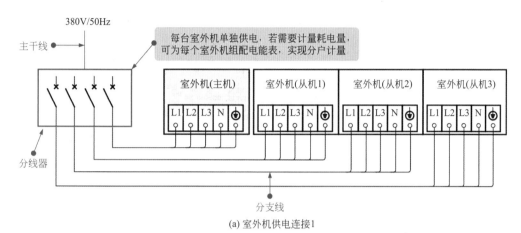

(a) 室外机供电连接1

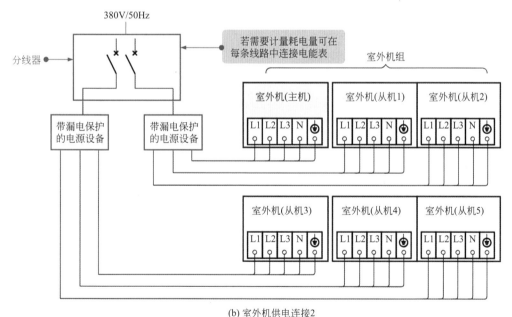

(b) 室外机供电连接2

图34-27　多联中央空调室外机的供电连接

【提示说明】

室外机供电连接中，不允许室外机从其他室外机上间接取电的连接形式。

（2）室内机的供电连接

多联中央空调系统中，同一个系统中的所有室内机必须使用同一电源，即多台室内机连接同一套漏电保护断路器和电源线路，如图 34-28 所示。

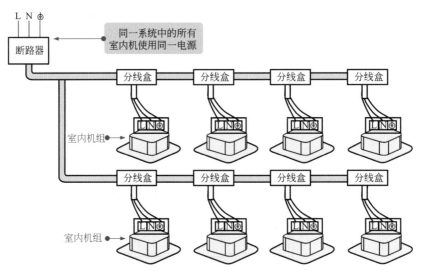

图34-28　多联中央空调室内机的供电连接

（3）室外机的通信连接

当由多台室外机构成室外机组时，需要将多台室外机进行通信连接，用以构成室外机组电气系统关联，由多台室外机统一协作实现电气功能，如图34-29所示。

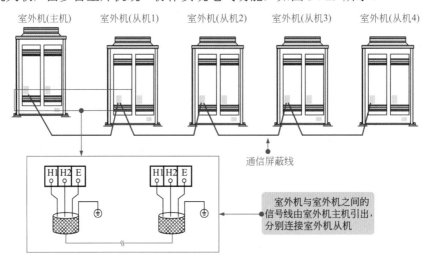

(a) 室外机组内的通信连接

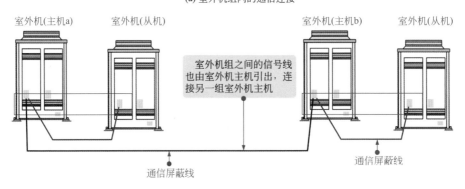

(b) 室外机组间的通信连接

图34-29　多联中央空调室外机的通信连接

（4）室内机的通信连接

图 34-30 为多联中央空调室内机的通信连接。室内机通信线路一般可连接不超过 16 个分支，且不能连接成闭环形式。室内机通信线路一般也采用屏蔽线连接，极性不可接反。

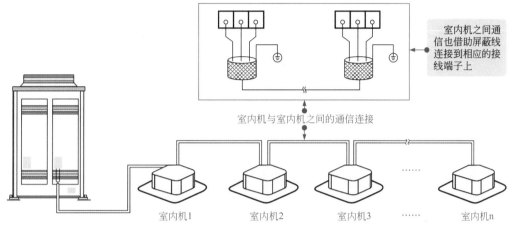

图34-30　多联中央空调室内机的通信连接

（5）室外机与室内机的通信连接

图 34-31 为典型多联中央空调室外机与室内机之间的通信连接。室外机与室内机之间信号的传送通过通信线缆实现。

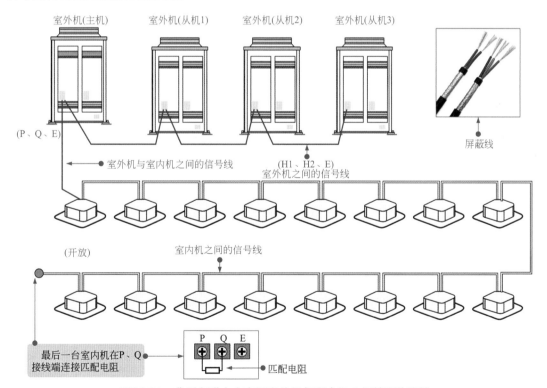

图34-31　典型多联中央空调室外机与室内机之间的通信连接

341

第 35 章

照明控制系统的设计与安装

35.1 照明控制系统的设计规划

在室内灯控照明系统的施工过程中，对室内灯控照明线路的设计是非常首要且重要的环节。电工要在施工前熟悉施工环境，并按用户要求，确定好线路的规划，然后在此基础上，选配整个线路系统所需要的灯具和控制部件，并制定出整体施工方案。

35.1.1 照明控制系统的控制形式的选择

照明控制系统的控制形式主要有单控开关控制单个照明灯、单控开关控制多个照明灯、多控开关控制单个照明灯和多控开关控制多个照明灯四种，下面分别对这几种形式进行介绍。

（1）单控开关控制单个照明灯

单控开关控制单个照明灯的线路是家庭室内照明中最常用的一种控制线路，顾名思义，单控开关就是指只对一条照明线路进行控制的开关，控制一个照明灯的亮灭，例如卧室的照明控制线路，不需要多个控制开关，只需在门口处设置一个单控开关对照明灯进行控制即可，如图 35-1 所示。

（2）单控开关控制多个照明灯

单控开关控制多个照明灯就是指使用一个单控开关，对室内的两盏或两盏以上的多个照明灯，或多个室内照明灯进行控制，这种控制线路多用于大型地下室等一些空间较大、使用一盏照明灯无法照亮整个空间的地方，如图 35-2 所示。

（3）多控开关控制单个照明灯

多控开关控制单个照明灯是指使用双控开关或三控开关，对一盏照明灯进行控制，这种控制线路一般用于需要多个方位对一盏照明灯进行控制的地方。例如客厅、卧式等地，客厅的空间较大，需要在门口和卧室门口各设置一个开关，对客厅内的照明灯进行控制，如图 35-3 所示。

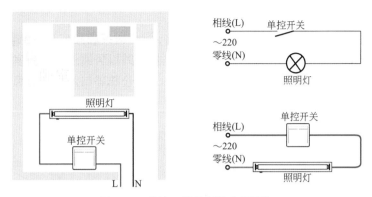

图35-1　单控开关控制单个照明灯

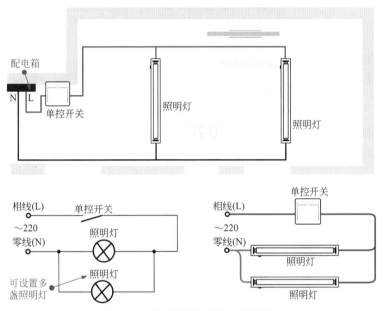

图35-2　单控开关控制多个照明灯

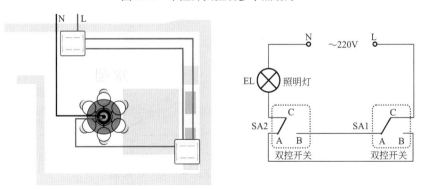

图35-3　多控开关控制单个照明灯

【相关资料】

在有些需要三地控制一盏照明灯的地方，可以采用一个两位双控开关和两个单位双控开关进行控制，如图 35-4 所示。

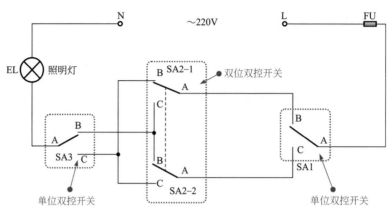

图35-4　三地控制一盏照明灯的方式

（4）多控开关控制多个照明灯

多控开关控制多个照明灯是指使用一个多控开关，对多个照明灯进行控制，该控制线路一般用于家庭的走廊与客厅等地方，需要多控开关对多个照明灯进行控制的环境中，如图35-5所示。

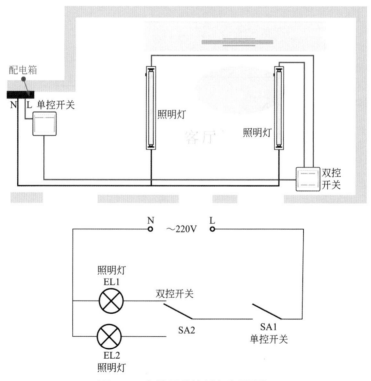

图35-5　多控开关控制多个照明灯

35.1.2　照明控制系统的设计安装要求

（1）照明灯具的设计安装要求

照明灯具的安装方式常常可以分为两种类型，即悬挂式和吸顶式，如图35-6所示。

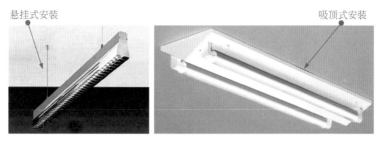

图35-6　照明灯具的安装方式

【提示说明】

采用悬挂式安装方式的时候，要重点考虑限制眩光和安全因素。眩光的强弱与日光灯的亮度以及人的视角有关，因此悬挂式灯具的安装高度是限制眩光的重要因素。如果悬挂过高，既不方便维护又不能满足日常生活对光源亮度的需要；如果悬挂过低，则会产生对人眼有害的眩光，降低视觉功能，同时也存在安全隐患。图 35-7 为眩光与视角之间的关系。

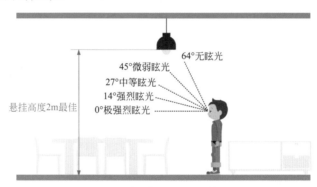

图35-7　眩光与视角之间的关系

（2）开关安装及线缆敷设的要求

在对开关安装时，也需注意开关的安装位置，安装位置距地面的高度应为 1.3～1.5m，与门框的距离应大于 30cm，如果距离过大或过小，则可能会影响使用及美观，如图 35-8 所示。

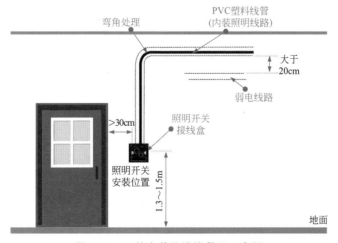

图35-8　开关安装及线缆敷设示意图

35.2 照明控制系统的安装

照明控制系统常用的控制开关主要有单控开关和双控开关。下面就分别介绍一下这两种开关的安装方法。

35.2.1 单控开关的安装方法

对单控开关进行安装时，应根据其安装形式和设计安装要求进行操作，如图35-9所示。对单控开关进行安装时要将室内总断路器断开，防止触电。

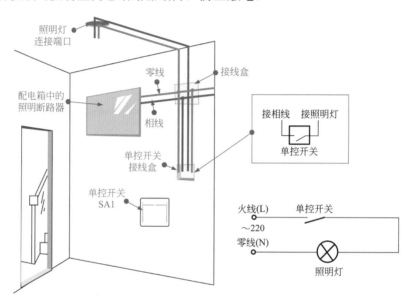

图35-9 单控开关照明线路的安装示意图

（1）取下接线盒挡片

根据布线时预留的照明支路导线端子的位置，将接线盒的挡片取下，如图35-10所示。

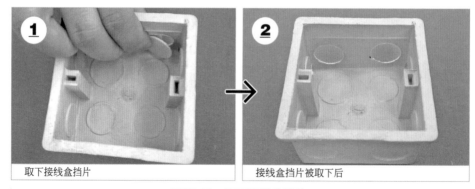

图35-10 取下接线盒挡片

（2）嵌入接线盒

接下来，再将接线盒嵌入到墙的开槽中，如图35-11所示，嵌入时要注意接线盒不允许出现歪斜，要将接线盒的外部边缘处与墙面保持齐平。

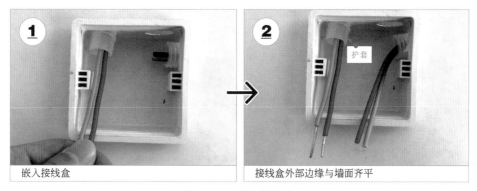

图35-11　嵌入接线盒

按要求将接线盒嵌入墙内后，再使用水泥砂浆填充接线盒与墙之间多余的空隙。

（3）取下单控开关两侧护板

使用一字螺丝刀分别将开关两侧的护板卡扣撬开，将护板取下，如图 35-12 所示。

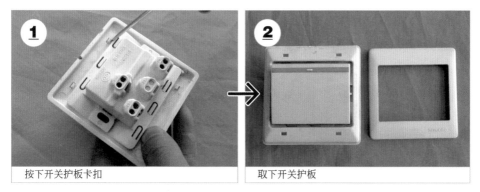

图35-12　取下单控开关两侧护板

（4）将单控开关调至关闭状态

检查单控开关是否处于关闭状态，如果单控开关处于开启状态，则要将单控开关拨动至关闭状态，如图 35-13 所示。

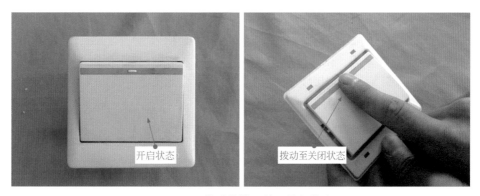

图35-13　拨动单控开关至关闭状态

（5）连接零线并进行绝缘处理

此时，单控开关的准备工作便已经完成。然后再将接线盒中的电源供电线及照明灯的零线（蓝色）进行连接，由于照明灯具的连接线均使用硬铜线，因此，在连接零线时需要借助尖嘴钳进行连接，借助剥线钳剥除零线导线的绝缘层，并使用绝缘胶带对其进行绝缘处理，如图 35-14 所示。

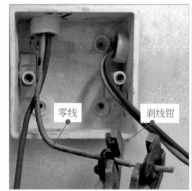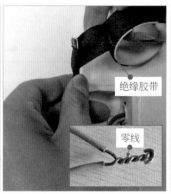

图35-14　连接零线并进行绝缘处理

（6）剪断多余的连接线

由于在布线时，预留出的接线端子长于开关连接的标准长度，因此需要使用偏口钳将多余的连接线剪断，预留长度应当为 50mm 左右，如图 35-15 所示。

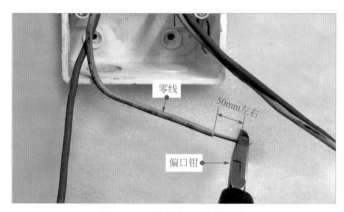

图35-15　剪断多余的连接线

（7）连接相线

使用剥线钳按相同要求剥除电源供电预留相线连接端头的绝缘层，将电源供电端的相线端子穿入一开单控开关的一根接线柱中（一般先连接入线端再连接出线端），避免将线芯裸露在外部，使用螺钉旋具拧紧接线柱固定螺钉，固定电源供电端的相线，如图 35-16 所示。

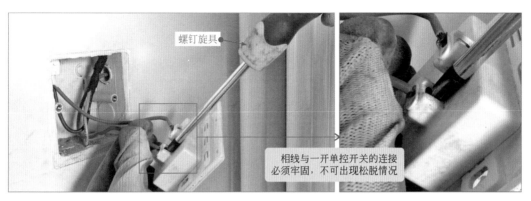

螺钉旋具

相线与一开单控开关的连接
必须牢固，不可出现松脱情况

图35-16　连接相线

（8）将连接好的导线盘绕在接线盒中

至此，开关的相线（红色）连接部分连接便已经完成，为了在以后的使用过程中方便对开关进行维修及更换，通常会预留比较长的连接端子。因此，在开关线路连接后，要将连接线盘绕在接线盒中，如图 35-17 所示。

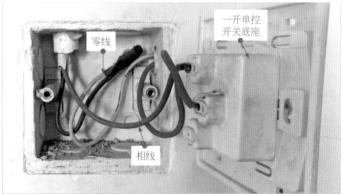

一开单控
开关底座

零线

相线

图35-17　将连接好的导线盘绕在线盒中

（9）对开关进行固定

将开关底板的固定点与接线盒两侧的固定点相对应放置开关，然后选择合适的紧固螺钉将开关底板进行固定，如图 35-18 所示。

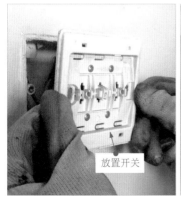

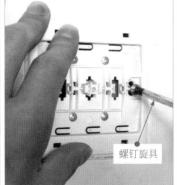

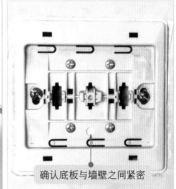

放置开关

螺钉旋具

确认底板与墙壁之间紧密

图35-18　对开关进行固定

（10）开关安装完成

将开关的护板安装到开关上，至此，开关便已经安装完成，如图35-19所示。

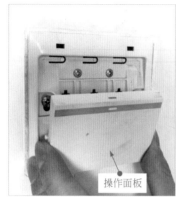

操作面板   护板   安装完成的开关

图35-19　开关安装完成

【提示说明】

在家装电工线路连接中，导线的连接要求采用并头连接的方式。其中，两根单股铜芯导线连接时，需将两根线芯捻绞几圈后，留适当长度余线折回压紧；三根及以上导线连接时，需要用其中的一根线芯缠绕其他线芯至少5圈后剪断，把其他线芯的余头并齐折回压紧的缠绕线上；另外，还有一种目前较常用的并头帽连接，即将待连接的线芯并头连接后使用并头帽压紧和绝缘，如图35-20所示。

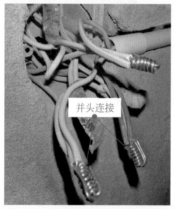

并头连接   并头连接   并头帽

图35-20　家装中导线的并头连接

35.2.2　双控开关的安装方法

双控开关控制照明线路时，按动任何一个双控开关面板上的开关键钮，都可控制照明灯的点亮和熄灭，也可按动其中一个双控开关面板上的按钮点亮照明灯，然后通过另一个双控开关面板上的按钮熄灭照明灯，如图35-21所示。

（1）检测连接线和双控开关是否齐全

在进行双控开关的安装前，应首先对连接线和两个双控开关进行检查。双控开关一般有两个，其中一个双控开关的接线盒内预留5根导线，其中两根为零线，在接线时应首先

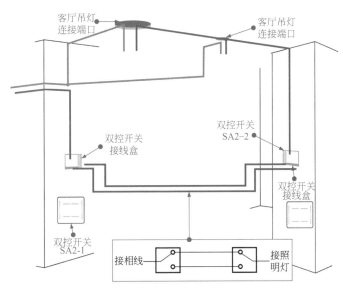

图35-21 双控开关照明线路的安装示意图

将零线进行连接，还有一根相线和两根控制线；另一个双控开关接线盒内只需预留 3 根导线，分别为一根相线和两根控制线，即可实现双控功能（两地对一盏照明灯进行控制）。连接时，需根据接线盒内预留导线的颜色进行正确的连接，如图 35-22 所示。

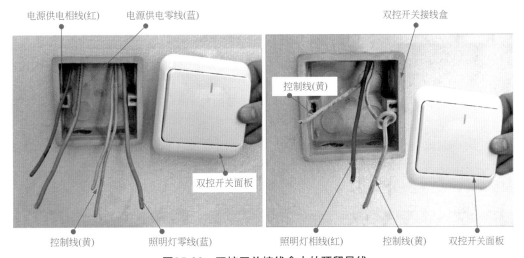

图35-22 双控开关接线盒内的预留导线

双控开关接线盒的安装方法同单控开关接线盒的安装方法相同，在此不再赘述。

（2）双控开关的接线

双控开关安装时也应做好安装前的准备工作，将其开关的护板取下，便于拧入固定螺钉将开关固定在墙面上，如图 35-23 所示。使用一字螺钉插入双控开关护板和双控开关底座的缝隙中，撬动双控开关护板，将其取下，取下后，即可进行线路的连接了。

双控开关的接线操作需分别对两地的双控开关进行接线和安装操作，安装时，应严格按照开关接线图和开关上的标识进行连接，以免出现错误连接，不能实现双控功能。

（3）导线绝缘层的剥削

由于双控开关接线盒内预留的导线接线端子长度不够，需使用剥线钳分别剥去预留 5 根

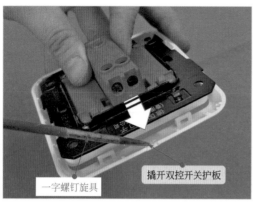

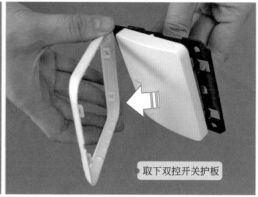

图35-23　双控开关护板的拆卸方法

导线一定长度的绝缘层，用于连接双控开关的接线柱，导线绝缘层的剥削如图 35-24 所示。

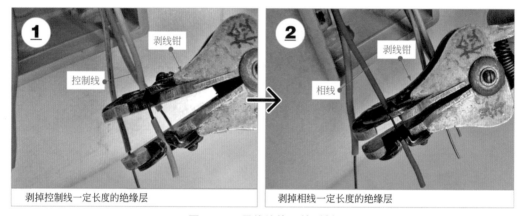

图35-24　导线绝缘层的剥削

（4）连接零线并进行绝缘处理

剥线操作完成后将双控开关接线盒中电源供电的零线（蓝）与照明灯的零线（蓝）进行连接，由于预留的导线为硬铜线，因此，在连接零线时需要借助尖嘴钳进行连接，并使用绝缘胶带对其进行绝缘处理，如图 35-25 所示。

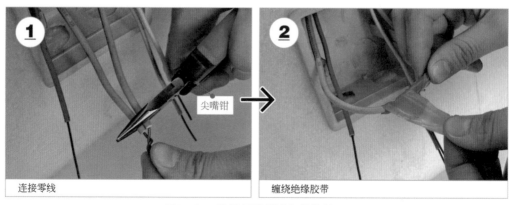

图35-25　连接零线并进行绝缘处理

（5）剪掉多余的连接线

将连接好的零线盘绕在接线盒内，然后进行双控开关的连接，由于与双控开关连接的导线的接线端子过长，因此，需要将多余的连接线剪断，如图 35-26 所示。

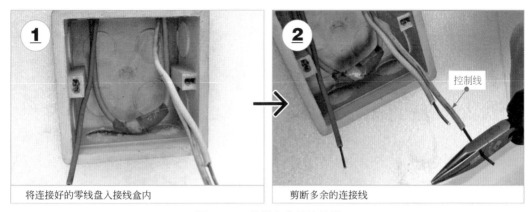

| 将连接好的零线盘入接线盒内 | 剪断多余的连接线 |

图35-26 剪断多余的连接线

（6）拧松接线柱固定螺钉

对双控开关进行连接时，使用合适的螺钉旋具将三个接线柱上的固定螺钉分别拧松，以进行线路的连接，如图 35-27 所示。

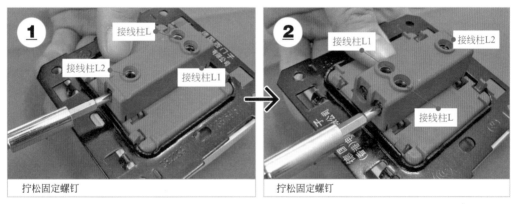

| 拧松固定螺钉 | 拧松固定螺钉 |

图35-27 拧松开关接线柱固定螺钉

（7）连接电源供电端相线

将电源供电端相线（红）的预留端子插入双控开关的接线柱 L 中，插入后，选择合适的十字螺钉旋具拧紧该接线柱的紧固螺钉，固定电源供电端的相线，如图 35-28 所示。

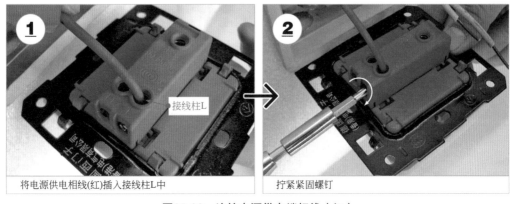

| 将电源供电相线(红)插入接线柱L中 | 拧紧紧固螺钉 |

图35-28 连接电源供电端相线（红）

（8）连接控制线

将两根控制线（黄）的预留端子分别插入双控开关的接线柱 L1 和 L2 中，插入后，选择合适的十字螺钉旋具拧紧该接线柱的固定螺钉，固定控制线，如图 35-29 所示。

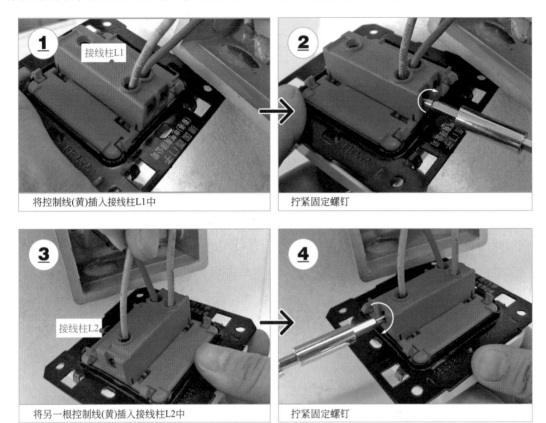

图35-29　连接控制线（黄）

（9）另一个双控开关的连接

另一个双控开关的连接方法与第一个双控开关的连接方法基本相同，即首先将导线进行加工，再将加工完毕后的导线依次连接到双控开关的接线柱上，并拧紧紧固螺钉，如图 35-30 所示。

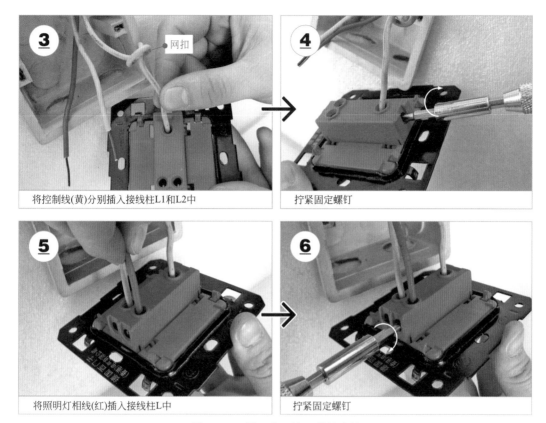

图35-30　另一个双控开关的连接

（10）盘绕多余导线并取下开关按板

双控开关接线完成后，将多余的导线盘绕到双控开关接线盒内，并将双控开关放置到双控开关接线盒上，使双控开关面板的固定点与双控开关接线盒两侧的固定点相对应，如果发现双控开关的固定孔被双控开关的按板遮盖住，此时，需将双控开关按板取下，如图 35-31 所示。

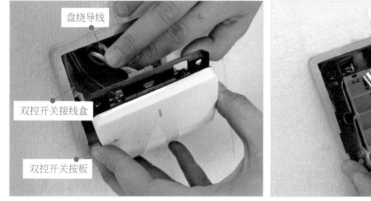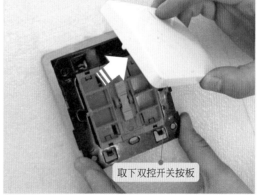

图35-31　盘绕双控开关导线并取下双控开关按板

（11）固定双控开关

取下双控开关按板后，在双控开关面板与双控开关接线盒的对应固定孔中拧入紧固螺钉，固定双控开关，然后再将双控开关按板安装上，如图 35-32 所示。

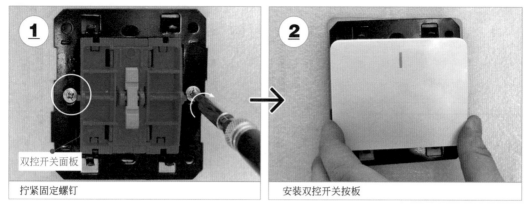

双控开关面板
拧紧固定螺钉

安装双控开关按板

图35-32 固定双控开关

（12）双控开关安装完成

　　将双控开关护板安装到双控开关面板上，使用同样的方法将另一个双控开关护板安装上，至此，双控开关的安装便完成了，如图35-33所示。

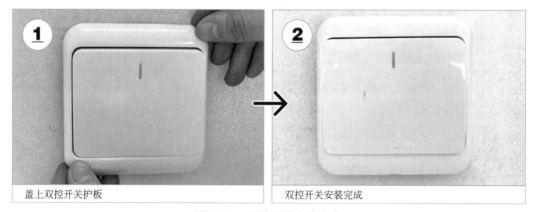

盖上双控开关护板

双控开关安装完成

图35-33 双控开关安装完成

　　安装完成后，也要对安装后的双控开关进行检验操作，将室内的电源接通，按下其中一个双控开关，照明灯点亮，然后按下另一个双控开关，照明灯熄灭，由此说明双控开关安装正确，可以进行使用。

第 36 章 有线电视系统的设计与安装

36.1 有线电视系统的设计规划

完整的有线电视系统分为前端、干线和分配分支三个部分，如图 36-1 所示。前端部分负责信号的处理，对信号进行调制；干线部分主要负责信号的传输；分配分支部分主要负责将信号分配给每个用户。

有线电视系统由前端部分、干线部分和分配分支三部分构成。家庭用户主要涉及分配分支部分的分支器和用户终端盒(电视插座)

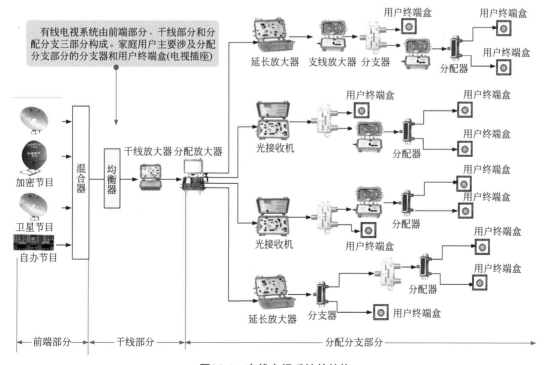

加密节目
卫星节目
自办节目
混合器
均衡器
干线放大器 分配放大器
光接收机
光接收机
延长放大器
支线放大器 分支器
分配器
用户终端盒
用户终端盒
延长放大器 分支器

前端部分　干线部分　分配分支部分

图36-1　有线电视系统的结构

根据线路结构可以看到，有线电视线路主要包括干线放大器、分配放大器、光接收机、支线放大器、分支器、分配器、用户终端盒（电视插座）等设备。

其中，干线放大器、分配放大器、光接收机、支线放大器、分配器等一般安装在特定的设备机房中，进入用户的部分主要包括分配器和用户终端盒（电视插座）。

如图 36-2 所示，家庭有线电视系统包括进户线、分配器和用户终端盒几部分。

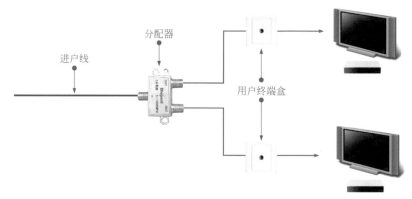

图36-2　家庭有线电视系统的结构

（1）分配器

分配器用于从干线或支线主路分出若干路信号并馈送给后级线路，将主路信号以很小的损耗继续传输，常见的有二分配器、三分配器、四分配器等，如图 36-3 所示。

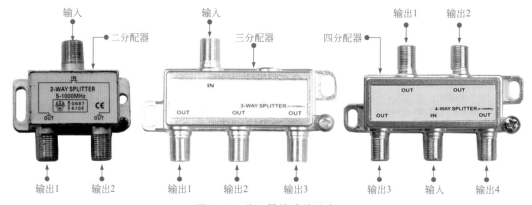

图36-3　分配器的功能特点

（2）用户终端盒

用户终端盒是家庭有线电视线路的用户终端部分，可借助电视馈线将电视机的机顶盒与用户终端盒连接，实现有线电视信号到电视机的传输，如图 36-4 所示。

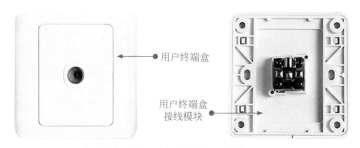

图36-4　用户终端盒的功能特点

36.2 有线电视系统的安装

36.2.1 有线电视线路连接

有线电视线缆（同轴线缆）是传输有线电视信号、连接有线电视设备的线缆，连接前，需要先处理线缆的连接端。

通常，有线电视线缆与分配器和机顶盒采用F头连接，与用户终端盒的接线端为压接，与用户终端盒输出口之间采用竹节头连接，如图36-5所示。因此，对同轴线缆的加工包括三个环节，即剥除绝缘层和屏蔽层、F头的制作、竹节头的制作。

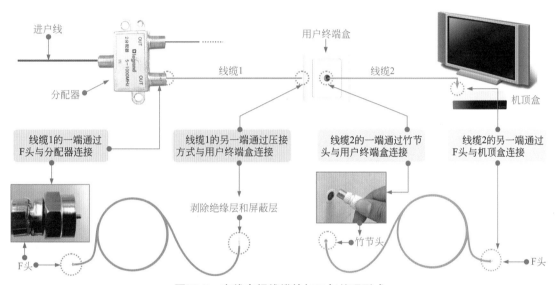

图36-5 有线电视线缆的加工与处理形式

（1）有线电视线缆绝缘层和屏蔽层的剥削

如图36-6所示，将有线电视线缆的绝缘层和屏蔽层剥除，露出中心线芯，为制作F头或压接做好准备。

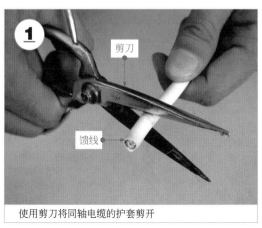
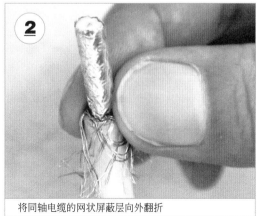

| 使用剪刀将同轴电缆的护套剪开 | 将同轴电缆的网状屏蔽层向外翻折 |

图36-6

用剪刀将内绝缘层剪开，露出内部的铜芯 | 值得注意的是，对线缆进行操作时，不要将内部的线芯剪断

图36-6　有线电视线缆绝缘层和屏蔽层的剥削

（2）有线电视线缆 F 头的制作

图 36-7 为有线电视线缆 F 头的制作方法。

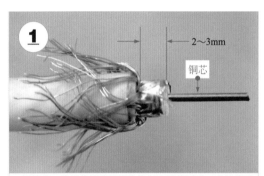

根据前一步操作剥除线缆绝缘层和屏蔽层后，确保剪断后的绝缘层要与护套切口相距2～3mm

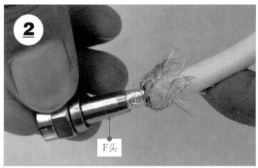

将F头安装到绝缘层与屏蔽层之间，安装好F头后，绝缘层应在螺纹下面

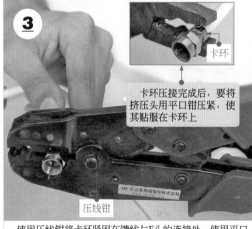

卡环压接完成后，要将挤压头用平口钳压紧，使其贴服在卡环上

使用压线钳将卡环紧固在馈线与F头的连接处，使用平口钳将卡环修整好

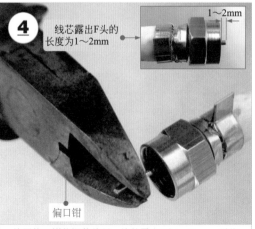

线芯露出F头的长度为1～2mm

使用偏口钳将铜芯剪断，使其露出F头1～2mm。至此，F头制作完成

图36-7　有线电视线缆F头的制作方法

（3）有线电视线缆竹节头的制作

竹节头是连接有线电视用户终端盒输出口的接头方式。图 36-8 为有线电视线缆竹节头的制作方法。

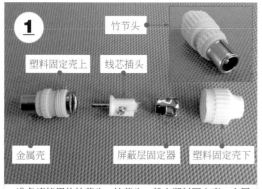

准备连接用的竹节头。竹节头一般由塑料固定壳、金属壳、线芯插头、屏蔽层固定器构成

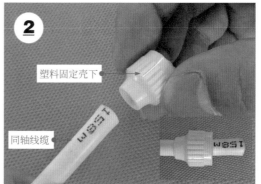

将竹节头下部的塑料固定壳穿入同轴线缆，在加工线端完成后，用于与上部塑料固定壳连接

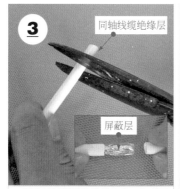

剥除同轴线缆的绝缘外皮，注意不可损伤屏蔽层，否则影响电视信号

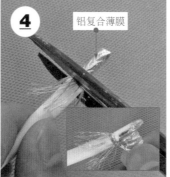

将屏蔽层向外翻折，剥除里层的铝复合薄膜

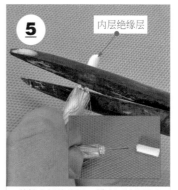

剪掉内层绝缘层，露出同轴线缆内部线芯

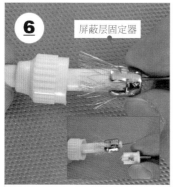

使用屏蔽层固定器固定翻折后的屏蔽层，确保屏蔽层与固定器接触良好

将露出的线芯插入线芯插头，使用螺钉旋具紧固插头固定螺钉

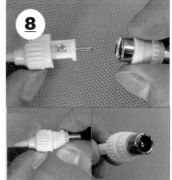

拧紧竹节头塑料外壳。至此，竹节头制作完成

图36-8　有线电视线缆竹节头的制作方法

36.2.2　有线电视终端的安装连接

有线电视终端的安装连接是指将用户终端盒安装到墙面上，并与分配器、机顶盒等通

过有线电视线缆完成连接，最终实现有线电视信号的传输。

在有线电视系统中，用户终端盒是有线电视系统与用户电视机连接的端口。安装前，首先要了解基本的安装要求，如图36-9所示。

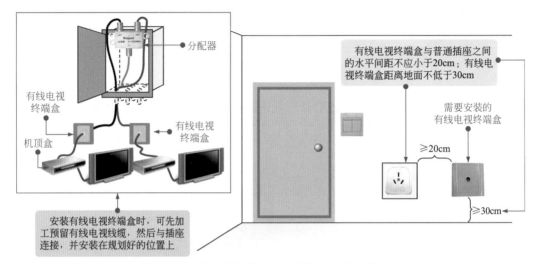

图36-9　有线电视终端（用户终端盒）的连接要求

有线电视线缆连接端制作好后，将其对应的接头分别与分配器、有线电视终端盒接线端子、有线电视机终端盒输出口、机顶盒等设备进行连接，完成有线电视终端的安装，如图36-10所示。

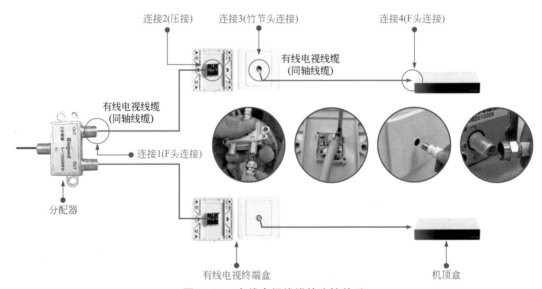

图36-10　有线电视线缆的连接关系

图36-11为用户终端盒与机顶盒的连接方法。选取另外一根处理好接线端子的有线电视线缆，将竹节头端与用户终端盒输出口连接，F头端与机顶盒连接。

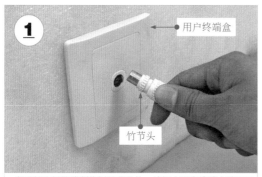

将有线电视线缆制作好竹节头的一端插入用户终端盒输出口

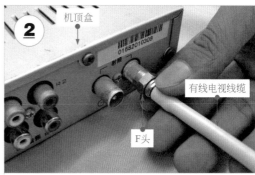

将有线电视线缆F头的一端接入机顶盒射频接口上

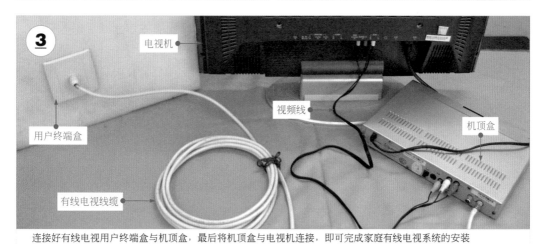

连接好有线电视用户终端盒与机顶盒，最后将机顶盒与电视机连接，即可完成家庭有线电视系统的安装

图36-11　用户终端盒与机顶盒的连接方法

第 (37) 章

家庭网络系统的设计与安装

37.1 家庭网络系统的设计规划

家庭网络线路根据网络接线形式的不同主要有三种网络结构。

（1）借助电话线构建的网络结构

借助电话线实现拨号宽带上网是一种典型的网络形式，其结构如图 37-1 所示。电话线路入户后，经由语音/数据分离器分离，分别连接电话机和 ADSL MODEM。计算机连接

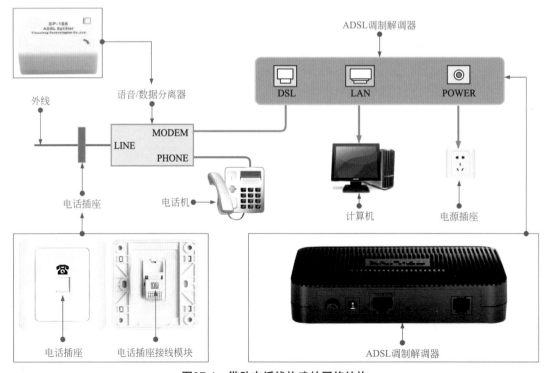

图37-1　借助电话线构建的网络结构

ADSL MODEM 后即可实现拨号上网。

（2）借助有线电视线路构建的网络结构

借助有线电视线路实现宽带上网也是目前常采用的一种网络形式。有线电视信号入户后，经 MODEM 将上网信号和电视信号隔离：MODEM 的一个输出端口连接机顶盒后，将电视信号送入电视机中；另一个输出端口连接计算机或连接无线路由器后实现无线上网，如图 37-2 所示。

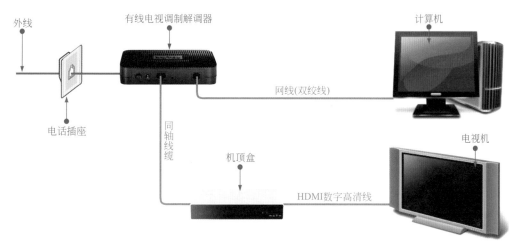

图37-2　借助有线电视线路构建的网络结构

（3）借助光纤构建的网络结构

如图 37-3 所示，光纤以其传输频率宽、通信量大、损耗低、不受电源干扰等特点已成为网络传输中的主要传输介质之一，采用光纤上网需要借助相应的光设备。

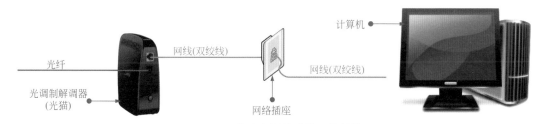

图37-3　借助光纤构建的网络结构

当需要多台设备连接网络时，可增设路由器进行分配。为避免增设路由器的线路敷设引起装修问题，家庭网络系统多采用无线路由器实现无线上网，如图 37-4 所示。

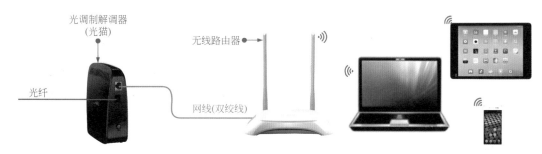

图37-4　采用无线路由器实现网络的分配

水电工施工 从入门到精通

37.2　家庭网络系统的安装

安装家庭网络系统，重点在网线与网络插座的连接。网络插座是网络通信系统与用户计算机连接的主要端口，安装前，应先了解室内网络插座的具体连接方式，然后根据连接方式进行安装操作。

如图 37-5 所示，网络插座背面的信息模块与入户线连接，正面的输出端口通过安装好水晶头的网线与计算机连接。

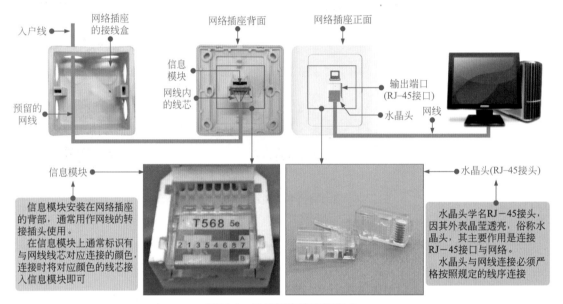

图37-5　网络插座的连接方式

【相关资料】

如图 37-6 所示，目前常见网络传输线（双绞线）的排列顺序主要分为两种，即

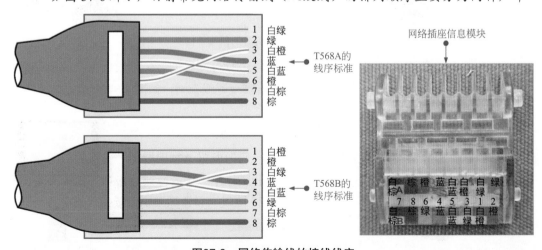

图37-6　网络传输线的接线线序

T568A、T568B，安装时，可根据这两种网络传输线的排列顺序进行排列。

信息模块和水晶头接线线序均应符合 T568A、T568B 线序要求。

如图 37-7 所示，将一根网线两端分别连接水晶头，用于连接网络插座和计算机设备。

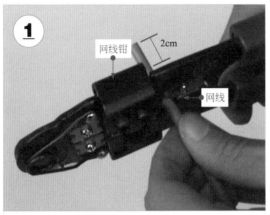

将网线的一端从网线钳的剥线缺口中穿过，使一段网线位于网线钳缺口的另一侧，长度约为2cm

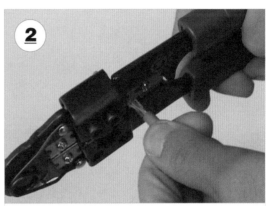

待位置确定好后合紧网线钳，使网线钳剥皮缺口处的刀口压紧网线的外层保护胶，然后将网线钳环绕网线旋转一周，网线外层保护胶皮即被割开

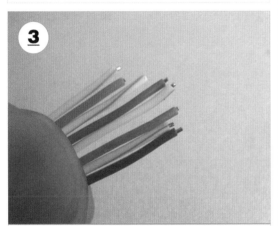

网线内的导线处理好后，应将8根导线全部插入水晶头内

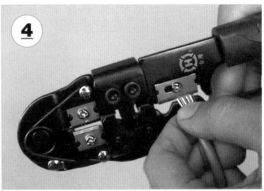

用网线钳的剪线切口将8根导线的末端剪齐。要注意，8根导线平直排列部分的长度为1cm左右即可，不能剪得过多，以确保交叉处距外表层的距离不超过0.4cm

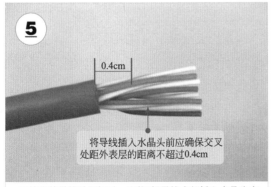

将导线插入水晶头前应确保交叉处距外表层的距离不超过0.4cm

网线内的导线处理好后，应将8根导线全部插入水晶头内。插入时，要确保导线不要有错位的情况，并且保证将导线插到底

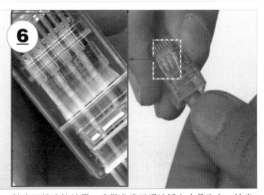

检查网线连接效果，确保准确无误地插入水晶头中。检查网线的端接是否正确，因为水晶头是透明的，所以透过水晶头即可检查插线的效果

图37-7

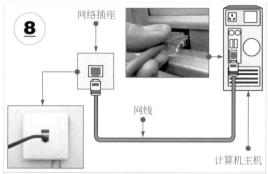

⑦ 确认无误后，将插入网线的水晶头放入网线钳的压线槽口中，确认位置设置良好后，使劲压下网线钳手柄，使水晶头的压线铜片都插入网线的导线之中，使其接触良好

⑧ 将两端都安装好水晶头网线的一端连接网络插座，另一端连接计算机网卡接口，完成网络系统的连接

图37-7　网线与网络插座及计算机设备的连接

第 **38** 章

智能家居系统的设计与安装

38.1 智能家居系统的设计规划

  智能家居就是利用综合布线技术、网络技术及自动控制技术将家居生活相关的设备集成，从而实现家居自动化智能控制。

  如图 38-1 所示，智能家居可以依托互联网，实现对家居内影音、照明、空气、清洁及安防等设备的智能化远程自动控制，使其能够自动完成工作。

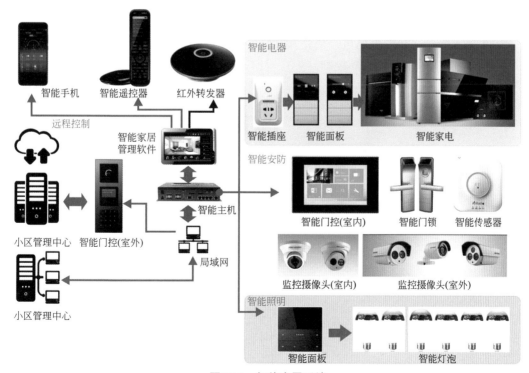

图38-1　智能家居系统

（1）智能照明

如图 38-2 所示，在智能家居系统中，智能照明可以通过遥控等智能控制方式实现对住宅内灯光的控制。例如，远程启动或关闭住宅内的指定照明设备。在确保节能环保的同时为住户提供舒适、方便的体验。

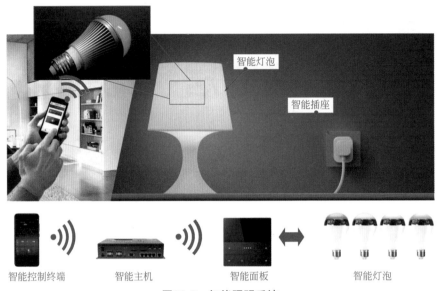

智能控制终端　　　智能主机　　　智能面板　　　智能灯泡

图38-2　智能照明系统

智能照明系统采用弱电控制强电的方式，电路中控制回路与负载回路分离，且智能照明控制系统采用模块化结构设计，简单灵活，便于安装，如果需要调整照明效果，通过软件即可实现修改设置。

（2）智能电器

如图 38-3 所示，智能电器可以依托互联网，通过自动检测、手机终端遥控等多种控制方式实现对智能家电产品的自动控制。

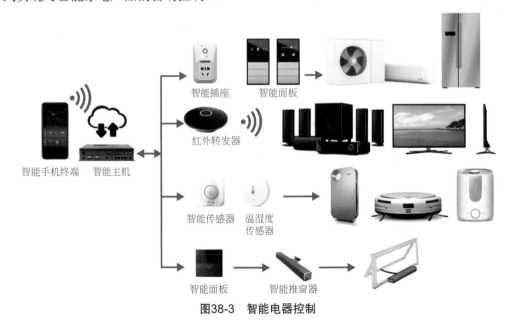

图38-3　智能电器控制

（3）红外转发器

如图 38-4 所示，红外转发器内部主要包括红外接收、发射模块和无线接收模块。它是将智能主机发出的无线射频信号转换成可以控制家电的红外遥控信号，从而实现无线设备对红外信号覆盖范围内的家电设备的集中控制。

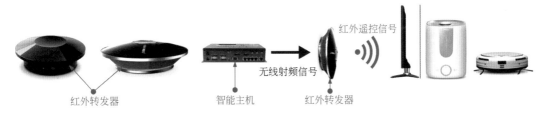

图38-4　典型红外转发器的实物外形

（4）温湿度传感器

如图 38-5 所示，温湿度传感器可以自动检测住宅内的湿度，一旦空气过于干燥便会自动启动联动的智能空气加湿器工作。同样，温湿度传感器也可以搭配智能空调，在用户的远程操控下设定启动或停机的时间。

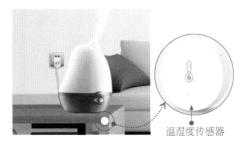

图38-5　温湿度传感器

（5）智能安防

如图 38-6 所示，在智能家居生活中，可以在室内外安装智能摄像头，用户可以通过手机实时查看各摄像头拍摄的情况。安装在门窗上的智能防盗装置一旦被打开，便会将报警

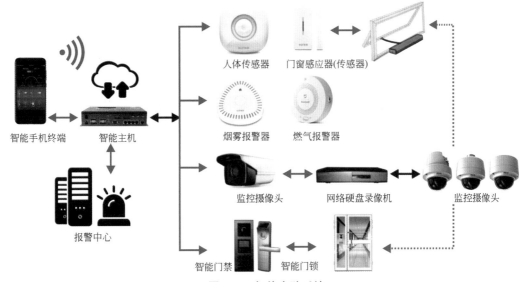

图38-6　智能安防系统

信息实时传递给用户，使用户及时采取相应的处理措施。另外，在房间及厨房等处安装有烟雾报警器、燃气报警器等智能传感器，可以实时监测有无烟雾或燃气泄漏情况。

（6）人体传感器

如图38-7所示，人体传感器又称热释人体感应开关。它是基于红外线技术的自动控制产品，当人进入感应范围时，人体传感器探测到人体红外光谱的变化，从而自动接通负载，当人离开后，自动延时关闭负载。人体传感器常应用于智能照明和智能安防系统中。

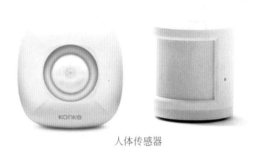

人体传感器

人体传感器的安装位置

图38-7　人体传感器

38.2　智能家居系统的安装

38.2.1　智能主机安装与布线

智能主机是整个智能家居系统的控制核心，其内部集成有智能网关及相关控制电路，可实现对智能家居系统内各设备信息的采集处理、集中控制、远程控制及联动控制等功能。

图38-8为某多功能智能网关，该设备类似智能主机，是一个家庭的小型智能处理中心，它可以联动多种智能或自动产品，实现感应、定时开关、异常情况报警等功能。

图38-8　多功能智能网关

该设备的使用非常简单，只需将设备插入电源插口，然后启动手机智能家居管理 APP，点击右上角"+"添加多功能智能网关。添加成功后，即可通过 APP 提示绑定并管理相关的智能设备。

38.2.2　智能开关安装与布线

单联智能开关只有一路（L1）输出，双联智能开关有两路（L1、L2）输出，而三联智能开关有三路（L1、L2、L3）输出。图 38-9 为智能开关的接线方式。

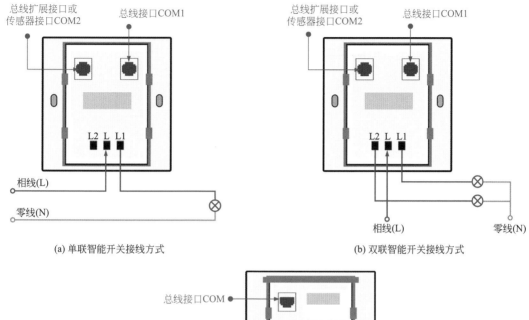

(a) 单联智能开关接线方式　　　　　　　　(b) 双联智能开关接线方式

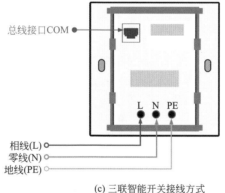

(c) 三联智能开关接线方式

图38-9　智能开关的接线方式

【提示说明】

　　接线时，通信总线水晶头连接在 COM1 端口。当临近安装有其他智能产品时，可通过总线扩展接口 COM2 连接到相邻智能产品的 COM1 端口。

　　如果被控制设备为大功率设备（额定功率大于 1000W 而小于 2000W）时，可选用智能插座进行控制。

　　如果被控制设备为大于 2000W 的超大功率设备时，需要选用继电器型智能开关驱动一个中间交流接触器，然后再由交流接触器转接驱动超大功率设备。

　　图 38-10 为智能开关与超大功率设备的接线方式。

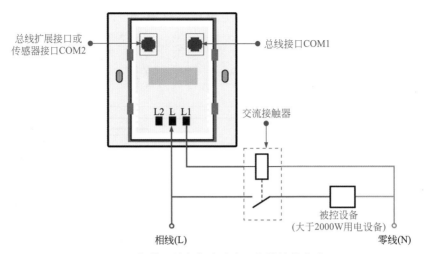

图38-10　智能开关与超大功率设备的接线方式

38.2.3　智能插座安装与布线

　　智能插座常用于对家电电源的智能控制。智能插座面板提供一个"开/关按钮"，方便手动操作。

　　如图38-11所示，智能插座接线端口的上方为通信总线接口，用以连接通信总线插头，而强电接线与传统插座的接线方式类似。

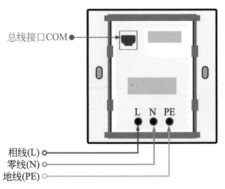

图38-11　智能插座接线示意图

　　智能插座种类多样，图38-12为典型无线智能插座。该类型插座使用方便，无需电路改造即可实现智能控制功能。

图38-12　典型无线智能插座

图 38-13 为无线智能插座的使用方法。使用时将无线智能插座直接插接到电源插座面板的相应供电接口，并与智能终端设备的管理软件进行配置连接后，便可以通过智能手机管理终端实现对无线智能插座的设置与使用管理。

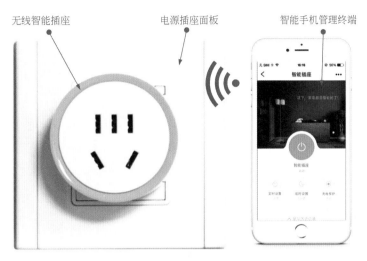

图38-13　无线智能插座的使用方法

以 MINI K 无线智能插座为例，首先，将无线智能插座插入到电源供电插座面板的供电端口。如图 38-14 所示，此时无线智能插座尚未与智能终端管理软件匹配连接，所以无线智能插座上方的"开关 / 复位键"处的指示灯显示为红色。

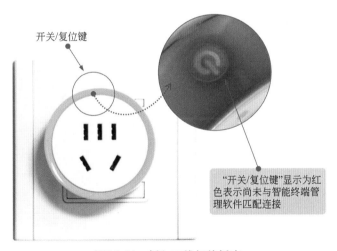

图38-14　插入无线智能插座

此时，使用智能手机下载无线智能插座的终端管理软件，启动管理软件后，如图 38-15 所示，在管理软件中的"添加设备"界面找到需要匹配连接的无线智能插座。然后，根据提示完成设备的匹配连接。

图38-15　匹配连接无线智能插座

【提示说明】

通常，管理软件提供直连和 AP 配置两种连接方式。直连即将无线智能插座作为一个 WIFI 热点，由智能手机与热点连接的方式实现对智能插座的控制。AP 配置模式则是将设备作为一个接入点添加到设备管理中。

无线智能插座匹配连接完成，即可通过智能手机终端管理软件实现对电源插座的定时开启 / 关闭的设置、延时开启 / 关闭的设置及充电保护等管理功能。